ADAPT

How Humans Are Tapping into Nature's Secrets to Design and Build a Better Future

生物模倣

自然界に学ぶイノベーションの現場から

アミーナ・カーン
Amina Khan

松浦俊輔 訳

作品社

［目次］

生物模倣——自然界に学ぶイノベーションの現場から

アンワル・カーンとナイヤル・カーンに

プロローグ

ダグラス・アダムズの五巻からなる『銀河ヒッチハイク・ガイド』三部作では、イルカは地球でネズミに次いで二番めに知的な種ということになっている。人間は第三位で、知的には上位二種に負ける。不運なアンチヒーローのアーサー・デントは、人間がときどきかかる、あの不快なむずむずする病気にかかった。自分は自分で思うほど賢くはないのではないかという疑念だ。私たちは一般に、この感覚がこっちを見返してこないように、それと目を合わせないようにしている。

しかし真実を見ようとしないことには危険も伴う。『ヒッチハイク』の宇宙では、人類は無能で、世界が終わろうとしているというイルカの必死の警告に気づかず、輪くぐりのジャンプや尻尾を振るのを、アクロバチックなショーとしか見ない。そして地球は星間高速道路の建設用地になって破壊される。

このSFの古典にはひどく間違っているところが一つある。種の知能ということになると、人類はおそらくさらに下位に置かれるだろう。

ロサンゼルスにあるカリフォルニア科学センターで小学生の相手をしているときに、私はこの不快な感覚を強くした。『ロサンゼルス・タイムズ』紙の科学記者として、私は子どもたちに感心してもらう気まんまんだった。スペースシャトルのエンデバー号の前で、私は眼を丸くした生徒たちに、この宇宙船の乗組員と会ったときの話をした。ある子が指を「ふれあい水槽」の、流れのない冷たい水にいるヒトデに向かってつっこんだときも、努めて平静を装っていた。そのとき、波の下の奇妙な形が私の目を引いた。そこには、宝石のような色のヒトデと動かないウニの群れの間に、奇妙な、私の掌《てのひら》にぴったり収まるほどの大きさの濃い紫のねじのようなものがあった。

「あれはサメの卵だよ」と、水槽の向こうにいるボランティアが、私が担当する八歳児の集団に言った。

私は身を乗り出して覗《のぞ》き込んだ。受け持ちの女の子を肘で押しのけそうになった。水底の小石の中に、私が触ったことのある中でもいちばん風変わりな、最大のねじがあった。すべすべのテーパねじ〔先端に向かって細くなるねじ〕で、一時間もお風呂に浸《つ》かった後の爪のような、固くてもぐにゃぐにゃの入れものだった。

私はそんなものを見たことがなかった。魚からダチョウまで、動物が産む卵は丸い。丸い卵のなめらかな曲線は力を分散し、できるだけ割れないようにする。四角や三角など、角《かど》のある形にはならないはずだ。ところがこのサメの卵の形――私の父の工作台の周囲に散らばっているのと同じ形――によって、サメはまだ孵《かえ》っていない子どもを捕食者が取り出しにくくなるように、岩の隙間に押し込むことができるのだ。それは何億年も前から用いられてきた、工学的なデザインだ。もちろん人が考えたわけではない。

負けた。人類は自分が創造性のピラミッドの頂点にいると思いがちだ――地球に暮らす、美しいもの、たくましいもの、変わったもの、いろいろな生物の中の頭脳担当で、驚異的なものはすべて、私たちがゼロから仕立てたものというわけだ。

しかし私たちは多くの点で遅れている。自然は私たちと対等どころではない。人間よりも四〇億年も前にスタートをきっている自然は、人間の巧妙なところを、どんな突拍子もない想像力も及ばないほど超えている。

この簡素な展示を見て、私の頭に、何年か前の流体力学のある学会でのことが浮かんだ。退屈と思えていたテーマが、突然、まったく無味乾燥ではなくなったのだ。何千という研究者が、空飛ぶヘビの空気力学や、ざらざらのサメ肌の秘密を説明しようとロングビーチに集まっていた。

私はハチドリのホバリングやアリが這うパターンの話に囲まれて、科学者がひらめきを得たり教えたりするために生物の世界に目を向けることが多くなっていることを知った――新たな技術開発のこつを発見するために、奇跡のように見えるものを理解しようとしているのだ。それは別に目新しいことではない。もちろん観察眼のある人々は、古い自然の書物から仕掛の一つや二つを拾い出している。ジョルジュ・ド・メストラルが、今やどこででも使われている面ファスナーを発明したのは、飼い犬にしっかりくっついたとげとげの種《たね》を取っていて、その強力な接着力に興味を抱き、顕微鏡でそこに輪《ループ》と鉤《フック》の構造があるのを発見したことからだった。鳥を観察していたライト兄弟が設計した、湾曲した革命的な翼によって、二人の飛行機は、天然の飛行家たちと同じように安全に方向転換できるようになった。

とはいえ、そうしたことは、文化の中で点滅する、つかのまの孤立した光の点のようなものだった。一九世紀に急成長した工業化はおおむね自然を、手なづけ、手を加え、支配し、無視し、破壊さえする対象と見るようになったからだ。私たちは、技術的な問題を解決するとき、大型化したり、エネルギーや資源をつぎ込むようなものを作ったりする。良きにつけ悪しきにつけ、それは結果を出してきた。しかし無頓着な消費を二世紀ばかり続けた結果、私たちは生態学的にも、生産面でも、行き詰まりが目前ということになった。私たちは技術開発の限界に近づきつつある。すぐに手が届くところには、もう実は生《な》っていない。解決を求めて残された問題——医学、建築、計算機学での——は複雑で扱いにくい。さらに、私たちは天然資源を使い果たしつつあり、環境を汚染しつつある。私たちをここまで進めてきた力任せのやり方が、今や役に立たなくなりつつある。

　そこで少なくとも研究者は、私たちが行き詰まっているところで自然がどう成果を出しているかに注目するようになった。生物学者は自然界を調べてきた成果が他の領域にも使えることに気づき始めている。他方、工学者は、物理学ではなかなか解決できない問題の多くについて、生物学者が答えを手にしているかもしれないと思うようになった。それはこの何十年かで大きな勢いを得るようになった思考様式であり、名前もついていて、生物に着想を得たデザイン《バイオロジカリー・インスパイアード》という。

　本書では、生物学から学ぼうと集まり、私たちの技術開発能力の限界を超えようとしている様々な分野の科学者と出会う。極微の世界（光合成の化学）からきわめて大きな世界（生態系の原理）まで見て回る。そこで話を、材料科学、運動の力学、システムの基礎構造、持続可能性という四つのテーマに分けることにする。各章では、自然がどのように今の科学技術の上を行っているかを人々が調べるうちに、いくつかの新発見がなされ、またさらに現れようとしている分野を見ていく。本書全体で、そうした例やさらにその先を見て、自然の新機軸を人間の科学技術向上にあてはめることで、ものごとを大きくするのではなく、良くすることが可能になる様子を探る。

私は、研究室の科学者や、その科学者が飛躍的な研究を行なっている分野を追う。コウイカの皮膚のナノスケールの性質を調べている科学者のところで顕微鏡を覗き、国防高等研究計画局（DARPA《ダーパ》）の技術者が次世代人間型ロボットを試験しているサンガブリエル・バレーに向かい、サバンナに点在する高さ二メートル近いシロアリの塚をそれぞれ独自の理由で調べている生物学者と工学者の一団とともに、ナミビアへも出かける。

この生物に着想を得たデザイン《バイオインスパイアード》という概念はもともと「生物模倣《バイオミミクリー》」という用語の下で勢いを増した。ジャニン・ベニュスが書いてその名を冠した一九九七年の本（邦題は『自然と生体に学ぶバイオミミクリー』山本良一監訳、吉野美耶子訳、オーム社（二〇〇六））は、多くの研究者のためにこの学際的なアイデアを明快に解説した。サンディエゴ動物園グローバルという非営利団体が出した二〇一二年の報告によれば、バイオミミクリーはその後の一五年で、二〇一〇年のドルを基準にして、アメリカのGDPのうち年間三〇〇〇億ドル、世界の生産量のうち一兆ドルを占める可能性がある。様々な天然資源の枯渇を抑えることができ、二酸化炭素の排出を減らし、人類全体の財布にさらに五〇〇〇万ドルを戻せるかもしれない。「バイオミミクリーは経済ゲームの流れを大きく変えるかもしれない」と報告書の著者は書いた。商業的な利用は「今後様々な産業でシェアの様子を変え、最終的には経済のあらゆる部分に影響するのではないか」

私たちが今認識しているところでは、新たな発見はたいてい、自然をまるごと、やみくもに模倣しても得られず、最も見えにくい秘密を知るために、それを照らし出すほど詳細に調べることから得られる。自然界の謎の多くは、科学者による物理学の理解が、良く言って茫漠《ぼうばく》、悪くすると危険なほど間違いであるような領域にある。南カリフォルニア大学の工学教授、ジェフリー・スペディングは、自然の秘密を調べないことには、「現象を完全に見逃すこともあり、少し違うどころか、完全に間違っていることもありうる」と書いている。

研究者は、細かく見ることによって、その途上で顕著な見通しを手に入れつつある。ヤモリの足が接着剤なしでも壁に貼りつくのは、弱い分子間力を利用している。ヘビは細長い体をただ飛びやすい形にすることによって飛ぶことができる。ふつうのマメ科の葉は、殺虫剤なしでもナンキンムシが進むのを止めることができる。それは、鋭い棘《とげ》のあるフックが意地悪く並んでいるのを利用することによっていて、今のところ、これは合成物質ではまねができていない。

こうした発見は、奇怪で驚くべきものに見えても、資源が枯渇しつつある世界、持続可能な暮らし方を身に付ける必要がある世界、劇薬のような化学物質は減らし、廃棄物も減らす必要がある世界では、ますます欠かせなくなっている。第一歩は、他の生物が何十億年もの間、それをどのように行なって成功したかを知ることだ。

すでに革命的な仕事を進めている研究者もいる——生物学と工学を隔てる壁を破り、互いに学べることを見つけている。それは最先端の研究で、めざましい、将来的には世界を変えるかもしれない成果を生み出しつつある。

私はあの考えを変えるような物理学会に参加してからの年月で、科学者がザトウクジラのごつごつしたひれを元に風力発電タービンを改良したり、クラゲを人間の心臓のモデルとして調べたりしていることを記事にしてきた。アリの群集《コロニー》から交通制御のしかたを学ぶ研究者や、都市計画を改善するために生物体を調べる研究者もいる。

こうしたことはすべて、研究者に自分の専門分野の枠を超えて考え、自身のフィールドの外にある他の分野との連絡をつけることを求める。それはナノテクノロジーから都市計画に至る様々な規模にもあてはまるし、医学から建築まで、無数の分野の研究と応用に影響する。この研究分野や規模が広大な範囲に及ぶせいで、研究者や発明家がバイオインスピレーションによる答えを求め、また応用するために従うことができる指導原理の発見が難関として立ちはだかってきた。

効率は自然の多くの形態や機能を動かす強力な推進力であり、バイオインスピレーションによる技術開発でも高い価値のある長所となる。進化による際だった新機軸のいくつかは、進化が限られた資源を使ったり、厳しい環境を生き延びようとしたり、すでにある生物学的に変わったところをまったく別の機能のために方向転換させたりするがゆえにもたらされる（鳥が飛べるようになったのもそういう事情だ――羽は、元はと言えば、ほぼ恐竜の装飾や保温用だった）。

だから生物学は私たちよりも流体力学を理解しているように見えるし、ナノスケールでの建築が上手なのだ。あれやこれやの領域での自然界に備わる熟練の腕が本書のあちこちに見られる。

必要が本当に発明の母なら、すべての発明家の母は母なる自然だ。車輪は自然には生まれなかったが、よくできたねじなら自然にも作れる。バイオインスピレーションに熱心な人々は、こつは自然界に見られる戦略を取り上げ、そこから学ぶことだ――あるいはさらにそれを元に改良することだ――と言う。

注目すべきは、見るべきところを見れば自然界からいくらでもヒントが拾えることだ。私は数え切れないほど『銀河ヒッチハイク・ガイド』を読み返したし、サーフィンをするので海の魅力が時として私にはあたりまえに見えることもある。しかし私は最近、イルカの知能についての教えをきちんと理解していなかったことを知った。

ある朝フロリダで、他のサーファーと上下動の激しい白波をやり過ごそうと苦労しているとき、二頭のイルカがちょうど良い波の直前をうろうろしているのが見えた。単純に私たちの下に魚の群れでもいるんだろうと思って、あまり気にもとめなかった。そして波が迫ってきた――居合わせたショートボード乗りは誰も乗ろうとは思わない波だった。

イルカは、波が二頭を拾って前に運ぶときに、浜に向かうように並び、鼻先を下に向けた。私は唖然とした。二頭はサーフィンをしていたのだ――往年のサーファーの中でも最古の部類のプロみたいに。イルカに一〇本の指があったら、両足の親指を板にひっかけていただろう〔ロングボードでのサーフィンのしかた〕。二頭が帰ろうとしたとき、もう一頭のイルカが二頭の上をジャンプした。要点を教え込むように。たぶんこの三頭は何かを伝えようとしていたのだろう。それが地球破滅の警告ではなく、むしろこんなことだろうということは確信している。「君たちアマチュアよりもサーフィンがうまい海藻を見たことがあるぞ」

それでも、イルカや鳥や他の自然のものが語りかけてくることに注意を払えば、自然を――私たち自身も――助ける方法が見つかるかもしれない。手遅れにならないうちに。

第Ⅰ部　材料科学

第1章　心の眼を騙す——兵士とファッションデザイナーがコウイカから学べること

一斉射撃が空気を引き裂いて、こちらの軟らかい、恐ろしいほど装甲の足りない体に向かって弾が飛んで来る。そのことが人生の次の展開を決める強力な作用をすることもある。何があったんだ？　どこから撃っている？　隠れられるか？

一度なら巡り合わせが悪ければ不運で死にかけたということかもしれない。それでも、弾が飛んでくる時と場所がいろいろあるとなると問いも変わる。「どうしていつもこうなのか？」　答えを求めて少し退いて見るようになる。運が悪いんじゃなくて、むしろ模様《パターン》が悪いんじゃないか？

ケヴィン・「キット」・パーカー米陸軍少佐によれば、ある悪いパターンが、まさに米軍兵士たちを死にかけさせたという。パーカーはハーバード大学の生物工学・応用物理学教授だが、二〇年前はまさしく南部野郎《サザンボーイ》で、大学院の途中で入隊を決意し、一九九二年に基礎訓練を終え、一九九四年には士官として任官された。

「入隊するのは私の家系や出身地のあたりではむしろあたりまえで、NASCAR《ナスカー》のストックカー・レースを見ていて良くできた募集広告に感化されやすい奴は、軍隊に入っているものですよ」とパーカーは笑いながら言う。

陸軍予備役に編入された後、二〇〇二年～二〇〇三年と二〇〇九年の二度、アフガニスタン勤務に就き、二〇一一年には二度、グレーチームと呼ばれる特別科学顧問団に加わった。二〇〇九年の在外勤務はとくに厳しく、パーカーのいた部隊は七か月間、とても民兵から逃げられないように見えた。出動するたびに、車列はいつも図ったように銃撃された。

「とても厳しい戦闘勤務でした。何度も銃撃されていました」とパーカーは言った。「ある日、アフガニスタン国家警察の何人かと出動して、山の反対側にある、砂漠の平原に行きました。植物は全然なくて、何にもなしという感じです――それで自分のシャツの、このブルーグリーンの画素《ピクセル》模様を見て、周囲の土を見て、思いました。『ここじゃ立てた親指みたいに目立つぞ』って」

問題は制服に施す迷彩《カモフラージュ》だった。UCP（Universal Camouflage Pattern〔汎用迷彩模様〕）と呼ばれるこの模様は、数年と五〇億ドルをかけて開発され、二〇〇四年に使用開始になった。青と緑の、ピクセルのようなかくかくとした模様のデザインは、全地形型の装飾を意図していて、複数の制服を用意する必要をなくすとされていた。しかし、このフリーサイズで色調は一つだけの上下を着た陸軍少佐と部下の兵士一行は、環境に溶け込むどころか、草も生えず岩だらけという、よくある地形では丸見えだった。

「これは科学的に決まったんじゃなくて、予算で決まったんですね」とパーカーは言った。

その日は戦場カメラマンがいて、パーカーはそのブルーの服を着た姿を見回して、恐ろしいことに気がついた。カメラマンは片膝ついたパーカーの写真を撮った――その写真が、帰国したときパーカーのアイデアの元になる。

「戦場で撮った私の写真を取り出して、砂漠で片膝ついたその写真を見るだけでわかりました。それは、頭の上にパシュトゥーン語で『俺を撃て』と書いた看板を掲げているよりはちょっとましかなくらいのものです」とパーカーは言った。

この問題に遭遇したのはパーカーだけではなかった。この迷彩はアフガニスタンの米兵を狙いやすい標的にした――二〇〇九年にはこの問題がやっと、今は亡きジョン・マーサ下院議員（民主党、ペンシルヴェニア州選出）の耳に届いた。議員はこれをフォートベニングを訪れたときに、レンジャー部隊の下士官から聞いたと言われる。UCPは性能が標準以下だということを示す調査結果が次々と出てくるようになった。とくに米陸軍ネイティック研究所〔衣服、食糧などの軍用品の研究開発を行なう〕が行なった調査報告は、森林、砂漠、都市の各設定の試験場で、性能がUCPよりも一六パーセントから三六パーセント上回る迷彩パターンが四つあることを示していた。そのうちの少なくとも一つ、マルチカムと呼ばれる迷彩は、二〇〇二年から使用可能だった――つまり、UCPに五〇億ドルの研究開発費をかけることはなかったのだ。

報道によれば、この問題は色、あるいはピクセル風の模様（他のもっと効果のあった迷彩パターンにも用いられている技法）だけではなかった。問題は模様の大きさにもあった。小さすぎて、「等輝度《アイソルーミナンス》」という現象を起こしていた。これは模様の色と色が近くにありすぎて、遠くから見ると混じりあい、全体の形を目立たせてしまうという現象だった。UCPの明るい色調の場合、兵士の輪郭が明るい色のシルエットになり、背景から目立ちやすくなる。言い換えれば兵士は見えやすくなる、つまり安全でなくなるということだ。

ＵＣＰについて世間や内部の人々が声を上げた後、マルチカムがアフガニスタン用の暫定的な代用として採用され、報道によれば、二〇一五年、マルチカムに似た新迷彩模様の使用が開始された。しかし新たな、効果的な軍用迷彩を開発するとなると、「私たちはまだちゃんとしたものは得られていない」とパーカーは言った。

迷彩にはフリーサイズの汎用の模様よりも巧妙なものがなければならないとパーカーは思った。この問題は、二度めの派遣から戻った後、パーカーの頭の隅にひっかかっていた。そんな二〇〇九年の秋、帰国から二か月ほどして、ハーバード大学の光物性学者、イヴリン・フーから電話がかかってきた。国防高等研究計画局――ＤＡＲＰＡ、つまり一九六〇年代から七〇年代のインターネットの準備をし、今もなお先進的で未来的な研究に資金を出している国防部局――の予算がついた研究の仕事をしないかという誘いだった。ところがフーの研究対象は少なくとも五〇〇〇万年前からあるものだった。コウイカという、エイリアンのような見かけの、アメリカでは、その近い親戚であるタコやイカほどは知られていない海の生物だ。

コウイカはタコほど認知されてはいなかったが、知能やとてつもない変身や皮膚の変色など、いくつもの面でタコやイカと張り合う存在だ。この動物は約三〇〇ミリ秒で色を変えられる。フーはロジャー・ハンロンという、マサチューセッツ州ウッズホールにある海洋生物学研究所（Marine Biological Laboratory＝ＭＢＬ）の海洋生物学者で、頭足類《とうそくるい》（コウイカ、イカ、タコ、オウムガイが入る分類）の第一人者と組みたいと思っていた。パーカーは、ハンロンの研究所がすぐ近くにあることにも気づいた。

「何だ、すぐそこじゃないか、ちょっとそこまで歩いて行けば、本人がいるぞと思いました」とパーカーは言った。この三人の科学者は、さらに他の共同研究者と組み、二〇一四年には、コウイカの皮膚の中でナノスケールで色が変わる機構についての論文を発表するまでになった。

パーカーは、フーの電話を受けたとき、たまたま海洋生物研究所の図書館へ行こうとしていた——その入り口近くには、少々皮肉な銘が打ってあった。「本ではなく、自然を調べよ」。米海洋生物学の草分けでMBL創立のきっかけとなった生物学者、ルイ・アガシーの言葉と言われる。ハンロンが好きな名言の一つで、自身の研究上の習慣を冗談めかして弁明するときに、しばしばそれを引用した。

「もちろんそれは私が世界のあちこちへ出かけてダイビングをする言い訳ですよ」とハンロンは言う。

それは控えめな言い方というものだろう。ハンロンはおよそ三五年にわたる研究歴の間、オーストラリアや南米やカリブ海で、五〇〇〇回ほどダイビングをした（ミクロネシアのパラウ諸島やリトルケイマン島などがお気に入りだ）。しかし研究室に戻ると、大量のコウイカがいて、共同研究者とともに、その隠密性《ステルス》や頭の良さを日々調べることができた。

私は海洋生物研究所のハンロン研究室に座っている。研究所は、マサチューセッツ州ウッズホールにある。夏にはマーサの葡萄畑《マーサズヴィニヤード》という名の島に観光客を運ぶ船が出る桟橋から、ちょっと先の岬にある研究施設の一つだ。一二月の寒い、晴れた、静かな日で、鰻池《イールポンド》という名の閉じ込められた入り江に当たる光は、淡い金色を帯びている。ハンロンの研究室はその池を見渡す位置にあり、窓の台に置かれたオウムガイの縞模様が眺めに彩りを添える。本棚にある本には一定のテーマがある。『視覚と美術——見ることの生物学』、『神経技術——蝶』、それから一転して直球の題の巨大な本『不連続模様素材』は、背表紙の幅が二倍もあろうかという厚さだ〔タイトルは、主として英陸軍が採用する軍需品などに施す迷彩のことを指す〕。

私がその本のことを言うと、ハンロンは「おもしろい本ですよ。その人は服で一財産作ったんです」と返す。

ハンロンは海洋生物の迷彩の万能選手といったところだが、研究の大部分では、ありとあらゆる頭足類――イカ、タコ、コウイカの仲間の様々な生物――を相手にしている。どれがいちばん好きですかと私が尋ねると、ほとんどびっくりしたというように笑い、「ヨーロッパコウイカはものすごいですよ。この研究所にもいます。ずいぶん調べました。本当によくできた動物です」と言った。

コウイカはタコの親戚だが、合衆国ではずっとほとんど知られていなかった。ヨーロッパ、アジア、オーストラリア、アフリカの沖合に棲息《せいそく》するが、どういうわけか、アメリカ大陸は避けているようだ。やはり親戚のイカと同様、八本の腕と二本の触腕がある。アリストテレスはコウイカの虹色の内臓を賞賛している。当時、この動物は墨で有名だった。タコやイカが逃げるときに煙幕を張るために吐き出すように、コウイカもそうする。また周囲に溶け込む能力から、ずっと「海のカメレオン」とも呼ばれてきた。

チャールズ・ダーウィンは、大きな意味をもった一八三九年〔初版〕の著書『ビーグル号航海記』に、「この動物はまた、カメレオンのように体の色を変える珍しい能力があり、それによって敵の目を逃れる」と書いている。

コウイカ以上に変わったこの世のものならぬ生物は考えられないかもしれない。背骨はなく、膨らんだ眼には変わったW字形の虹彩《こうさい》があり、太いはためくような腕が顔から突き出ている。胴体の周囲に浮かぶ、バレエのスカートの裾のようなフリルをくねらせて泳ぐが、捕食者から逃げるときは水を逆噴射する。指状の突起が多数出ている顔を見ると、H・P・ラヴクラフトの奇怪なホラー小説に登場する架空の神、クトゥルフ、あるいは人気のテレビドラマの『ドクター・フー』のリブート版に登場するエイリアン、ウードの顔を覗き込んでいるように思える。

ヒトとマグロの間にはほとんど類似はないと思われるなら、こう考えてみよう。どちらにも少なくとも背骨はあるぞと。コウイカ《カトルフィッシュ》は〔無脊椎動物の〕頭足類に属する生物なので、本当の魚《フィッシュ》よりもさらにヒトから遠い系統にいる。頭足類はきわめて融通の利く動物の一群で、やはり色を変えるタコやイカを含み、地球の無脊椎動物では最も頭が良いと考えられている。

現代の頭足類の系統が最初に生まれたのは五億年以上前で、サメが登場するよりも前のこと、軟体動物と呼ばれる動物——カタツムリや貝など、基本的に筋肉を殻で覆っている動物を含む分類区分——から分かれた。

そんな、今日になってもまあ頭の良くない幅広い生物の一族から、非常に頭の良いコウイカがどのようにして進化したのだろう。答えは殻に——あるいは言わばそれがないことに——あるかもしれない。軟体動物（mollusk）と言えば、体を保護するカルシウム豊富な鎧だ——mollusk という言葉はラテン語の *molluscus* という、「薄い殻がある」という意味の言葉に由来する。しかし、殻は脆弱《ぜいじゃく》な肉にとってきわめて効果的な防御として機能できる一方、重荷にもなりうる。それで進化の途上のある時点で、頭足類は外側の殻を捨て、動きやすい海の狩猟採集種族となった。コウイカは、イカやタコとは違い、体内に甲《こう》と呼ばれる楕円形の平らな殻があり、そこには層をなす小部屋がたくさんある。正面側の小部屋はガスで満たされていて、後ろ側の小部屋は海水で満たされている。このガスと海水の比率を調節して、甲の密度を——

つまり浮力を――調節することができ、深さを変えて泳ぎ回れる。これは動き回ったりぷかぷか浮いていたりしようとする場合には優れたエネルギー節約装置になる（コウイカは、しばしば海底に横たわり、腕を使って砂を胴体に撒《ま》き、姿を隠して静かに暮らすことによってもエネルギーを節約する）。

殻を持たない有利さと引き換えに、他の捕食者にとっては狙いやすい獲物になる。要するに、ふにゃふにゃの肉の袋になったのだ。タンパク質豊富な袋菓子みたいなもので、簡単に食べられる。

タコやイカも、やはり殻を捨てた頭足類で、同じ弱みを抱えている。そこでこうした生物では、巧妙な防御方式が進化した。攻撃されると防ぎきれないなら、最初から無用な関心を引かないようにする。レーダーにひっかからないように泳ぐということだ。そこで頭足類は、太陽の下はともかく、海中では一見するとほとんどどんな色にでも合わせられる、この高度に特化した迷彩を発達させた。それはまったくの特異能力ではない――カメレオンのような動物は気分で色を変えることもできる。しかし頭足類ほど精巧にできる動物はあまりいない。色だけではなく、細かいパターンまで変えて、砂地の海底でも、海藻が密集してうねるところでも、すばやく溶け込むことができるのだ。皮膚の肌理《きめ》まで変えて、粗い砂だろうと、ぎざぎざの岩礁だろうと、環境に合わせることができる。

ハンロンが研究所の玄関でコウイカが飼われているところへ連れて行ってくれて、私はその様子を直接見ることができた。同じ研究所に勤めるケンドラ・ブレシュが、エッシャーが水の流れ出る蛇口の絵を描いたような感じの部屋にいた――奥にはたくさんのコウイカが漂う水槽が並んでいて、海の環境に合わせて高速で水が循環している。コウイカは思っていたより小さく、だいたい私の手くらいだったが、思っていたとおり、かわいらしかった（私の耳には「cuttlefish」〔字義的には「墨魚」〕が「cuddlefish」〔「抱きしめ魚」といったところ」に聞こえても全然気にならない）。

もっとも、この子たちは抱きしめたいわけではない。ブレシュが近づくと、コウイカの一匹が腕のうちの二本を宙に伸ばした――ほとんど餌をねだるようだった（後でハンロンから、それは威嚇する反応だと教わったが）。ブレシュは、みんなそれぞれの性格がありますと言いながら、水面に指を入れた。先のコウイカがその指に注目すると、背中に二列の黒い、少し波打つ線が縦方向に延び、濃くなった。バイオリンに彫られた二本の流れるようなf字形の穴のように思えた。ブレシュが指を動かし、それをコウイカが見つめる時間が長くなるほど、その模様は濃くなった――誰かが、インクは残っていても先がつぶれたサインペンで細い線を書き込もうとしているようで、色が線からにじみ出ていた。

ブレシュが言う。「こうやってこの子はパターンを出します。これは餌を獲るときによくつける模様ですね。私はこの子につかまれるのはいやですね――別に大丈夫なんですが、あの感触があ～」

ブレシュの声が最後のところで二オクターブほど上がった。コウイカがもう我慢できないとばかりに二本の餌獲り用の触腕を伸ばしてその指にかけたのだ。ブレシュはすばやく指を上げ、コウイカは吸盤のついた腕を離した。背中の黒っぽい線は前方から後方へと薄くなり、すぐに消えた。

今度は私が断然やってみたくなったが、一度騙されたコウイカはもうひっかからない。ブレシュはコウイカの目の前で指を揺らし、相手に注目させてそれについて考えさせる――線が背中に浮かび始めるが、すぐに消えてしまう（線はシンクロしてはいないので、コメディアンのスティーヴン・コルベアが眉毛をかわるがわる上げ下げするような感じになる）。

そこで私も別のコウイカの目の前で振ってみる。そちらはもう少し反応しやすそうだ。黒い線が現れ、顔から出る八本の腕の奥に隠れていた触腕を突き出し、軟らかい小さな吸盤が私の指にまとわりつく。奇怪だが不快ではなく、私はこの感じをどう表現しようかと考えている。コウイカが触腕を縮めると、あちらが私の手の方に引き寄せられるように見えて、私はうっとり見とれていたが、そこでブレシュと同僚のスティーヴン・センフト（ちょっと前にこの部屋に立ち寄っていた）が警告の音を立てる。

私は指を引き戻したが、コウイカは離してくれない。水中から引き出したら離してくれるかと思ったが、もう触腕は縮みきっていて、ひたすら必死にぶらさがっている。安い、早い食事に手が届いているのだ。それで私は図らずもコウイカを空中に引き上げてしまう。衝撃（あるいは重力）がとうとう手に負えなくなって、コウイカは触腕を離し、浅い水槽にぼちゃんと戻った。

研究者たちはそれとわかるほどほっとし、少しショックを受けていた。センフトは、コウイカと遊んだことはあるけど、こんなに指がおやつになりかけたことはないと言う。

「中には鋭い小さな嘴《くちばし》があるんですよ」と、センフトは控えめに言った（親戚のイカには、有機物質で最高とは言わなくても、第一級の硬さと言われる嘴がある――これについては次章で取り上げる）。私の方は、このコウイカを騒がせたことを申し訳なく思っている。この子を傷つけちゃったかなと二人に尋ねた。

「大丈夫よ」とブレシュは言う。

迷彩に頼る動物は、光のほとんどを吸収し、可視光の範囲のうちほんのわずかな幅の光を反射する色素分子を利用することが多い。これはほとんどの動物については、外皮の黄色、赤、茶色、黒で成り立つ（とくに、体毛にどの色素ができるかによって色が限られる哺乳類は）。クジャクの羽のまばゆいほどのサファイア色に見られるような真珠光沢とブルーグリーンは、構造色による。この場合は、光を吸収せず、入射光を反射して波長をブルーグリーンの範囲にするようなナノスケールの面を作っている。

カメレオンのように、能動的に色を自在に変えられる動物もいる。外見を命令で変えることができない動物は、大規模なパターン——警戒させる眼状紋、目を欺く縞模様など——を見せる。こちらのパターンは変化はしないが目を混乱させるのに優れ、危険な相手を避けることができる。

コウイカはこうした色と戦術をすべて利用する。赤、黄色、茶色を生産でき、青緑やさらには白まで作れる——それを恒常的な迷彩模様のある動物のように展開し、捕食者・獲物両方の脳を騙す巧妙なパターンを用いる。

私はそのパターンの一つの実際を見た。ブレシュがブルーシートのテント——後でわかったが、氷上の穴釣り用の小屋だった——の方へ向かって行き、それを開いた。中には子どもの水浴びプールほどの大きさの透明なプラスチックの水槽があり、そこには、大判のピザほどの大きさの黒い桶の中に、ポケットに入るくらいのコウイカが、小さな市松模様の筒状錠剤ケースの横にいた。この入れ子になったプールの上では、コウイカのいる場所をカメラが真上から狙っている。

ブレシュがゆっくりと手を入れて——コウイカを驚かせないように、念を入れてゆっくりと——白黒模様のケースをつかむと、コウイカの模様が変わり始める。背中の左側——ブレシュが伸ばした手に近い側——に黒い斑点が浮かび上がり、右側にはまた別の斑点が現れる。それは蝶の羽や魚の背中にあるような派手な「眼状紋」に似ている。近づく捕食者を混乱させて、別の動物の顔を見ているような気にさせる模様だ。

「この子は私を騙して怖く見えるようにしているんです」とブレシュは言う。

ブレシュが市松模様の小箱を手にして腕をひっこめると、わずかに歪《ゆが》んだ斑点がすっかり消えてしまう。ブルーシートのテントを閉じると、その小屋の隣に設置してあるモニター画面で先のコウイカを観察できるようになっている。ブレシュはコウイカがパターンを変えるのを見ようと待ち受けている。今は重要な視覚的手がかり――市松模様の筒――がなくなっていて、砂地の面しか残っていない。

ハンロンは、コウイカの環境は見るからにごちゃごちゃしていると言っていた。鋭い岩、浮遊する藻、枝分かれするサンゴ、腕を揺らすイソギンチャク、素早い動きの魚の群れ、海底を這うカニなど。水中では圧倒されるほど形と動きが多様だ。取り入れるべき情報が山ほどあり、すべてに合わせることはできない。視覚的なカクテルパーティ効果のようなものだ。何かのパーティにいて、周囲の会話をすべて同時に聞き取ろうとしても、混乱してしまう。人は耳に入る自分に関係ありそうな会話だけを拾い、周囲のざわめきは無視しようとする。

コウイカはそれを自分のいるごちゃごちゃした環境で行なう。特定の視覚的な手がかりに注目し、その手がかりに迷彩を同期させるのだ。研究者はどんな手がかりに最も強く反応するか――コウイカはどれがいちばん重要だと思っているか――を解明しようとしている。それがあのブルーシートのテントで、コウイカの隣の砂地に小さな市松模様の錠剤容器が置かれていた理由だ。

一メートルも離れていない研究所のカウンターには、いろいろなパターンの大判ピザほどの円がいくつかあり、私はそれをめくってみる――錠剤入れと同じ大きさの市松模様のものもあれば、グレー一色のものもある。こうした人工的な「敷物《サブストレート》」を先の小さな黒い桶に入れて、この動物が体の下の地面や、そこから突出する意味ありげな物体（市松模様の錠剤容器など）に反応するかどうかを見ることができる。

ラミネート加工を施した防水の敷物はもっと小さな、大ぶりの市松模様のものもある。コウイカがどの大きさなら背中の中心に白い正方形を浮かび上がらせる時だと判断するかを知りたいからだ。一〇センチほど先には、別のランダムに見えるピクセル様のパターンが、コントラストを変えて三枚、広げられていた。それは軍需品論争の的になった「デジタル迷彩」のようだった。

ブレシュはただの砂の写真のような敷物も持っている。結局、コウイカは自分がいる面の肌理は実は気にしていない。板のように平らでもよく、それにもコウイカは反応する（その皮膚にはやたらと肌理ができる特性があることからすると、これはやはり特筆すべきことだと私は思うが、それはまた後の話）。

コウイカはパターンに反応するだけではない——自分の周囲の物体をまねようとしているんですとブレシュは言って、ハンロン以下何人かが行なった巧妙な実験のことを振り返った。このチームはコウイカを一四、涙滴形の水槽に入れて、丸い壁の近くに人工の藻の飾りを置いた。コウイカはこの偽物の植物のところまで泳ぐと、端あたりで腕をいたずらっぽくちょっと曲げて上げ、枝分かれする藻をまねた。これは野生でもときどき、断片的に報告されている。海流の中で腕を揺らし、周囲で波打つ藻をまねて、背景にまぎれてさらに見分けにくくなっているイカやコウイカを、ダイバーが目撃している。

この海中の茂みの芸術的な演技はかわいらしいとはいえ、その背後には深い幾何学的原理がある。チームは次に、この実験を簡素にしたものを行なった。涙滴形の壁にパターンをつけて、コウイカがどう反応するかを見たのだ。どの場合も、水底はグレー一色だが、壁は太い白黒の縞模様にしておく。縞は上下のこともあれば、横のことも、斜めのこともある。そうしてチームは、コウイカが実際に腕でこの縞の方向をまねようとするのを見た。横縞に合わせて腕をまっすぐ伸ばして維持したり、縦縞に合わせてまっすぐ上に伸ばしたり、斜めのパターンには傾きをつけた。

しかしコウイカは、単純な二次元の模様への反応でも、周囲に合わせるためには皮膚を念の入った三次元の構造に変化させる。コウイカはタコと同様、皮膚から小さな突起を出すことができ、その突起がまた枝を出して、体全体がとげとげのサンゴの断片に見えるようになる。実に見事なものだし、やはり謎だとハンロンは言った。それが筋肉の弁のように動く――人の舌のように、片側は固定され、反対側は自由に動く――ことは知られているが、その舌が形を変えて、端で二枚の小さな舌に枝分かれできるかのようになっている。

ただ、ブレシュが研究しているのはそのことではない。ブレシュは釣り小屋のコウイカの下にある底面の模様を消し、少し落ち着く時間を与えてから、体のつくりを調整しているかどうかを調べる。近くに錠剤容器がなくなると、コウイカはコントラストの強い砂模様ではなくなっているとブレシュは予想する。ただ確かめなければならない。

コウイカは変装の名人なので、周囲に完璧に合わせることができると思われるかもしれない。この場合、完璧な迷彩とは、要するにまったく見えない上着ということで、それを着れば透明になるということだが、周囲に完璧に合わせるということは、風景に合わせて変わるということだ。それは確かに人が作る迷彩にとってはそそられる解決策に思える――軍がＵＣＰで抱えた問題を解決して、兵士が茶色の砂漠に合わせたかと思うと、着替えなくても緑の森に合わせられるようにするだろう。しかしそのアイデアをちょっと考えると、すぐに崩れてくる。まず、視覚的な環境を処理して衣服に出力するにはとてつもない計算機が必要になるが、これは製造費が高くなり、携行するのも非現実的だ。それに実際には、ゆっくり進むか静止しているときしか機能しない。要するに、樹木の前に立っているところからどちらかの側へ何センチか動くと、衣服が瞬間的にあらゆる方向からの見た目で動作しなければ、その人は突然、狙撃兵の目には、無力な体をくっきりとさらす標的に見えることになる。

まったく同じ環境は二つとない――実際には、同一の環境でも、見る方向が違えばまったく同じということはない。コウイカにとっては幸いなことに、迷彩といっても実はただ周囲と同じように見えるということではない（そうであっても役に立つが）。トラの縞模様を考えよう。黒い縞はただトラが影に溶け込むのを助けているのではない。トラのシルエットを分割する役目もしている（トラというひとまとまりではなく、「細いものが何本か並んでいる」と認識されるということ）。動物は人間も含め、体全体の輪郭を探すように仕込まれているからだ。そのため、トラの縞模様は踵《かかと》付近で突然消える――それによって、トラの縞だとはすぐに識別しにくくなるのだ。

コウイカは、いろいろな捕食者（大型の魚、水中に潜る鳥、サメ、アザラシなど）や獲物（魚、カニ、軟体動物――小型でおいしい生物の種類）を欺かなければならない。コウイカは夜でも目が見える。紫外線が見えるものもいる。コウイカを理解しようとする生物学者やコウイカをまねようとする工学者にとっては幸運なことに、それは杓子《しゃくし》定規に環境に合わせようとしているのではない。実はコウイカの本当の力は目を欺く能力ではなく、脳を欺く才能に由来するのだとハンロンは言う。

ハンロンがコウイカを含め無数の頭足類が周囲に反応するのを観測して目をつけるようになったのはそこだった。こうした動物はものすごく細かいところを変装に取り入れていたが、それぞれが独自というわけではなかった。実際には、幅広い迷彩パターンも、つきつめるとすべて三つ（あるいは四つ）の基本的な型に収まるように思われた。つまり、コウイカは一年から二年の寿命の間、少しずつ様子の異なる無数の状況にいるが、使う変装は三種類だけということだ。汎用迷彩模様とは素晴らしいではないか。

最初はそんなばかなと思われるかもしれないが、そのパターンがどういうものかを知ると、少しわかってくる。まず、一様／点描模様。これは低コントラストで、整った均一な砂地の底に溶け込む。第二に、斑《まだら》模様。こちらはコントラストが高くなり、不均一になる（白黒の小石のようなものを考えるとよい）。第三は、研究者が「不連続《ディスラプティブ》」と呼ぶ、非常にコントラストの高い大ぶりの模様で、コウイカの背中に浮かぶ巨大な白い長方形が主な特徴の、大きな四角い幅広の図柄だ。この模様は、環境のコントラストが高くて、コウイカが体の縁を周囲に溶け込ませることができないようなとき（大きな白い岩があるのが望ましい）に用いられる。その場合、トラの縞模様よりも派手な（しかもたぶん効果的な）手として、コウイカは体の内側に偽の縁を作る――それはコウイカのシルエットを見事に分割して、視覚的には捕食者も獲物もコウイカの体の輪郭をつなぐのが難しくなる。

脳がそんなに簡単に騙されるのが信じられないなら、ルビンの壺を考えてみよう。見たことはあるだろう。白黒の画像で、白い杯に見えたり、向かい合う二人の人物の横顔のシルエットに見えたりする。どちらも目に見える画像だが、脳は黒と白の境の線が壺のものか、人のものかを判断しなければならない。少し見つめていると、脳が両者を切り替えているのを感じるだろう。壺だ！　いや、人だ！　違う、壺だ！というようになり、しまいには私が試したときのように頭が痛くなってくる。脳はどちらをとるかを選ばなければならない――同時に両方のイメージを頭に保持するのは非常に難しい。コウイカの縞模様は、そんなに派手な色では目を引くんじゃないかと思われるが、脳が輪郭を探すことを利用している。それは偽の境界を生み出し、脳に間違った対象をこしらえさせ、そうして当の動物の輪郭はまったく見えないようにする。

理想的な世界では、それこそ人工の高性能迷彩はそうなるように考えられている――UCPもそうなるものと考えられていた（ネイティックの二〇〇九年と一〇年の報告書によれば、そうはならなかったが）。私にとっては、UCPの模様はコウイカも含めたいろいろな動物が学習していた教訓を考慮していなかったように見える。コウイカにとっては、大きさが重要な役割を演じる。模様は大きくなければならない。ジグソーパズルのピースのように十分大きく、脳が部分から全体を見てとれないようにしなければならない。これがUCPの問題点だった。模様が小さすぎて、兵士の輪郭を分割できなかったのだ。私自身、コウイカのことを調べていたら、UCPは最善策ではないことに気づいたかもしれないと思うようになっている。

この領域に軍事専門家が関心を向けようと向けまいと、科学者が自然に適応する迷彩の研究を続けるのは、ひたすら基本的な原理を突き止めるためだ。たとえば、ハンロンらは今もパターンは三つあるいは四つだけであることを明らかにしようとしている――それだけでもとんでもなく手間がかかるとハンロンは言う。画像を何万枚も撮り、それを解析するアルゴリズムを考え、それがパターンに合うか、外れるかを調べる。これは厖大《ぼうだい》なデータで進められる作業で、証明しにくい。

それでもチームはデータの山を崩していく。自分たちの説が魅力的だからだ。つまり、哺乳類、魚類、鳥類、どんな動物でも、視覚による捕食者は同じ基本原理で動作する脳を持っていて、それは同じ仕組みで騙せるということなのだ。それはただ軍事専門家の関心の対象となるだけでなく、様々な生物種の行動、その進化を形成する環境の因子、共通の認知構造を理解しようとしているどんな生物学者にとっても関心の的になる。

しかしこの研究チームは、そうした基礎的パターンの鋳型が存在することを証明する以上のことをしなければならない。チームが望んでいるのは、コウイカがいつ、どのパターンを用いるかを決めるところの理解だ。何と言っても、コウイカの環境は圧倒的に複雑になりうる。滑らかな砂の整った区画だったり、サンゴが点在していたり、不連続模様をまとうとうまく行きそうな大きな岩がごろごろしていたりする。コウイカはどれを選ぶのか。この大きな脳を持つ動物の意思決定過程を理解すれば、しかじかの環境で、優先順位の高い迷彩はどれになるかが明らかにできるだろう。

たとえば、コウイカは環境中の三次元の物体に合わせる方を選ぶらしい。砂地の脇に明るい色の岩があると、コウイカは岩の方へ泳いで行って、背中に白い四角を浮かび上がらせる——砂地のような一様なパターンにして、他のどこかで固まっていてもいいようなものなのだが。

もちろん、岩がやはり砂のように見えるなら、一様なパターンをまとうし、斑模様に見えるなら、斑のパターンをまとう。コウイカにとっては、優先順位はまず三次元の物体に合わせ、それから二次元の上下方向のパターン（たとえば野生の海藻やハンロン実験での水槽の壁の模様）に合わせ、最後に底の二次元パターンに合わせるということらしい。

これはブレシュが、このとき見せてくれた略式のデモに近い実験で調べていることだ——そのデモについても、ブレシュは私が実験室を出る前に確認していた。あの市松模様の錠剤容器を水槽から取り除く前に、コウイカはまっすぐそれに向かって行き、不連続模様をまとった。そこでその錠剤容器を取り出すと、

（それまで何度も見ていたように）不連続模様が消え、砂地の一様な色調になると予想される。ところが画面を見ると、その不連続模様はさらにくっきりとしたようだった。

「人が見ていると合わせてくれないんですよ」とブレシュは言う。どういうわけか、私はあまり驚かなかった。

コウイカが特定の迷彩を選ぶ理由を理解することと、その選択をどう実行するかを理解することはまったく別の問題だ。こちらにはまた別の道具が必要となる。コウイカの変色力の秘密は個々の細胞のレベルにあるからだ。急速に周囲に合わせる迷彩を支えるミクロレベルの仕組みを理解したら、実際にそれを再現する見込みも得られたことになる。そうして、その仕組みが再現できれば、それを利用した服地を大量生産できるかもしれない。その最終目標が、キット・パーカーのような、軍事的視点から有望と見ている人々を引き寄せている。

そうなる前に――またそうなるかどうかわかる前に――生物学者はこのシステムを動かしている「色素胞」と呼ばれる微小器官を理解する必要がある。こちらはスティーヴン・センフトのような研究者の仕事で、センフトは私に顕微鏡でイカの赤ちゃんを見せてくれた。そのイカは超小型のアリのような大きさだが、スライドガラスに貼りつけられ、特殊な染料で着色されて視野の中に置かれていた。透明な皮膚の奥に、黒い水玉模様の色素胞がはっきりと見える。

頭足類の皮膚はひどく調べにくいことがわかり、何十年か苦労して検査されてきたが、顕微鏡技術に鍵になる展開があって、やっと科学者はナノスケールの仕組みの働き方を把握できるようになったところだ。

ハンロン、ブレシュ、センフトが勤めている棟の向かい側にあるこの棟には、六台の顕微鏡がある。ここへ来る前、コウイカが私の指を噛み切りそうになったちょうどそのとき、センフトがやって来て、私がこれ以上動物を怖がらせる前に、階上の、センフトが自分の研究の大部分を行なっている実験台まで案内してくれた。今言ったように、皮膚の力を理解するにはいろいろな道具類――主には各種の顕微鏡――が必要だ。伝統的なもの、レーザーを使うもの、光の波長より小さい構造を見るための電子を利用するものがある。そして研究室でその研究成果の一部を取り出した。風変わりにも美しい、大きさも様々な球の画像で、球はもつれた真珠のネックレスのようにつながっている。

センフトはパーカーやハンロンやハーバード大学の光物性学者、イヴリン・フーとともに、コウイカの皮膚にある複雑な物理的仕組みを理解しようとしている。皮膚は確かに複雑だ。何層かで構成され、表面で現れたり消えたりする色や、皮膚がまとう肌理を制御するための筋肉と神経が走っている。しかもその変身を三〇〇ミリ秒ほどで行なうのだ。カメレオンのような動物では、脳がホルモンを使い、血管を通して指令を送り、その後、何秒、何分かで色が変わる。コウイカの動作がそれよりずっと早いのは、脳が指令を神経による電気信号で送れるからだ。その神経はものすごく長い、超高速神経だとハンロンは言った――シナプス間隙で何本かの神経を中継するのではなく、脳から筋肉へ直接延びる糸だ。この神経が、コウイカの皮膚の各層にある色素器官を制御する筋繊維につながっている。

研究チームはこの神経による指令を受け取る側で起きていることを知ろうとしている。コウイカはどうやって体を覆う黄褐色のパターンを生み出したり、雌に見せつけるために青緑のネオンのような色を使ったり、目を欺く縞のまぶしい白を発生させるのか。

コウイカの皮膚の仕組みを理解するのは重層的な作業であることがわかった。他の変色動物では、色素胞は要するに色を選択するためのフィルタとして動作する色素を含んでいるだけだ。しかし頭足類の皮膚を顕微鏡で調べると、コウイカの皮膚はまったくそういうものではないことがわかった。もっと複雑で、巧妙な動きをしている。

このチームが色素胞を「器官」と呼ぶのも無理はない。ただの色素がつまった細胞ではないんです、とハンロンは言った。この構造の動作にかかわる細胞は、筋肉、神経、色素嚢《のう》など、何種類かある。色素は衣服の染料のように、入ってくる光のほとんどを吸収し、一部の波長だけを反射する。コウイカの場合、黄色、赤褐色、焦げ茶色の色素胞があり、それぞれが、上から黄色、赤褐色、焦げ茶色という各層にある。

この色素胞が入った三層の下には、虹色素胞《イリドフォア》という、まったく別の光学的な仕掛で動作するものがある。この細胞はリフレクチンというタンパク質を利用する。これにはいくつかのまばゆい性質がある。リフレクチンは光を吸収しない。入射光を捉え、その波が表面で角度を変えて跳ね返るような操作をする。その交差する光の波が干渉しあって、構造色と呼ばれるものを生み出す。それは貝殻の内側や蝶の羽根、肉屋の店先で光る肉の塊にも、虹のような青や緑が見られるのと同じ原理による。色素は、上の各層の色素胞にある黄色、赤、茶色と同じように、特定の波長の光を吸収し、どの角度にも反射する。しかし虹色素胞では、リフレクチンでできた小さな板がその表面全体で異なる角度で波を跳ね返し、そのため、虹色のものを左から右へと動かし、見る方も視角を変えると色が変わるように見える。美しい光物性学の熟練の技だし、見ているとまぶしいほどだ。

コウイカはきっと様々な絵具の載ったパレットの使い方をよく学んだのだろう。色の変わる皮膚の第一の目的は体を隠し、見えなくすることだが、コウイカはそれを利用して獲物に催眠術をかけることも覚えた。軽率なカニに向けて、ラスベガスのネオンサインのように皮膚に色を走らせ、ショーを演じるコウイカもいる。かわいそうなカニは目を離すことができず、すくんだようにそこに座り込んでしまう。コウイカはネオンを瞬かせながらにじり寄り、びゅっ！――二本の触腕を突き出し、カニをつかみ、口へ運ぶ。差し迫る死がこれほどきれいに見えることはなかっただろう。

さて、今度はコウイカの皮膚の色にかかわる最下層、白色素胞《リューコフォア》だ。白色素胞には、コウイカの皮膚を白くするという不可欠の任務がある。色調の変わるサイケな虹色と比べると、白は実に何というか平凡な色に見えるかもしれないが、なかなか理解しにくい層で、それこそスティーヴン・センフトが注目している。

虹色素胞と同様、白色素胞にも、変わった畳まれ方のタンパク質、リフレクチンでできた粒がある。しかし虹色素胞ではリフレクチンは小さな板状の構造物に組み込まれているが、白色素胞では球体に組み込まれている。そのため、虹色素胞のきらきらと変化する色合いは生み出さず、自然界でも人工の世界でも最高クラスの白の中の白の一つを生み出す。白の中の白とはどういうことかというと、ミルクよりも白く、紙よりも白いということだ。センフトは、ハンロンの研究室の一つ上の階にある実験台の席に着いて、紙の光のスペクトルとコウイカの白色素胞の光のスペクトルを表すグラフを引き出す。白色光は赤から紫まで、すべての色の可視光でできていることを忘れないように。しかし紙の白さを表すグラフには、一定の波長――つまり一定の色――がいくつも欠けていて、鋭い凹《へこ》みだらけになっている。これに対して白色素胞のグラフは基本的に平らで、凹みもほとんどなく、ずっと均一だ。そこにはすべての波長がほぼ等しく含まれていて、ほとんど完全な白になっている。

センフトはとくに、白色素胞がその仕事をどう行なっているかを理解しようとしていて、この白を生み出すタンパク質の嚢というブラックボックスをこじ開けることに熱中している。たとえばこんな謎がある。粒に球状のものや板状のものがあるのはなぜか。おそらく、全波長がそろった白を生み出したければ、粒はすべて球になるのだろう――しかし実際には明らかにそうではない。センフトらのチームは板状のものが存在することには、またその向きにも、分布のしかたにも、光学的な理由があるのだろうとにらんでいる。コウイカは虹色素胞と白色素胞を、色素が入った色素胞と同じように操作できるわけではない、とセンフトは言った――ひとまず今わかっているかぎりでは。つまり粒の大きさ、形、分布がその白さを生むように、あらかじめ完璧に配置されていなければならない、ということだ。センフトは私に、自分で撮影した白色素胞内部の画像を見せてくれた。球も板もあって、幅は数百ナノメートルある。

「こちら［の細胞］がこちら［の形］を取り、あちらがあちらをとる理由はわかりません。私たちに言えるかぎりでは、どれも元は同じ細胞なんです。それで私たちはあちらとこちらにつながりそうな生化学的過程をさらにたどろうとしているところです」とセンフトは言った。

これでコウイカの皮膚の基本成分はわかったが、それがどう協同しているのかと思われるかもしれない。黄色、赤、茶色の色素細胞に覆われているのに、白や青や緑が見えるのはどういうことだろうと。

コウイカの場合は、たとえば色が変わるカエルなど他の動物にある色素胞とは違い、ただの移動する色素の嚢をもっているのではない。それは複雑で自律的な、精巧な機構だ。コウイカの色素胞の場合、黄色、赤、茶色の色素が入った細胞は、一八〜三〇本（一〇〇種以上いるコウイカのどの種を見るかによる）の筋繊維に囲まれている。この筋繊維は車輪のスポークのような放射状になっていて、コウイカはその筋肉を押し縮めて短くし、色素細胞を小さな点から幅のある円盤に引き延ばし、覆う面積を広くすることができる。すると、表面で見えるか見えないかの赤い小さな点ではなく、元の大きさの五倍にも広がった幅のある円盤となる。その細胞が赤の色素胞すべてを「開く」と、それは赤く見える。赤を緩め、元の点に戻し、皮膚にある黄色の方を引っぱると、縞は砂地のような黄色に変わる。これをコウイカは急速に――数百ミリ秒以内に――行なうので、パターンは体をびゅんと進むように見える。ブレシュの指を狙うコウイカに走るのが見えた暗い焦げ茶色の模様が、あれほど速く消えたり、また描かれたりできたのもそのためだ。

するとしかし、虹色素胞と白色素胞が見えるのはどういうことか。基本的に、私たちが見ているその二つのリフレクチンで満たされた細胞の層は、いつも「オン」で、それを見えなくするのは、上の色素で満たされた筋肉で制御される層によっている。背中のまん中に浮かび上がる白い四角のような部分には、高密度の白色素胞があり、そのため、そこはまばゆいほどの白に見えることになる。

虹色素胞が白色素胞を遮断してしまわないのはなぜかと思われるかもしれないが、それは研究者も同様だ。虹色素胞の板の動きがどの程度制御されているのか、確かなことはわかっていない――科学者が知っていることと言えば、こうした特定の細胞が、色素で満たされた色素胞のように神経的に導かれているわけではないということだけだ。虹色素胞の小さな板の動きは神経伝達物質で制御されているらしい――つまり変化は秒単位、分単位の長い時間をかけて生じる（それでもカメレオンの皮膚よりは早い）。

この問題は、科学者が手にしている、長いリストになり、ますます増えつつある疑問の一つだ。白色素胞を考えよう。リフレクチンが球に組み込まれていたり板に組み込まれていたりするのはなぜか。コウイカの皮膚がその限られた数の色素を、色あせることなく広げられるのはどういうことか。何と言っても、コウイカはその色素胞を静止時の五倍の大きさにまで広げ、中の色素粒は三粒分の厚みしかなくなる。それでも色は同じ強度を保っている。そのため、フーのような光物性学者は、コウイカの皮膚は何らかの蛍光を発している――独自に光を出している――にちがいないと考えている。コウイカを調べる科学者はその巧みなナノスケールの仕組みをいくらか明らかにしているが、まだ闇の中にあるものも多い。

それでも生物学者がコウイカの生理学についてすでに理解を前進させているところにこそ、キット・パーカーのような工学者は関心を向けている。この能力が織り込まれた、環境によって色を変える服を想像してみればよい。パーカー研究室は頭〔部屋〕が三つのキメラのようなもので、学生が、半導体チップ上の臓器、増殖する肉、もっとすごいものなどの研究をしている。その研究室には小さなピンクの綿菓子機がある。これをあるポスドク研究員が実際に使って、ナノファイバーの製造費を安くできることを示した。学生の一人がアイアンマンの人形を手渡してくれる。その胴体と筋肉質の右ふくらはぎが、ハロウィーンのとき、郊外の家の庭にかけられるクモの巣の飾りのようにも見えるものに厚く包まれている。それはなめらかな、ほとんどゴムのような感触だ。もしかするといつか、ここの研究者が色が変わる化学物質やタンパク質の作り方を解明できたら、それをここにあるような紡績装置を使って糸にして服地に織れるかもしれません、とパーカーが言う。

見事な素材だし、誰かがこの構想には予算をかけるに値することを証明する気になる前から、わずかな予算で始まった（綿菓子機がその証拠だ）変わったアイデアだ。苦労続きですよと言いながら、そのような自給自足的な状況のせいで、自分やここの研究者はイノベーションせざるをえないんですと、パーカーは解説した。必要は発明の母なのだ。

　そのようないろいろなバイオテクノロジー関連研究がこの研究室で進行している理由の説明にもなるかもしれない――みんな、いつも新しいチャンスを探している。それでどこへ向かうことになろうと。そしてそういうこともあって、パーカーはコウイカに基づく技術が最初に進出していく場所は戦場よりもファッションの世界だと思っている。

　それが正解なのかもしれない。研究室での合成筋肉研究の食肉製造面での可能性に関心を抱くタイの企業のバス一台分の視察団を迎えに、ハーバード大学の構内を一緒に歩きながら、ファッション方面に流れている資金も多いだろうとパーカーは言う（先に言ったように、パーカーの研究室はあちこちにある）。確かにロレアルのような化粧品会社は、虹色の光沢がある蝶の羽根にヒントを得て、構造色の力を利用して、ラインの色調が変わるアイシャドーにしている。「光子《フォトニック》メイク」と同社は言う。

　コウイカの見事な迷彩は捕食への対応として発達したのかもしれないが、その皮膚の色をまったく別の目的にも使っている――求婚だ。雄はその調節した色を使って見事な光と色のネオンサインを生み出すサイケな早送りの日没の繰り返しといったところだ。ピンクがかった赤と青がコウイカの表面を走る。ディスプレイ〔求愛のために誇示する行動〕をしていないときでさえ、色と模様の立派な技を見せる（さらには抜け目のない戦略も）。オーストラリアにあるマッコーリー大学の生物学者、カラム・ブラウンはトガリコウイカという種類を調べていて、雄が女装するのを見つけた。雄の体の雌側を向いた半分は、雄に典型的な大きな斑模様になる。ところが、別の雄に向いた体の反対側は、雌が取る、シマウマのような縞模様になる。この戦法は、小さな雄に、大きな雄が気づく前に雌の気を引くチャンスをもたらすと考えられている。

これが優れた動物界のロマンチック・コメディのための前提でなくて何だろう。

先に触れたように、変色技能を見せびらかすのは、魚やカニをすくませて簡単に捕らえられる点で重宝する。YouTubeで「cuttlefish〔コウイカ〕」と「hypnotize〔催眠術をかける〕」などの言葉で検索をかけてみればよい。実際に見れば、信じられるだろう。私は何度も見たが、どうして生物がこういうことを自然に行なえるのかは計りがたい。

この言い表せないほど美しい光のショーの要所は、コウイカが背景に紛れるために用いるのと同じ仕組みを、正反対の、雑多な環境の中で目立つために利用している点だ。軍用の迷彩服がファッションに転用されたのと奇妙にも似ている。街の人混みを歩けば必ず、上着でもバンダナでも、ファッション・アイテムとして迷彩模様のものを身に着けている人がいるし、ビーチへ行けば、ジョギパンや、さらにはビキニの水着にも見られる（私はこれを暑い夏の日、ハリウッドのサンセット通りに面したカフェで書いているが、そのさなかにも、窓の外を通りがかった三人連れの女の子の一人が、小さな明るい色のデニムの短パンに、上は緑の迷彩模様の、要するに派手なスポーツブラだった。話を盛りたいわけではないが、何となく、おへそにはピアスがあったと思う）。迷彩模様は紛れ込むために使われるのかもしれないが、ばりばりに目立つためにも使える。それは自然界にも起きているし、人間のファッションにも起きている。緑と茶色の斑のパターンは、元は兵士が隠れるためのものだったが、今や市民が目立つために使われている。

ファッションには独自の規則、つまり、少なくとも季節ごとに、物理、経済、さらには美にさえ反抗する内部の論理がある。しかし興味深い自然界との類似点が一つある。毎年、見慣れぬ美意識上の突然変異が現れ、そのうちいくつかはヒットして広まるが、ファッションショーだけで終わってしまうものもあるということだ。その点で、少し――もちろんほんの少しだけだが――自然淘汰に似ている。衣服は第二の皮膚で、しかも私たちはそれをまだ十分利用しきっておらず、コウイカの皮膚のように多機能にしようとしている。自然は多機能部品はあたりまえで、生物は解剖学的構造の何かの部品を複数の機能に転用する。

パーカーは頭足類を念頭に、ロサンゼルスにあるファッションハウス、ロダルテと組み、光ファイバーによる光と色を織り込んだ双方向的《インタラクティブ》衣装のデザインをする学部学生向けの授業を行なっている。三つあったデザインの一つは、着た人が回転すると、地球の磁場に応じて色が変わった。他は、着ている人の脈拍の速さに連動して光のショーが演じられるもの、部屋の音のレベルに応じるものだった。二つの衣装どうしで「話す」こともできた。電波の周波数を使って、着ている人どうしが合意すれば色を交換するのだ（思いつきやすいアイデアらしい。ＩＢＭのＡＩ、ワトソンと、デザイナーブランドのマルケーザが共同で、二〇一六年のメット・ガラ〔『ヴォーグ』誌の編集長アナ・ウィンター主催の（セレブ向け）ファッションの祭典〕用に、このイベントをめぐるツイッター上のやりとりに表れる感情を分析し、それに沿って色を調節するという衣装を作っている）。

ハンロンもコウイカの迷彩のもつファッション面に関心を抱いていて、来月には有名な高級ブランドのデザイナーが研究所を訪れることになっているという。誰かは教えてくれなかったので、私は当てずっぽうを試みた。「ヴェラ・ウォンかな？」ハンロンは首を振った。演技ではなさそうだった。それにしてもファッションとなると本格的な商売だ。

ハンロンの関心はもっと広く、コウイカのアートや美にかかわる面にも向いている。ブラウン大学とプロヴィデンスにあるロードアイランド・デザインスクールの両方で、両校の学生を混ぜた授業にも加わっている。片やアーティスト、片や工学、神経科学、計算機科学の学生だ。ハンロンが学生の課題にしている大きなプロジェクトの一つは、何でもいいから二次元の背景を考え、三次元の物体を選んで、背景に紛れ込むような塗装をするということだ。ある美術系の学生が、いろいろな色合いの青の三角形や台形などの図形がランダムに並んだキルトのタペストリーを縫い合わせた。この学生は自分を3Dのオブジェクトにして、衣装をデザインし、砕いた空色のガラスのカオス・パターンに顔を塗った。本人も驚いたことに、背景に完全に溶け込んで見えた。ハンロンは過去四年間、現地常駐アーティストを断続的に置いていたが、この学生はおそらく海洋生物研究所の任期つき研究員になると言った。

「あの子はどうやって自分の顔の正しい青の色調を手に入れたんですか」と尋ねると、「違う違う、迷彩はそういうものじゃないんです」とハンロンは言う（明らかに私は教わったことを何もわかっていなかったのだ）。「ただ一様な色を一様な背景に置いたのでは、縁と影ができて、それではうまくいきません。もっと巧妙にやらないと」

先へ進む前に、コウイカについて衝撃的なことを伝えておく必要がある。この動物は色がわからないのだ。

嘘ではない。この変装の名人は、青や茶色、ピンク、白の色調を様々に変えられ、どこを泳いでいても背景に溶け込むことができ、実は偏光を見ることもできるのだが、色を見分けることはできない。ハンロンのチームや他の研究室が、たとえばコウイカを紫と黄色の縞で覆った水槽に入れることによって検査した。紫と黄色は同じ明度にして、両者間にはコントラストがないようにした。それを白黒の画像にしたら、背景は縞模様のない、一様のグレーに見えるということだ。

コウイカはこうした縞にはまったく反応しなかった。模様を身にまとうこともなく、腕を上げることもなく、何ごとも起こらなかった。ハンロンらは、今度は大きな青と黄色の市松模様を使って再び試みた。コウイカは、白黒の市松模様に対して行なったように、分断的な白の四角をまとうことになると思われる。ところがやはり、青と黄色は同じ明度にすると、コントラストのきつい模様をまとうのではなく、一様な模様をまとった。形のない面を見ているかのように。

コウイカの眼は無脊椎動物の世界では最高度に発達した光感知器官だが、私たちの眼とは大きく異なる。人間の網膜には、白黒を感じ取る「桿体《かんたい》」と、色を感じる三種類の色素を持つ「錐体《すいたい》」という光受容体がある。しかしコウイカのくねったW字形の虹彩の奥には一種類の受容体しかない。これは四九二ナノメートルの波長の光に最も感度が高い——この波長はシーフォーム・グリーンのような色に相当する（先の二度目の実験で青と黄色の市松模様を使ったのは実はそのためだった。青と黄色が重なると緑になり、コウイカが市松模様を見る可能性が最大になるだろう——もし見えるなら。それが何も見えないらしいというのだから、今度はいっそうひどいということに思われる）。

この発見が衝撃的と言えるのには二つの理由がある。一つは、コウイカの捕食者の多くは色が見えるということ。あらゆる捕食者は眼が非常に良い。匂いや音も正しい方向に導き、「触覚」さえ使えるだろう——ワニは、見通しの悪い水中で獲物が動くことによる微妙な振動を検知する圧力センサーを持っているが、素早く動く獲物をぱくっとやるとなると、たいてい、眼がその獲物を与えてくれる。

第二には、ハンロンなどダイビングする研究者は何度も、頭足類——とくにタコとコウイカ——が周囲の砂、岩、サンゴ、海藻の異なる色合いに合わせているのを見ていること。当のその動物には実は色が見えないのだとしたら、自然そのものによる残酷な冗談に見える——これほど迷彩に依存している動物が、捕食者（あるいは獲物）が見ていることを予測できないのだ。

しかしハンロンは、コウイカには色が見えないことを全面的に確信しているわけではない。ハンロンと共同研究者のリディア・メートガー、スティーヴン・ロバーツは、奇妙なことを発見した。おなかと、チュチュに似たフリルのようなひれの皮膚に対して、オプシンという眼の網膜にあって光を検出するタンパク質を表す遺伝子の命令が出ていることがわかったのだ。この光検出タンパク質は、色素胞の周囲に集中していた。ハンロンはこのオプシンが、色が見えないこの動物のとてつもない適合能力に関係しているのではないかと考えている。ただその仕組みがどうなっているかはまだ不明だ。オプシンはやはり四九二ナノメートルの波長に合わせられていて、つまり、シーフォーム・グリーンとはまったく別の色が見えるということにはならない。しかしハンロンはまだ、起きているのは眼にこの波長の光が当たることだけではないと確信している。オプシンは色素胞器官を構成するタイプの細胞に集中しているらしい。また眼には他に二種類あるいは三種類の分子も見つかっている。

「これは光を検出するためにあるようです」とハンロンは言う。

問題は、これが仕掛だということが証明できていないことだ。コウイカの眼のタンパク質と特定の行動とのつながりを確かめるというのは実にやりにくい。

証拠があろうとなかろうと、このアイデアは、ハンロンとは海軍によるある基礎研究の課題を通じて会ったことがあるジョン・ロジャーズの関心を捉え、ロジャーズはハンロンの論文をじっくりと読んだ——ハンロンを驚かせ、感心させるほどに。

『論文見ましたよ、おっしゃることはわかりました』と言う人はたくさんいますが、たいてい論文を読んではいないんです。だからロジャーズが論文を読んだとき、わかったんですね。五分もせずに、私はこいつは本当にわかっていると思いましたよ」とハンロンは言った。

ロジャーズはイリノイ大学アーバナ＝シャンペーン校の材料科学者で工学者だ。私も以前にロジャーズが作っている装置のことで話をしたことがあった。皮膚に施すと心臓、脳、筋肉の活動が観測できる電子「タトゥー」などがある。ロジャーズは皮膚上で動作する回路の作り方を知っている。それでたぶん、皮膚のようにも動作する装置を生み出すのは、さほど無理な動きではないのだろう。ロジャーズはただ伸縮自在の装置を作っているのではない――自身が伸縮自在で、生物学に深い関心を抱いている。コウイカも例外ではなかった。

「コウイカにできることがまったく信じがたいぶん、工学者としては悔しいですね。だからそれを見て、ハンロンに連絡して、すぐにわかるんです。この種の装置を細かいところまでまねて再現することはできないって」とロジャーズは言う。

二〇〇九年にマッカーサー「天才助成金《ジーニアス・グラント》」を受けた人物としては実に謙虚な言葉だ。その世界にいる人なら当然、ロジャーズは電子工学の将来にとってのグッドアイデアを得ていると思っているだろう。しかしロジャーズは自分は実務的になろうと――自分が積んだ経験でテーブルに載せることができることを考えようと――しているだけだと言う。

「私たちはそれを抽象的な意味で考えることはできます。全体的な構造はどうなっているか、機能にはどんな層があるか、その各層がどのように連絡しているかとか。そうしたアイデアを全部引き出して、今作り方がわかっている類の装置に組み込もうとするわけです」とロジャーズは言う。

コウイカの皮膚の落とし穴もそこだ。これは実に大きな脳を必要とする。これほど多くの神経末端が入り込んでいる皮膚を制御するために、コウイカは大量の神経細胞を持っていなければならないし、おそらくそのために、鞘形亜綱《しょうけいあこう》——頭足類のうち、コウイカ、タコ、イカで構成される区分——は無脊椎動物全体で最も頭がいいのだろう。科学者はコウイカを迷路に入れて、それがすぐにこの空間パズルの進み方を覚えるのを見てきた。そしてコウイカはきっと現実世界でも問題解決ができるのだろう。二匹の丈夫な雄が一匹の雌の関心を競って、多色の迷彩を見せつけようとしているとすると、小さい方の雄が雌の模様をまとって雌に近づいて交配をしようとすることがある（そして雌もそれに乗ることが多い。どうやら肉体より頭脳を選ぶらしい）。学界の賞を独占するのは巧妙で狡猾《こうかつ》なタコかもしれないが、コウイカも怠けているわけではない。

しかし人が合成の、皮膚のような迷彩を実現しようとすれば、そのためにかさばる電子頭脳（つまりコンピュータ）を携行しなければならないというのはまずいだろう。要するに、適応型迷彩を使える合成皮膚を生み出すのは難しいということだ——コンピュータの処理装置とカメラを組み合わせなければならないことを想像すればよい。そのためのプログラムを組み、「脳」や「眼」と皮膚をつながなければならない。そのかさばる装置がどんな故障を起こすかも考えなければならない。それが実際に動作する合成モデルを作ろうとするときの根本的な障害だ。

ロジャーズは、ハンロンのオプシンの可能性についての論文を読んだ後、あることに気づいた。オプシンが光感知の問題の答えになるのではないかと。光検出器を、ハンロンらが信じた（証明はできなかった）

ことが起きるように分散配置すれば、環境を監視してそれに反応するための中枢だけに頼る必要はなかった。皮膚そのものがその仕事の一部を行なえたのだ。

ハンロンは言う。「実際それはかなり天才的だと思いますよ。ロジャーズは層の並びを見て、それをある程度、できるかぎり頭足類の皮膚を元にしていますが、その先の要素があると考えました。私たちは四年間証明しようとしてきましたが、直接の証拠は上がってきていません……それでロジャーズは言うんです。『それ、できますよ。生物学的にそれでいいかどうかはともかく』って」

ロジャーズらが考えた雛形《ひながた》は頭足類の皮膚のように層構造をなしていた。上層の画素には温度に反応するインクが入っていて、低温では黒、四七度以上に温まると透明になる。これは色素の詰まった色素胞のようなものだ。その下には銀白色のタイルの層があり、これは白色素胞のように、上の黒が消えたときにのみ見える。さらにその下には薄い半導体回路があり、これが染料の層を温めて透明にすることができる。これは色素胞の色のスイッチを入れたり切ったりできる筋肉に相当する。その下に光受容体の層がある——動物の体全体に分布するオプシンのようなものだ。この皮膚は視覚刺激の変化に一秒か二秒で反応できた。すべてはわずか二〇〇ミクロン〔〇・二ミリ〕ほど、人毛の太さの二倍程度の厚さで、この皮膚は曲がった面に巻きつけても機能した。今のところ、この装置は白黒のみだが、ロジャーズは最終的に色に反応する合成皮膚を作る方法が見つからないとする理由はないと言う。

こうした装置が役に立つ応用先は数々あり、技術に敏感などんな起業家にとっても食指が動くだろう。こうした薄い膜は軍用車両が周囲に溶け込むのにも応用できる。家庭やオフィスの壁に貼れば、カメラと組み合わせて、部屋の光に反応する壁紙になるだろう。ロジャーズが訴えかける相手は建築研究科の同僚で、その同僚は、これならあらゆる面に使えて平らでなくても良いと言った――天井でも、テーブルでも、それ以外の家具でも。この技術は電子書籍リーダーやテレビ画面のまねもしているし、たぶんそちらの設計にも影響するだろう。ハンロンとパーカーのように、ロジャーズもシカゴ・アート・インスティテュートにいるファッションデザインの教授とファッションやデザインでの可能性について話をしている。「私たちには衣装を作れないという断絶があります。こちらは一平方インチのスウォッチはできるんですけど」とロジャーズは悲しそうに笑って言った。ロジャーズの装置はほぼ紙の厚さで、堅牢性が紙ほどのものではドレスはできない。「向こうの先生はこの素材に喜んで、パンツか何かを作ってくれようとしています。私たちもそうしたいんですが、それにはポスドクを何人か犠牲にしないといけないでしょうね」

軍事への応用もまだ遠い未来のことだし、自分の研究範囲でもないともロジャーズは言う。ロジャーズも海軍の研究に携わる他の人々も、見ているのは単純に基礎科学だ。ロジャーズが生み出す装置は、そのような層構造の、反応して色を変える装置が可能だという考えを支持する証拠にすぎない。その装置は白黒でしか動作しないが、色つきの層を加えたりそのスイッチを切ったりするのはいずれできるだろう。加熱回路を使うのは、色を変える最善の方法ではないともロジャーズは言う。エネルギーを浪費するからと。しかしこの装置は、他の研究者に対して、使えて改良できる雛形、そちらで独自の基礎研究を進める際の雛形を提供する。

しかしそうすることで問題も生じる――ロジャーズの発明は全面的にバイオインスピレーションによるものと言えるのだろうか。何と言っても、オプシンの機能はまだ証明されていない。それが仕組みではないとしたらどうなるのか。バイオミミクリーとは何か、バイオインスピレーションとはどういうことか、科学のタイプやレベルについて、バイオミミクリーは何を訴えるかをめぐっては、長いこと議論が沸騰していて、そのことにはこの先の章でも触れることになる。

ハンロンの方は、その装置はバイオミミクリーだと言う。何と言っても、分散光検知器を使うに至る洞察は、自然を調べることに由来しているのだと。結局、一〇〇パーセントそう言えるかどうかというのは、ほとんどどうでもいいことなのだろう。

第2章　軟らかいけど丈夫——ナマコとイカをまねるインプラント

木曜の夜、私は店が並ぶ歩道をぶらついている。ロサンゼルスの中心部にあるコリアタウンの、人が密集する騒がしい界隈のただ中で、この韓国海鮮料理レストランは三〇分待ちだ。照らされた看板には箱のような形のハングル文字が書かれ、タバコの臭いがあたりに充満している。

レストランは「フワルウークワンジャン」といい、「新鮮広場」のような意味で、産地直送の方針を謳《うた》っているのだと、前に韓国系アメリカ人のサーフィン仲間が教えてくれた。私と友人たちを引き寄せたのは、その新鮮という因子だった。生きたタコを飲み込むとき、吸盤が頬に吸いついたり、ロブスターはひげがまだぴくぴく動き、安全のために爪がバンドで止められていたり。

友人のスワティとジョンと私は、なまで出されるナマコを食べてみるという使命を帯びてここへ来た。これは私にとっては大胆な方向転換だった。私は日本式の寿司は大好きだが、マヨネーズであえたサケやアジがベルトに乗って回る速さは、私には速すぎる。

木の箱の中の、砕いた氷の上に載せられて出てきたナマコは半人前だけで、これはありがたかった。黒っぽい、紫がかった焦げ茶色、ぬるぬるのゼラチン状で、隣の、殻にきちんと載せられた細長く切ったホヤのオレンジ色とくっきりとした対照をなしていた。その一切れ一切れには、ふつうの刺身にあるような安心する切り口――何だかわからないものをなまで食べることから不安因子を取り除いてくれるように感じる整い方――がなく、おおよそ円形の塊が、たぶんくっついて、氷の上に広がっている。

では一口。私は箸を取って、つかみにくい一切れをつかんで口へ運ぼうとする。外側は軟らかいというか、ねばねばというか、それに非常に塩からい――塩分の多い出汁につけてあったかのようだ。やっとのことで噛んで衝撃を受けた。噛みしめないといけないのだ。ナマコは硬い――野菜のような歯ごたえがある。風味と感触の組合せが奇妙に心地よい。

こういう感じのものを今まで食べたことがあるだろうかと思い、考えてみた。鶏の軟骨か。ただあれは火を通していて、これと比べると軟らかくて砕けやすい。

ジョンがこれはナマコのどの部分かと尋ねている。ウェイトレスは礼儀正しく笑みを浮かべる――コリアンタウンの商店街のレストランの多くと同じく、英語は通じない。手で何度か刺身包丁の動きをすると、ウェイトレスはうなずき、自分の手で優雅に処理を表した――ナマコを縦に切って、本のように開き、はらわたをさっと取り、内側に残ったものを取り除く。

その最後の身振りでわかった――私たちがここへ食べに来ていたものは、まさしくナマコの皮膚の内側の層、韓国料理では珍味として賞味するが、科学者ならその奇妙な特性を賞味する素材だった。

海は自分を食べようと狙っている奴らだらけだ。海中には、貝やらサケやら、おいしい、軟らかい体の生物がたくさんいる。魚などの硬い骨格のある動物は歯で文字どおり武装している。歯は骨でできた顎にしっかりと埋め込まれている。そのような攻撃から身を守るために、ムール貝や巻き貝は殻の鎧に身を固め、（ほぼ）難攻不落の要塞にする。

しかし海の住民がみな貝殻や歯の恩恵を受けているわけではない。ナマコやイカのように進化の軍拡競争からはぐれたように見える動物もいる。その軟らかい体は攻撃に対して恐ろしいほど防御力不足に見える――それでもそうした動物は、世界中の海で何とか生き延び、栄えてきた。それはこうした動物が捕食者側であれ餌側であれ、あっけないほど軟らかい体の内側に硬いものを組み込む巧みな方法を見つけたからだった。

この硬軟移行の熟練の技は、軟らかいロボット工学の研究をしたり外科的処置を行なったりする研究者の手を逃れてきた。科学者（や医者）は折りたたむ素材に一定の柔軟性を必要とするが、丈夫な素材としての構造も必要だ。そのような「高機能《スマート》」素材は、四肢を失った人々には優れた義肢、脳にとっては時間が経っても交換不要の安全な埋め込み器具《インプラント》となって、外科手術の現場を変えることができるだろう。

この章では、一定の動物が複雑な液体環境でどのようにこの硬軟移行を操るかに注目する。それはナノテクノロジーの技であり、各動物が何百万年もの間行なってきたものであり、医者や医用生体工学者が大きな問題を乗り越えるのを助けることができる。その問題とは、人体の湿った、軟らかい、塩分のある世界に、長期的な損傷なしに埋め込める装置をどう組み立てるかということだ。

ナマコ《シーキューカンバー》〔直訳すれば海のキュウリ〕はとても海の美形とは言えない。細長い筒状の、さわやかな香りとぱりぱりの食感の野菜の名がついているが、この海キュウリはむしろ、口にするのがはばかられるような皮膚病にかかったピクルスといった感じだ。砂の水底を這い回り、ぎざぎざのこぶがついた種もあれば、棘つきの巨大な海ナメクジといったものさえある。これには脳はない――口の凹みをとりまく神経環から神経が、口の周囲の触手と、体を縦方向に延びるだけだ。海底に落ちてくる有機物の残骸を食べ、ヒトデと共通の管足《かんそく》が変化した長い巻きひげを伸ばす。種によっては、この食べるための管足が派手な装飾になって、樹木の枝や神経細胞の細やかな末端のような形になるものもある。

こうした動物は食事用の二本の腕を上に伸ばして水中の粒子を捕らえる。あるいは砂をかき分けて呑み込み、砂だけを糞として出し、海底を覆う。このごみのような食餌がおそらく、中国や朝鮮で珍味として求められるあの塩辛い風味を与えているのだろう。

ナマコは海底生物《ボトムフィーダー》だが、この言葉はあからさまにあるタイプの人々のことを指してもいる。示談屋、パパラッチ、高利貸しなど、困っている人々を食い物にする商売だ。しかしどこにでもいる本当のボトムフィーダーにとっては、そういう含みは侮辱となる。確かにナマコは死体や排泄物など、死んだものや捨てられたものを食べる。しかしそれは悪いことではない――世界の海にとって重要な清掃業なのだ。ナマコは水中や海底からごみを掃除して、自分の糞として「きれいな」砂を水底に戻す。その意味で、有機物質を分解し、海底に空気を通す、海のミミズのような存在だ。

近年、ナマコの需要が高まり、多くの棲息地で個体数が減少しており、そのぶん、海の未消化の栄養分が増えているということになる。これは水の透明度を下げる――この濁った水を泳ぎ抜かなければならない海の生物にとっては、健康上、上海のスモッグで呼吸するようなことになる。その余った養分は水の華

〔赤潮のような藻類の大発生〕を起こすことがある。そうなると水中の酸素が吸い取られ、魚などの海の生物が窒息して大量死することになる。ナマコが海底をきれいにしてくれなければ、海底は生きにくくなり、他の底棲《ていせい》生物がそこで生き延びるのは不可能になる。

ナマコは確かに海の清掃員だが、清掃員は管理人であることも多く、ナマコはまさにその機能を果たし、自分たちが棲《す》んでいる海を大事に管理している。

残念ながら、野生の世界にはただで手に入るものはない。ナマコは他の海の住民のためになる業務を行なうが、そうした住民の多くは、ナマコを軟らかく、動きののろい、すぐに捕まえられる動物と見ている。ナマコが捕食者に対して持つ防御手段はわずかだ。肛門から呼吸器を飛び出させてそれをひらひらと振るものもある。このねばねばする管は石鹸《せっけん》のような、他の動物にとっては毒となる化学物質で覆われている。しかし脅威を感じたときにいつも呼吸器を飛び出させることができるわけではない――回復するには数週間かかるからだ。砂地に穴を掘って潜り、隠れるものもある――しかしそれには時間がかかるし、ずっと埋もれているわけにもいかない。

ヒトデやウニのような親戚とは違い、ナマコは魚が魚を食べる世界で暮らすにしては装甲が足りないように見える。ヒトデには、炭酸カルシウムでできた骨片と呼ばれる骨質の薄片があり、これが非常に硬いため、保護となる。ウニでは、そうした骨片が融合し、群れをなす棘となって、捕食者に近づくなと警告している。しかしナマコでは、骨片はほとんど使い物にならないほど小さくなっているようだ。これはナマコが岩の隙間やサンゴの裂け目に潜り込むのには利点となる。事実上、体を液体のように自在に穴に押し込むことができるのだ。しかしその特異な性質は、剃刀の刃のような攻撃を防ぎきるのにはあまり役に立たない。

幸い、ナマコには秘密の強大な力がある。それは水中から廃棄物を採って岩礁に糞をして回っているぶんには明らかにならない。脅かされると——呼吸器を噴出する手が有効でないときには——ナマコは固まり、軟らかい子ども用の粘土から硬いプラスチックに変身する。軟体動物が、小さくなった痕跡のような炭酸カルシウムのプレートで、どうやってそんな技を使えるのかと思うのは、あなただけではない。何十年も前から一握りの研究者が頭を悩ませてきた問題で、それが問題になるのはナマコが、よく知られている仲間の棘皮《きょくひ》動物とはまったく別の調節法を用いるからだ。

ナマコは今や小さくなっている骨片という薄片に頼るのではなく、皮膚の下に埋め込まれている小さなコラーゲンの繊維——原繊維《フィブリル》と呼ばれる——を動員する。このフィブリルが集まって、胴体全体に走る骨組みができ、鎖帷子《くさりかたびら》を着込んだようになる。ナマコが軟らかい状態のときには、任意のフィブリルを通過するどんな圧力もすぐに軟らかい基質に達し、尖ったもの（歯など）なら簡単に貫通する。しかしフィブリルがつながると、皮膚に構造と強度ができる。これは建物の梁《はり》のようなものだ——一本を揺さぶれば、建物の梁が全部揺れる。連結部から連結部へと力が伝わるからだ。しかし全体が揺れても、構造が崩れることはない。こうした硬い要素がつながると、ストレスは通り抜けて逃がされる。

ナマコの皮膚にも同じことが起きている。皮膚にあるコラーゲンのフィブリルがまとまると、一種の構造体になり、ストレスは安全に逃がされ、曲がったり折れたりすることはない。

しかしそれをナマコはどのように行なうのだろう。これは多くの海洋生物学者をとりこにするテーマだったが、材料科学の世界にはほとんど知られていなかったらしい。知られるようになったのは、ケースウエスタン・リザーヴ大学の陸者《おかもの》研究者チームが、権威ある学術誌『サイエンス』に嚆矢《こうし》となる論文を発表してからだ。この硬軟移行ができる変わった海の生物に着想を得た物質を生み出したというのだ。

ケースウェスタンの教授、スチュアート・ローワンにとって、この研究は幸運な偶然の結果だった。ローワンは高分子化学者で、工業用の各種素材の研究も、非実用的な研究も行なっていた。スコットランドのグラスゴーから五〇キロ余り離れたトルーンという町で育ち、実家の近くにあった、スコットランド西岸の潮だまりを探検していた。そこはエビやカニや魚や、らせんを描く巻き貝の貝殻、紫がかった煉瓦《れんが》色のイソギンチャクや、緑がかった褐色の藻に覆われた石の様々な色合いの土の色に満ちていた。しかしローワンが見た潮だまりにはナマコはいなかった――それから二〇年以上経ったオハイオ州クリーヴランドでは、この変わった海の生物の皮膚は、まだローワンのアンテナにはひっかかってもいなかった。

しかし実際には、ローワンこそこの仕事にはうってつけの人物だった。研究者としての経歴では、特性が変化する素材を開発していた――光の刺激を受けると自己修復できる高分子などだ。素材は静止的で、できてしまえば変化しないと見られることが多かった分野で、この種の素材への関心が高まっている。ローワンがそれをこなせたのは、「非共有相互作用」と呼ばれるものの専門家だったからだ。原子と原子の結合が共有結合ほど強くないものを相手にする化学だった。

簡単なおさらいを。共有結合は原子どうしが電子を共有することによってまとまる。共有する原子はたいてい、正負の電気が差し引きゼロか、それに近い。これに対してイオン結合は、一方の原子は電子が多すぎて負電荷を持ち、他方は電子が足りなくて正電荷を持っていて、反対の電荷は磁石のように引き合うので、この電荷によってまとまる。正電荷を持つナトリウムと負電荷を持つ塩素がまとまると、おなじみの食塩になるといったことだ。こうした電荷を持つ原子、つまりイオンは、共有結合する原子と同じように電子を共有しているのではない——イオン結合では、原子が単純にパズルのピースのように合わさっている。共有結合は、銀行口座も生活の糧も共有している結婚のような結合と言える。イオン結合は、一緒に暮らしていても部屋も（ほとんどの）所有物も別というルームメイトのようなものだ（しかし共有結合がイオン結合よりも必ず強いということではない——高校ではそんなふうに教わるが。イオン結合の中には一部の共有結合よりもはるかに強いことがある——当該の原子によって決まる）。

非共有結合相互作用も様々あり、ローワンはそれを研究していて、大半は本書が取り上げる範囲をはるかに超える。この章の目的のために、水素結合について話す。これは共有結合分子の電子が完全に均等に共有されていない場合に起きる。その代わり、電子は分子のあちらよりこちらの方に偏っているようになる。つまり、一個の原子（この場合は水素）がわずかに正になり、別の原子（その水素が結合している同じ分子中の原子）はわずかに負になる——そうした原子が、他のやはりこの種の極性を示す分子との間で弱い結合を生み出すことができる。

非共有結合——ここではとくに水素結合——は、基礎生物学的過程の要石《かなめいし》だと、ローワンは教えてくれた。ＤＮＡの二重らせんの形成でも鍵を握る役目を果たしている。そこで水素結合が切れたり再形成されることによって、ＤＮＡの鎖が分かれて複写され、また結合するのだ。細胞生活では、体内の分子構造物となる煉瓦としても、煉瓦を積む職人としても大活躍する複雑なタンパク質を折りたたむのにも役立っている。

ローワンが言うには、「ＤＮＡが二重らせんになるのを助けるのもこれで、タンパク質を折りたたむのもこれが一部コントロールしています。この結合は可逆的というか、動的に変化する傾向があります――ものどうしを接続したり、簡単に切ることもできます。弱い結合ですが、十分な強さもあって、面ファスナーと呼ばれることもあります――くっつくし、簡単にはがれるということで」

自分の体がいつも面ファスナーでついたりはがれたりしているものだと思いたくはないかもしれないが、今も私たちの体はそういうものだ。ありがたいことに、それはきわめてうまく機能している。

水素結合によって、体は動的になる――再生し、変化に反応し、指示を出す。それに対して、人造の素材は静止的で、固まっている。鋼は硬いままだし、ゴムは軟らかいまま、そういう素材で変化すると言えば、経年劣化だけだ。しかし水素結合を使って素材を生み出す場合には、それによって他ではありえないような動的な性能が一定程度可能になる。ローワンはこの非共有結合での専門知識を用いて、いろいろな素材を生み出してきた――「自己治癒」する被覆は、結合が切れて、素材が割れ目に流れ込み、そこを修復する。危険な化学戦用の物質を感知すると色が変わる物質もある。形状記憶重合体《ポリマー》は変な形にねじっても熱すると元の形に戻ることができる。そうしたものも、生物の材料、たとえば皮膚には遠く及ばないが、生物の根本的な特性のいくつかの面は持っている――刺激に反応し、自己修復らしきことをする。

ローワンに非共有結合についての専門知識があったために、同僚の、当時同じ学科の教授だったクリストフ・ウェダーが、ある変わった研究に興味はないかとローワンに尋ねることになった。ウェダーは、同じ構内にある別の物質系学科の同僚アート・ホイヤーから、ナマコの変わった変身能力について聞いていた。ホイヤーは、比較的短期間、ナマコの皮膚を調べたことがあり、ポリマーに経験があるウェダーなら、そのような素材を実際に作れるのではないかと思ったのだった。

ローワンは魅了された。研究室に戻っていろいろな物質を試したが、ウェダーもローワンも先へ進めなくなった。そうした素材を作る理由が必要だったからだ。防護服に使えるだろうか。バットマンのマントのような丈夫な翼になるだろうか。何か月か、答えはなかなかつかめなかった。それはあだやおろそかな問いではなかった。明確な目的を頭に置いていなければ、また軍事、医療、その他の商業的な理由で使える産物がなければ、この研究に資金はなかなか出してもらえない。

答えは予想外の、まったくありえないようなところから出てきた。本当は何のためのものだったのかが記憶の霧の中に紛れたらしい何かの会合のときのことで、ローワンが言うには、「おそらく工学研究科レベルの何かの研究委員会だったと思います」。遅れている参加者もいて、ローワンは暇つぶしにクリーヴランドの退役軍人省病院の科学者、ダスティン・タイラーと雑談を始めた。

「私たちは遅れている人が来るのを待って、何ということもなく、こんなクールな素材があるんですけど、それを何に使えばいいかわからないんですよと話を向けました」とローワンは言った。

タイラーは即座に答えた。「そういうのがあれば皮質へのインプラントにはいいでしょうね」。タイラーは退役軍人省病院の生物医療工学者で、いろいろな形の、とくに四肢切断者関連での脳との界面《インターフェース》を研究・開発することで研究歴を積み上げていた。タイラーにとって、そのような素材が役に立つことは明々白々で、ここに提携関係が生まれた。

「これまでの人生でいちばん生産的な委員会ですよ」とローワンは冗談で言った。草分け的な研究を行なうとなると、「半分は運ですね」とも。

まもなく、ジェフリー・カパドナという幸運な偶然も舞い込んで来た。こちらは、外科用インプラントを体が受け入れやすくするのに使うバイオ素材の化学的表面仕上げについての研究をしてジョージア工科大学の大学院を終え、当時の妻がNASAのグレン研究センターに就職したため、一緒にクリーヴランドに移住して来たところだった。妻は夫の履歴書をあちこちに送っていたが、本人はまだこれからどうするか考え中だった——産業界か？　特許業界か？　そんなとき、クリストファー・ウェダーが電話をかけてきた。

カパドナは「先生は『君の履歴書が僕のところに来たいきさつも、なぜこれがここにあるのかもよくわからないんだが、君の経歴はこちらでやろうとしている研究には実にぴったりみたいだね』と言われました」と言う。

カパドナはナマコがどんなものかも、なぜそれを使おうとしているのかもわからなかった。しかしその関心が高まると、その水槽に一〇匹ものナマコを入れることになる。今は三、四匹（黄色、白い斑点のある黄色、茶色っぽいのが二匹）だが、水槽のフィルターが他の住民の生み出す廃棄物で詰まるのを防ぐ仕事は、それで十分にこなせている。

この若手研究者は、この奇妙な動物に関する研究文献を調べ始めた。模倣する必要がある仕組みは実に単純に見えた。軟らかい基質に漂うコラーゲンの繊維が、何らかの謎の指令によって、互いに腕を組み合って、皮膚全体に頑丈な骨組みを作り、皮膚が突然硬くなるということだ。その後、また指令が来れば、そのフィブリルは拘束を解き、皮膚はまたほぐれる。

チームではこの仕掛けをいくつかの手直しで模倣できると考えていた。まず、柔軟なナマコの皮膚の軟らかさをまねるには、軟らかいポリマーを使うことになる。ナマコの皮膚が緊張状態にあるときの硬さをもたらすコラーゲン繊維をまねるには、ナノ結晶質セルロース――重さあたりの強度では鋼鉄の八倍という丈夫な分子――を使った（ナノ結晶質セルロースは驚異の素材で、ケブラー〔防弾チョッキなどに使われる丈夫な合成繊維〕よりも丈夫と考えられ、潜在的に導電性であり、生物分解性でもある〔自然なセルロースは植物体を構成する繊維質〕。それは防護服にも、ガラス窓にも、さらには車体用のプラスチックの代替にもなりそうだった。民間企業も米政府もナノセルロースを、樹木を伐採しなくても安く生産できるようにしようとしている。合衆国政府はウィスコンシン州にナノセルロース研究施設を建てたが、これは二〇一二年の開業時には世界でまだ二つめだった）。

しかし、コラーゲンではなくセルロースに目を向ける理由はこの硬さだけではなかった。ナマコのコラーゲン繊維を活性化する化学はとてつもなく複雑で、当時は理解されていなかったが、ナノ結晶質セルロースを使うと、水素結合という、ローワンがよく知っている現象を利用できたのだ。

セルロースは炭水化物、要するにブドウ糖分子が複合的につながったもので、植物の細胞壁を固め、リンゴにしゃきしゃき感を与え、樹木の幹を丈夫にしているものだ。ナノ結晶質セルロースは、長い、構造化されたセルロース鎖でできている。複合糖類分子はそういうものだが、セルロースも炭素、水素、酸素でできている――その水素原子と酸素原子がいくつか対になり、分子からぶら下がる。この水素＝酸素の対が水酸基という部分集合をなし、セルロースが粘着性になる鍵となる。

水酸基が重要である理由について覚えておきたいことを以下に簡単にまとめる。水分子――二つの水素原子と一つの酸素原子でできている――のような分子はもともと極性がある。酸素は（陽子が多く、電子が陽子の近くにとどまれるほどに「小さい」ので）分子の共有電子を少し強く引き寄せ、負電荷に傾かせ、その結果、二つの水素原子はやや正の電気を帯びる。これが水の表面張力をもたらす。ある水分子の水素原子は別の水分子の酸素とくっつき、それによって水は小銭の上で玉になることができ、だんだん高くなって、最後には重力に負けてこぼれることになる。水酸基は糖類の分子全般に見られる。植物は、水と二酸化炭素を分解し、その部品を使ってブドウ糖分子を組み立てることによって糖を作るからだ。

つまり水分子はそれぞれの原子が相方を求めている。酸素は他の分子の水素を求め、水素は他の分子の酸素を求める。それぞれの酸素原子は二つの水素分子をつかむことができて、二つの水素のそれぞれは酸素とかみ合うことができるので、水分子一つに四つの結合ができる可能性がある（必ずすべて同時に埋まるわけではないけれど、ともローワンは言った）。水分子を人にたとえると、群集の中で誰もが両腕を伸ばして二人の人の足をつかもうとしているようなものだ（これはもちろん、各人が他の二人をつかんでいながら、自分は二人から足をつかまれていると感じることになる）。それぞれがつかむ力は弱いが、まとまると、この広大な絡み合う腕と脚のネットワークは驚くほどほどきにくくなる。

カパドナが言うには、「個々の単独の結合は最強というわけではありませんが、一種のジッパーのように働きます。鎖にそってつながっているからです。その鎖全体で、何万とか何百万とかの分子があります。鎖は短命ですが、たくさんあるので、一つがはずれてもすぐに戻れるし、実際にはチームとして動くので、通常の共有結合よりも強くなります」

こうした連結は無秩序だが、それはかまわない。それで先に述べたあの頑丈な骨組みができるのだ（ナマコ方式でも無秩序には変わりないが、実はそこに利点があるとローワンは言う。ランダムなネットワークの方が、どの方向からの力にも対応しやすいのだと）。しかし、その連結をどう切り、素材をまた軟らかくするのか。話は単純で、水だ。水は二つの水素原子と一つの酸素原子でできていて、それ自体に極性がある。つまり酸素側の方がやや負の電気を帯び、水素側はやや正の電気を帯びていることを思い出そう。すると、水がこのポリマーの基質に流れ込むと、それが埋め込まれているナノセルロースのフィブリルどうしにできている水素結合に割り込み、水分子との水素結合を挿入できる。このネットワークが実際に水によって切れると、素材はまた元のポリマーのように軟らかくなれる（元どおりの軟らかさにはならない。埋め込まれたナノセルロースは、ほどけてもわずかな硬さを残している）。

ともあれ、それがアイデアだった。実際には、このナノセルロースのフィブリルを、ポリマーの基質の中に均等に散らばらせてだまにならないようにする方法を明らかにするには、長い時間と多くの思考が必要だった――そのヒントをこのチームは「尾索《びさく》類」という、やはり繊維を使って伸縮可能な保護鞘を作る海の生物の種類〔ホヤの類〕から得た。大きな飛躍は、この種の作業の時にはあたりまえに行なわれる二種類の溶剤（ポリマー用とナノセルロース用）が使えないことに気づいたときだった。仕掛は、ポリマーを適切に溶かし、繊維がその中で均一に広がれるような単一の溶剤を見つけることにあった。

その結果はどうなったかというと、ものすごく硬いポリマーができた。ただしこのポリマーは、水がしみこむと、その影響で約五〇倍の軟らかさになることができ、さらに重要なことに、水素結合したセルロースの繊維がばらばらにほどけるようにした。

しかしチームはまた別の問題にぶつかった。素材は用意できたら軟らかくなる必要があるが、外科医が形を崩さずに埋め込んで、脳の適切な位置に置けるよう、十分な硬さになる必要もある。単純には、ナノセルロースの量を増やすだけで、この「こわばった」状態をさらに硬くすることはできるが、そうすると、素材が「軟らかい」状態であっても、まだ比較的硬いということになる。チームは確かにそれ以上ナノセルロース繊維を軟らかくすることはできなかったので、その関心をポリマーに向け、それの「ガラス遷移温度」に注目した。ガラス遷移温度とは、非結晶質《アモルファス》の素材、あるいは素材中のアモルファスな部分の特性で、ポリマーの場合、ある量の熱にさらされると、突然、硬い状態からゴムのような状態になる。これは融点とは違う。まだ固体なのだが、非共有結合が切れてしまい、ポリマーの鎖が動ける範囲が広がって、その素材が非常に軟らかくなるのだ（自分で体験してみることもできる。チューインガムを嚙んで軟らかくして、それを口の中で氷に触れさせてみると、ガムが硬くなるのがわかるだろう。ガムの中には唾液がたくさん混じっているのに。これは単純に、氷が温度をガムのガラス遷移温度以下に下げたからだ）。

物質ごとに固有の融点があるように、ポリマーごとに独自のガラス遷移温度がある。そこでチームは酸化エチレンに基づくポリマーから、ポリ酢酸ビニルに切り替えた。こちらのガラス遷移温度は人の平熱よりやや高い三七度強だった。チームは体内でともに作用する熱と水分の両方を利用して、ポリマーの状態を変えようとしていた。水はポリマーのガラス遷移温度をわずかに下げることができる。ポリマーの鎖に浸透して、鎖が動きやすくなるからだ。その最終結果は、セルロースが混じったポリマーを体内に入れ、水で満たし、体温に温めると、それは劇的に軟らかくなり、また膨張もした――セルロースのナノ繊維はばらばらになった。その結果はどうなったかというと、ＣＤのケースなみの硬さから、輪ゴムなみの軟らかさになるポリマーが得られたとカパドナは言った――軟らかさは一〇〇〇倍になった。

それ以来、チームはこのゼリー状になるインプラントをラットで試し、それに脳がどう反応するかを、従来からある埋め込み式電極と比べている。反応は、埋め込んでから数日はほぼ同じだった――脳が外科的処置の衝撃に対して、炎症を起こして反応しているのだ――が、二週間、八週間、一六週間後の脳の警報システムは、ナマコを元にしたインプラントでは、標準的なガラスの電極と比べて劇的に弱くなった。

　タイラーとカパドナはこの方向の研究を続け、脳が異物を受容しやすくしようとしているが、ローワンとウェダーはこの変わった素材の新たな使い道を考えている。そしてローワン自身は今、バイオインスピレーションに夢中になっている――新たな変形ポリマーの元になれるような海の生物を探しているのだ。

　バイオインスピレーションによる素材を一つ生み出すと、人々がアイデアを持ってやって来るという利点が生じる。二年後にはまさしくそうなった。退役軍人省病院でのカパドナの研究室の同僚が、イカの嘴の見事な特性について書かれた論文を教えてくれたのだ。

　イカは親戚のコウイカと同様、触腕のついたかよわい肉の袋にすぎず、他の深海生物にとってはおいしい獲物になっている。とはいえ、イカも貪欲な捕食者で、これはこれで有能なハンターでもあり、自分が処理できる範囲の大きさの獲物を何でも襲って食べる。イカ類の種によっては、食べるものの好みが小型の餌のこともあれば（エビなどの小型の甲殻類）、大きい場合もある（ホキのような長さが一メートルにもなる大型深海魚など）。そしてピックアップトラックほどの大きさのある巨大なイカを含む多くの種では、小型の同類も餌に含まれる。

　イカはそのような巨大でしばしば恐ろしい相手をどうやって食べるのだろう。ぐにゃぐにゃした触腕のついた顔の奥には、不用心な魚やカニにとっては残酷な伏兵が潜んでいる――鋭い、鉤《かぎ》つきの嘴で、オウムの嘴のように鋭い。先端は人間の歯よりも硬いが、（歯とは違い）すべて有機物だ。強度を高めるためにカルシウムのような無機物は使わない。この嘴は、乾燥した状態ではほとんどタンパク質で、若干の色素とキチン質（昆虫の外骨格に含まれる素材）がある。

全長が十数メートルから二〇メートル近くになる巨大なイカに勝てる動物はほとんどいないが、マッコウクジラはその数少ない動物の一つだ。しかし、マッコウクジラの胃の中身を見ると、消化しきれなかったイカの嘴がまだそのまま残っている。こうした嘴は硬いクッキーのようなものだ。

最も硬い有機物とも言われるイカの嘴は肉を切り、硬い貝殻も砕く。イカのゼリーのような胴体からすると、そんな硬い嘴を収められるはずがないのだが。鋭い刃を（柄《つか》もなしに）手でそのまま握ろうとするようなものだ。この刃物は狙った標的に刺さるかもしれないが、その前に自分の手を切ってしまう。だからこそ、ナイフの刃は安全に持てるよう柄がついているのだし、歯は丈夫な顎に収まっているのだ。軟らかい肉の収納ケースに損傷を与えずにそのナイフを用いるには、それしかない。

カパドナにその研究を教えたかつての研究室仲間のポール・マラスコは、医療用インプラント、とくに手足を切断した人用の義肢を研究している。脚を切断した人の切断部分にはめる義足によって、装着した人は歩けるようになるが、副作用もある。義足の硬い部分は骨につながるのではなく、皮膚にくい込む何本かのストラップで留められている。いつもこすれていると、皮膚やその下の筋肉に対する負担が大きい。装着者にとっては不快きわまりなく、ただれたり、感染症になったり、組織の変性を起こしたりする。

硬さが必要とされる部分——たとえば血管に挿入するステント——のある義肢や医療機器ができるかどうか、その縁は周辺の組織となじむほど軟らかくできるかどうか考えてみよう。あるいは、骨との境目は硬くして、皮膚との界面は軟らかくできるようなインプラントを、直接骨に接続できるか（カパドナは、最後に調べた時点では、こうした「経皮的」インプラントは合衆国では認められていなかったと言っていた）。

カパドナは、「皮膚は治らないし、感染症も入ってくるので、その種のインプラントを入れるのは合衆国では非合法なんです」とも言った。

マラスコがカパドナに見せた論文は、カリフォルニア大学サンタバーバラ校の有名な生物学者、ハーブ・ウェイトが中心になっていて、クリーヴランドのチームが二〇〇八年のナマコについての発見を発表したのと同じ月の『サイエンス』に掲載された。カパドナたちは、それをそのときに至るまで見たことがなかった。

論文は、イカが軟らかい胴体で鋭い嘴を行使できるのは、嘴内部に機械的な勾配を生み出すための、架橋結合するタンパク質のネットワークを使用するからだということを明らかにしていた。つまり、嘴がイカの体の方に向かってだんだん軟らかくなり、根元は先端の約一〇〇倍軟らかくなるという。本当に硬い素材が本当に軟らかい素材と接触するところがなく、ガラスの電極と軟らかい脳の組織との機械的不適合のようなことにもならない。研究者はその不適合をナマコに着想を得た電極で減らそうとしていた。

イカがこの仕掛をどのようにこなしているかを明らかにすべく、カリフォルニア大学サンタバーバラ校のチームはアメリカオオアカイカの嘴を使い（カリフォルニア州沿岸に打ち上げられる大量の死体から採取された）、薄くスライスしては、勾配がどのように変化するかを調べた。そこでわかったのは、このイカの嘴は、キチン質の軟らかい基質に埋め込まれたタンパク質を使っていて、そのタンパク質が架橋結合している率がだんだん高くなるということだった。これはナマコのような可逆な架橋結合ではなかった——設計に組み込まれていて、爪が硬かったり眼が軟らかかったりするのと同じことだった。乾燥した状態では、嘴にはあまり勾配はないが、湿ると（イカの自然な環境ではそうなる）、その勾配が大きく強まる。

カパドナはこのイカが、いろいろな素材といろいろな仕組みを使って硬い素材と軟らかい素材を操作している一方、強度を追加するために、同じ架橋結合の原理を使っていることに気づいた。ナマコに(言葉が通じるとして)コラーゲン繊維の架橋結合の率を尻尾の方ではゼロにし、少し前では一〇パーセントにし、だんだんその率を上げて、先端では一〇〇パーセントに達するよう求めるようなことだった。その連結を基本的に固定して、尻尾で軟らかく、先頭が硬いままになるようにする。

当然、ナマコにそんなことは頼めない。理由はいくつもある。ナマコはこちらの言うことを理解できないし、要求通りにする能力もない。上腕二頭筋の一本一本の筋繊維に思うだけで緊張しろと求めるようなものだろう。しかしカパドナには、このチームがナマコのコラーゲン繊維の架橋結合をセルロースのフィブリルを使ってまねできたのなら、セルロースを使ってイカの嘴のタンパク質もまねできることがわかっていた。

それは鮮やかなほど簡単だった。カパドナは電話をかけ、ローワンに言った。「また『サイエンス』に載せる論文のアイデアがあるんですけど、昼を一緒にどうですか……」

昼食の後、ローワンは研究室に戻ると、学生に卒論の目標ができたぞと言った。セルロースのフィブリルを、光に反応する化学物質で改造し、それにつながる別の分子を導入すると、紫外線を利用してフィブリルを架橋結合させ、その連結を固定できた。露出が長いほど、素材は硬くなった。できた素材の部分ごとに光を当てる量を増やすと、このポリマーに明瞭な勾配を生むことができた。その結果はどうなったかというと、一方の端が反対側より五倍硬い、軟らかいプラスチックができた。それはイカの嘴の一〇〇倍に比べれば大したことではなかったが、それでも出発点にはなった。

こうした発見は、変則的な会議での雑談など、次々と幸運な偶然が続いた結果のように見える部分もあるかもしれないが、私にはそれだけだとは言えない。何と言っても、こうしたアイデアには系譜がある。ローワンが言うには、ウェダーがアイデアを得たが、ウェダーはそのアイデアをアート・ホイヤーという材料科学者から得ていて、ホイヤーは、間違って「ジム」・トロッターだと思い込んでいたジョン・トロッターという生物学者と共同研究をしていた。こうしたアイデアがどのくらいの時間で成長し、発達して、最後にまとまったのだろう。

私が電話をかけたホイヤーは、「私はスチュアート〔・ローワン〕が私の名を挙げたことにさえ驚いています」と言う。ホイヤーはケースウェスタン大学の教員として四九年を過ごし、五七〇本の論文を発表し、一〇〇人以上の大学院生を担当したと言う——本人が意外だと言っても、別に謙遜しているわけではない。実際、ホイヤーは学会での自分の位置をよく知っている。ホイヤーは正式にはセラミックスの教授だが、各種金属から卵の殻まで、材料科学全般について研究している（「一〇セント出せば、栄養が豊富につまった無菌の容器が買えるのを知ってますか」とホイヤーは問いかけ、毎日鶏が作っているんですよと言う）。

ホイヤーはローワンとは別の部局——先進材料研究所——に勤めている。ローワンの方は、巨大分子科学工学科だ。ホイヤーの部局は主に金属や半導体を取り上げるが、ローワンはポリマーや、ホイヤーの言う「軟らかい物質素材」を相手にする。

アート・ホイヤーに、先生はご自身がいる業界では何の研究で有名ですかと尋ねても、ナマコはその中には入らないだろう——全然外れている。ホイヤー自身に関するかぎり、ウェダーとローワンの目立った業績への貢献は、ほんの脚註程度のものだ。

「二人がこの興味深い現象に気づくようにしたくらいで、貢献は一〇〇分の一パーセントぐらいですよ」とホイヤーは言う。

しかし二〇年ほど前、ホイヤーは確かにナマコの研究をした――しかも一人ではなかった。ホイヤーは二〇人ほどの共同研究者を集めた、実に様々な工学者からなるグループにいた。材料科学者、生物学者、物理学者、医学者が、国防高等研究計画局（Defense Advanced Research Projects Agency＝DARPA）国防科学研究委員会に集まっていた。DARPAは基本的に国防総省の研究部門で、芽生えつつある技術――未来技術《フューチャー・テック》――を見つけて育てようとするところだ。DARPAはインターネットの誕生も助けた。DARPAが生み出したネットワークであるARPANET《アーパネット》で最初のメッセージが送られたのは一九六九年だった。

つまりDARPAは実用的な応用のしかたを知っているということだ。一方、私が初めて取り上げたDARPAの活動は、同局が二〇一一年に明らかにしたスターシップ一〇〇年計画だった。民間企業に、人類を遠い星の惑星へ連れて行けるような超光速旅行が開発されたら（されたときに）役に立ちそうな技術を生み出すことを奨励する試みだった（念のために言うと、超光速旅行はまだSFの域を出てはいない）。

つまり、DARPAの活動は、広い範囲の様々な可能性にわたっている。この広々とした舞台に、国防科学研究委員会（Defense Sciences Research Council＝DSRC）はしっくりと収まっていた。ホイヤーが言うには、このチームは基本的にDARPAの他の二部門、国防科学局（ハイリスク・ハイリターンの技術に資金を出す）とマイクロシステム技術局の眼と耳で、現行の技術、現行の脅威に何段階か――何年か――先行して考えなければならなかった。

「よく、私がこの部屋に入ったら、みんなの平均ＩＱが五ポイント下がるなんて冗談を私は言っていたものです――今では私も自分の分野ではそこそこ認められていますが」とホイヤーは言い、この二〇人ほどの研究者は、「私がこれまでかかわった中ではおそらく最も頭のいい人々の集団」だったと言った。

この集団に、それが解散する一年半ほど前の二〇一三年までの二〇年以上いたホイヤーは、委員会がすることはこういうことですと言う。委員会では突飛に思える仮想の事態を考える――生物兵器にも使われる致死性の細菌である炭疽菌《たんそ》の胞子が米議会図書館に入ったらどうなるだろう。その想定を展開し、手順を考え、それをすべて書き上げた。そうして数年後の二〇〇一年、実際に炭疽菌の恐怖が襲ったとき、「みんなが私たちの報告書の埃《ほこり》を払ってみると、どのように手順を踏むかについての指示が一式ありました」とホイヤーは言った。

備えをするために想像力を使う――それがこのＤＡＲＰＡの委員会のやり方だった。

一九九〇年代初めから半ばまでの間、生物学関連の研究はＤＡＲＰＡの各部門では優先順位は高くなかったとホイヤーは言う。しかし、それがＤＳＲＣで変化し始め、ＤＡＲＰＡがアラン・ルドルフ（動物学畑）を採用し、この人物が自然を調べることでどんな知見が引き出せるかに目をつけるようになると、さらにそうなった――バイオテクノロジーであれ、生物戦争であれ、もちろんバイオミミクリーであれ。ルドルフは国防科学局の下で、またＤＳＲＣとの共同で、制御生物システムという事業を進めた。この委員会が見つけようとしていた未来の技術はルドルフが注目したような生物学だけではなかった――しかしホイヤーにとって、確かにそれが最も熱中するものだった。近年盛んになっているバイオインスピレーションによる技術の多く――ヤモリのような壁に貼りつく面、走るロボットなど――は、DSRCの目に留まり、ルドルフの制御生物学システム事業によって奨励され、DARPAに支援された。

「九〇年代の半ばには生命科学や生物学やらバイオテクノロジーやら生物戦争やらはどれも、予算は基本的にゼロでした」とホイヤーは言う。「DARPAの風土が変わるまでには少々時間がかかりましたが、今では専門の部局が一つ充てられるほどに変わりました」

ついでながら、その部局、生物技術局は二〇一四年に発足したばかりだ。DARPA長官、アラティ・プラバカーは二〇一四年三月、下院情報・新型脅威・能力小委員会で、「生物学は自然の究極の改革者ですし、改革に手をかけるどんな機関も、このネットワーク化された複雑性の達人にヒントや答えを求めないのはばかげています」と語った。

この姿勢の変化は、少なからぬ部分で、ルドルフの制御生物システム事業と並んで、DSRCの作業にもよっているとホイヤーは言う。

ルドルフは、現職のコロラド州立大学研究担当副学長という立場で書いているブログ「ミューズ」に、「私はDARPAが採用した最初の、そしてたぶん最後の動物学者で、一九九六年、進化的適応の分野での経験を用いて、新たな技術的応用を得ようとする生命科学に予算を向ける仕事に（合衆国の技術的優位を保つというDARPAの使命を視野に）採用された」と書いている。

ルドルフのグループは会議をまとめ、DSRCのメンバーになる人を招き、多岐にわたる科学者を一つにして、そのときまでは共通のものがなかった研究分野をまたいでアイデアをかけ合わせることになる。

ホイヤーが、ニューメキシコ大学医学部の研究者、ジョン・トロッターと出会ったのもこうした会合の一つでのことだった。トロッターは、ホイヤーがよく言うところでは、「会員証を持った生物学者」だ。つまり生物学が会員制のクラブ、あるいはある種の宗教団体であるかのように見立てられている。

トロッターの方は、ルドルフの招きを受けたときにはいささか困惑し、また少しは喜んだ。ルドルフは、トロッターのナマコの皮膚についての論文を読んで、制御生物システム研究事業の一環だったある会合で発表してほしいと言うのだ。その研究の名称は奇妙に思えた——生物システムはそもそも制御システムじゃないのかと——が、興味も湧いて、東海岸へ向かう飛行機に乗った。

その会合にはたぶん五〇人くらいが出席していて、それぞれの発表がわくわくするものだったとトロッターは言った。モンタナ大学のある研究者はミツバチを使ってある地域の毒物分布を調べていた（それによって太平洋岸北西部で汚染物質を製造する企業を見破る助けにする）。カリフォルニア大学バークレー校のチームは、壁をよじのぼれるロボットを作るために、ヤモリの足の背後にある原理を調べていた。ヴァージニア工科大学のチームは、甲虫を脱水し、真空にさらしたうえで、生き返らせていた——極限環境で生き延びる能力の背後にある分子レベルの秘密を調べていた。

「それは魅力でした。私はこれこそつきあうべき仲間だと思いました」とトロッターは言う。

トロッター自身は、筋腱接合部にある物質間の連絡に関心を抱いていた。力を生み出す骨格筋細胞内部にある繊維が、その細胞の外にあって力を伝える結合組織にあるコラーゲン繊維に、どう力を伝えるのか。そして腱の中では、比較的短いコラーゲン繊維と繊維ではない成分とがどのように協同して、筋細胞と骨の間で力を伝えるのだろう。医学者がトロッターの研究を追うのは、そのような界面がどんなときに、なぜ失敗するかを知りたいからだった。それによって、人間での組織の損傷や回復に光を当てることができる。トロッターがナマコを調べることでこの問題に取り組んだのには二つの理由があった。一つは、ナマコのコラーゲン繊維は哺乳類などのものとは違い、分離して調べるのが比較的容易だったこと。もう一つは、ナマコは実際に神経系を使って結合組織の力学的特性を変えられること。

トロッターは初めてナマコをつかんだときのことを思い出した。*Cucumaria frondosa*〔キンコ〕という種で、メイン州に調査に出かけていたときに採取したものだった。それを拾い上げると手の中で固まるのがわかった——緊張が解けると自分の指の間から皮膚が流れ出すようになるのも見た。指先がナマコの肉の中にとどまっているような感じだった。

「私ははまりました」とトロッターは言った。ナマコがこれをどのようにして行なうのかを明らかにしなければならないと。何年も苦労して調べ、やっとこの皮膚の基本的な仕組みの一端を明らかにした——それが制御生物システムの会合で発表したことだった。

アート・ホイヤーもその会合に出席していて、当時知られていたどの人工材料とも違う、ナマコの皮膚が持つ、易変《ミュータブル》の力学的特性に魅了された。

硬い物質の研究をするホイヤーは、「易変」という言葉を思いつくこともなかったと言う。「『不変《イミュータブル》』の方は知っていましたが」

ルドルフがこの会議でトロッターとホイヤーをつなげたのは、トロッターにホワイトペーパー（研究補助金申請の前段階）を書くよう促しつつ、職業倫理上、自分で手伝うことはできなかったからだった。生物学者のトロッターはそれまで、国立衛生研究所（ＮＩＨ）による生命科学研究者用の処理とはまったく違う、ＤＡＲＰＡのやり方を経験したことがなかった。

ホイヤーはこの奇妙な材料のとりこになった。同じ委員会のメンバーで、今はノースウェスタン大学にいるミラン・ムルクジッチも同様だった。ホイヤーはナマコの皮膚をケースウェスタン大学に持ち帰り、それを過酷な汎用試験機にかけた。切れたりつぶれたりするまで引いたり押したりして、材料が圧縮や引張にどれだけ耐えられるかを調べられる装置だ。ホイヤーが皮膚の力学的特性を調べている間、ムルクジッチは生化学的な面に注目した。

ホイヤーは、「それは興味深い素材でした。生物学者が知らなかったこともわかりました――私たちが自分のしていることを表すために使っていた言葉はなじみがなかったにちがいありません」と言った。

ナマコの皮膚の力学的特性についての論文を発表することも何度か試みたが、学術誌にはまったく載せてもらえなかった。明らかにしておくと、ホイヤーのナマコ試験は、この研究業界でホイヤーが行なった最初というわけではない――ホイヤーは自分の名が入った論文を何百本も出している熟練の研究者だった。根の深い断絶があり、ホイヤーの研究は生物学と材料科学の間の溝にはまってしまった。生物学の学術誌はホイヤーの材料科学の手法をどう扱えばよいかわからず、材料科学の学術誌は生物学研究の使い道が見えていなかった。

「その類のことがよくあって、そのときもその一つでした。今はまた違っているのでしょうが」とホイヤーは言う。

トロッターの方は、ルドルフから電話があったとき、研究室を閉めようとするところだった。その電話がなかったら、さらに三年、ナマコの皮膚を調べる資金が得られるということはなかっただろう。またホイヤーはトロッターに出会わなければ、ウェダーやローワンにそのアイデアを伝えることもなく、ウェダーとローワンもそんな変わった、バイオインスピレーションによる新材料を作ろうなどと思うことはなかっただろう。

トロッターは、ナマコの正確な動きの化学的に複雑なところについては、科学者はまだ構図の一部を知っているだけだと言う。そのDARPAによる三年が終わると、トロッターは研究室を閉め、最終的にニューメキシコ大学アルバカーキー校の執行部に就職するという長期的な計画に向かった。

「そのことを考えると後悔します」と少し笑いながら言う。「けれども逆に、その後もどこかから研究を続ける予算をもらえたかどうかはわかりません。DARPAのようなことはまぐれみたいなものだと思っています」

しかし私はそれがまぐれとは言い切れない。私はこの科学者たちは翻訳の問題で行き詰まったのだと思う――他の分野の言語の話し方を学び、自分たちの価値と自分たちの文化について見当をつけてもらわなければならなかったのだ。生物学者は極端に還元論的になって、しばしばシステムを骨を惜しまず詳細に調べたがる。材料科学者や工学者は、使える製品を作る助けになろうとすることが多い。この二つの目標はどちらも価値がある――どちらも自然界から奥深い、見通しの効く教訓を得るのに必要なことだ。しかしそうなるためには、科学者はまずお互いを理解する必要がある。

言わば、クリーヴランドのチームがバイオインスピレーションで見つけたポリマーの連結のようなものだ。何と言っても、この硬軟移行するポリマーを作るのに必要なコラーゲン繊維には一定の臨界質量がある。少なすぎるとネットワークはつぎはぎになって、間に隙間ができる。しかし繊維の密度が十分になると、その連結は完全になる。研究や研究者の量が増えて、立派な連結ができ、最終産物が育つほどの臨界質量になるのには、一〇年がかかった。

ローワンはメタファーを耳にするとそれをうまく扱う。確かに異なるタイプの科学者の間には翻訳の問題があって、今日でも自身の仕事で遭遇するとローワンは言う。「みんなそれぞれにおかしななまりがあるんだわ」と、この高分子化学者は自身が生まれたスコットランドのなまりで冗談を言った。

シロアリを研究する科学者――こちらの魅惑的な研究については第5章で取り上げる――と落ち合うためにアフリカのナミビアへ飛ぶ前日、私は三歳の子が脳外科手術を受けるのを見た。その子の名はオーガストと言い、大きな青い眼と生意気そうな笑顔をしていて、生まれつき聾《ろう》だった。それまでは何も――補聴器も、耳に埋め込む内耳のインプラントさえ――オーガストの助けにはなっていなかった。

医師と研究者のチームは、聴性脳幹インプラントという装置の最初の臨床試験の患者にオーガストを選んだ。外科医は皮膚、頭蓋骨、脳を保護する硬膜という袋へと切り進み、脳脊髄液を流し出し、そっと小脳を押しのけ、脳幹に達する。そこでは組織が折りたたまれている中に特定の奥まった部屋を見つけなければならない。聴覚神経を直接に刺激できる電極群を、そこに慎重に置くことになる。

六時間の手術だった――その特別な場所が見つからず苦悩する時間があって一時間長くなり、オーガストの頭蓋骨奥深くに分け入る医師たちは密かに、自分たちの臨床試験で最初の患者に対する外科手術を中止しなければならなくなることがどういうことかを考えたかもしれない。やっとその場所を見つけ、インプラントを慎重に配置すると、部屋には明らかに安堵《あんど》の空気が生まれた。一か月後、研究者チームは装置を試験した。オーガストが初めて音を聞いたとき、本人は固まり、顔を上げた。

手術のとき、私は外科医がその小さな赤い窓で作業するのを見つめ、この場を出て行こうとは思わないようにしながら、「外科は大変な仕事だわ」と思っていた。頭蓋骨の奥へ切り分けていく外科医は本当にその仕事に必死にならなければならない。小さな赤い窓を開いたとき、脳が見える。軟らかい、ぴくぴく動く、ゼリー状のもの。手術道具は鋭い金属で、脳のピンクの組織は無力なことからすれば、脳があんな侵襲的処置を受けられるんだということには、何か月経っても、まだ心の底から驚く。

脳は外科手術の外傷から立ち直る。しかし処置がうまくいったとして、脳は生きているかぎり、小さな金属とガラスの侵入者、つまり並んだ電極とつきあわなければならない。手術の後の何週間かで、繊維質の瘢痕《はんこん》組織が金属の周囲にでき始める。周囲の組織を損傷しないようにするための体の反応だ。その瘢痕組織は必要なものだが、外科医が懸命に埋め込む作業をしたばかりの装置の効力を下げる。

オーガストは幸運で、その電極はほとんど動きのないところに収まり、硬い電極も軟らかい組織とこすれ合うことはあまりなかった。しかし、他の長期的神経インプラントには、高い代償が待ち受けているものもある。そのことはそうしたインプラントに対する非難にはならない。てんかんによる発作を治療するためのものもあれば、パーキンソン病による震戦を処置するものもある。とはいえ、こうした装置の効果は時間とともに減退することを示す研究もある。脳がこうした異物による恒常的な炎症を何とかしようとするからだ。それは取り除き、交換しなければならない。つまり患者の脳は何度もメスを受けなければならない。

外科医は軟らかいところと硬いところの間で途方にくれる。硬い、体と物理的にも化学的にもうまく融合しない、容赦のない金属を用いて作業しなければならない。研究者は、生物と両立する分子や、食品ラップなみに薄いポリマーへの回路のプリントなど、いろいろなありうる答えに達しつつある。どれがベストかはまだわからない——もしかすると合わせ技になるのかもしれない。しかしこんなことを考えよう。ナマコやイカの嘴は塩水の中で動作する。人体内で動く装置もそうでなければならないのだ。差し迫る生物医療上の問題に対する有望なミクロスケールやナノスケールの答えになるところが、今この瞬間にも、世界中の料理の皿の上で切り分けられていたりするのだろう。

第Ⅱ部　運動の仕組み

第3章 脚の再発明 —— 動物が次世代宇宙探査機や救助ロボットのヒントになる

ロボットの死としては、火星でのスピリットの場合ほど悲劇的に思えたものはない。

このNASAの探査車は、「元気」、「勇敢」と言われ、二〇〇三年に姉妹車のオポチュニティとともに火星表面を調査すべく打ち上げられた。両ローバーは、一九九七年の、火星に玩具のような大きさのソジャーナ探査車を送り出したパスファインダー計画の後継車両だった。ソジャーナは火星表面を動き回ることができた最初のローバーでもあり、言わば「インターネットをつぶし」かけた最初でもあった。マーズ・パスファインダーのサイトは七月四日の着陸から四日間で約二億二〇〇〇万回のアクセスがあった——今日の基準でも見事で、まだ二〇世紀中のこととしてはどこから見ても大騒動だ。この圧倒的な関心は、かつては異星だったのが地球近くの双子のように見えてきた惑星、ほんのちょっとした事情の違いで、地球よりも乾燥した、生きにくい運命に陥った惑星に魅了される人々が増えたことの証だった。

しかし両ローバーが打ち上げられたのは、別のいくつかの火星探査計画が文字どおり墜落、炎上した

──順序不同──時期でもあった。一九九九年はNASAにとってはひどい年だった。同局はマーズ・ポーラー・ランダーとマーズ・クライメット・オービターによる探査に相次いで失敗していた。この軌道船《オービター》の方はきわめて恥ずかしくも衝撃的な失敗だった。この不幸な宇宙船は、意図しないところで大気圏を通り抜けたために炎上した。その理由は基本的に、ロッキード・マーティン社の誰かが、宇宙船のプログラムを、科学の世界での標準であるメートル法ではなく、英米系のヤードポンド法で行なっていたせいだった。他の国々の試みも失敗した。日本が火星周回を日指した「のぞみ」は機器の故障で中止され、イギリスのビーグル2号着陸機は二〇〇三年のクリスマスイブの降下の際に完全に行方不明になった。

そのため、ジェット推進研究所（JPL）のチームは、多大な希望と多大な不安でスピリットと、三週間後のオポチュニティがそれぞれ劇的な火星表面への降下を行なうのを見つめていた（「六分の恐怖」と言われる）。オポチュニティが火星表面からの最初の信号を送ってきたとき、JPLの管制室はどっと沸き、ハグやハイタッチをする技術者の中の一人が、突入・降下・着陸チームの主任技師、ロブ・マニングの両肩に手を回してあまりに強く揺さぶったので、マニングはその歓喜の抱擁の間、眼鏡を押さえていなければならなかった。

着陸成功だけでも奇蹟に見えるかもしれないが、その後の何日、何週、何か月かは、さらに大きな奇蹟となった。スピリットとオポチュニティの探査計画は九〇日間にすぎなかった。ところがこの小さな両ローバーは寿命をはるかに超えて長持ちし、火星の岩石がかつて流れる水に満たされていた証拠を発見し、着陸地点から遠くまで移動し、元の九〇日の計画の一〇倍、二〇倍の期間、生きていた。今もオポチュニティは火星上を動き回り、水や有機物豊富な堆積物の兆候を探して掘り返し、予定の寿命の四〇倍も活動している。

しかしどんなに幸運が続いてもいずれは終わる。スピリットについて言えば、とうとうそれを終わらせたのは一つの車輪だった。二〇〇九年五月、グセフ・クレーターのホームプレートと呼ばれる一帯を走行しているとき、車輪が薄い外皮のような地表面にひっかかり、柔らかい砂にめり込んだ。自力で這い出すのは無理だということがすぐに明らかになった。ローバーが車輪を回転させるほど、潜り込むように見えた。科学者チームはローバーを引き出そうとしたができず、二〇一一年、とうとう放棄を宣言した。「私たちはどちらのローバーにも愛着が強くなっていて……どちらも太陽系で最高にかわいいものです」と、JPLでローバーのプロジェクトマネジャーを務めたジョン・カラスは当時の記者発表の席で言った。

巨大な最先端の探査車キュリオシティが火星に着陸したのは二〇一二年で、管制要員のほとんど全員が跳び上がり、歓喜し、ハイタッチした。このローバーは地球外の惑星を六輪で走る最も高性能なものだった。胴体下部からは実験器具ひとそろいが突き出ている。眼となって岩石を次々と調べるレーザー、ボーリングして岩石を採取できるドリル——ローバーはこうしたものを使って、火星が遠い昔には生命に適した環境だったことを示した。しかしこの、スピリットやオポチュニティよりもはるかに大きい先進的なローバーでも、その車輪のせいで終了しかけた。二〇一三年末の画像がアルミのタイヤに心配な裂け目があることを明らかにしたのだ。このローバーは、ある危険なほどぎざぎざの表面を、まさしくこの損傷の負担を軽くするために、後退してムーンウォークのように進まなければならなかった。

人間が他の惑星に送るローバーには必ず車輪がついている。マーズ2020ローバーは、キュリオシティと雛形はほとんど同じに設定され、キュリオシティの予備部品まで使うことになっているが、そのミッションはまったく別物になると考えられている。要するに、絶対不可欠なこと以上のリスクは冒したくない企てがいくつかあり、車輪は実証済みの技術なのだ。すでに機能するものがあるというのに、ものすごい量の時間、費用、ストレスをかけて、わざわざ別の設計にすることがあろうか。そんなことをしても意味がない。

ところが結局、私たちが五〇〇〇年以上にわたって頼りにしてきたまさにその車輪が弱点になっている。砂がたまったところに足をとられ、瓦礫《がれき》が散らばる坂ではすべり、予想外の鋭いぎざぎざの岩で損傷を受ける（とくにキュリオシティのような重い車両の場合）。要するに車輪は「信頼性《リライアビリティ》」に「弱点《ライアビリティ》」を潜り込ませることがある。

これは遠い惑星だけでの問題ではない。様々な技術者が、地球上の様々な場所で車輪によらないロボットが有効だと考えているが、最も急を要するところは災害現場――地震が襲った地域、化学物質で汚染された建物――だろう。人間を送り込むには危険で、車輪によるロボットでは、偵察を行なったり、捜索や救助の任務の際の単純な課題をこなしたりするのにも有効ではない。

車輪が優れているのは、見通しのいい、舗装された道路でのことだ。しかし荒れ地になると、脚で進む必要がある。

NASAのジェット推進研究所の敷地の奥、ジャカランダの落ちた花を食べるおとなしいシカと「ローバークロシング」と書かれた色あせた道路標識を通り過ぎると、ブレット・ケネディとシシル・カルマンチが狭い駐車場に立って、アスファルト上の変わった白のスーツケースのように見えるものを見つめていた。何も起きない。私はぎこちなく移動した。するとそのとき、何かの見えない信号によって、その荷物のようなものに生命が宿った。

それぞれに七つの関節がある四肢が脇から伸び、曲がり、かちゃっと鳴って位置についた。二本は脚のように広がり、二本は腕のように差し上げられ、ロボットはいくつかのポーズをとる。私の頭では、トランスフォーマーがヨガをしているように見えた。進行は遅いが、そのぶん慎重で、とうとうこの変わった生き物は向きを変え、背後に浮かび上がる建物の方を向く。その先に、合板の壁に扉が建てつけられ、三方が壁になった「部屋」がある。むしろ劇場の舞台のように見える。

これは、ケネディとJPLの仲間の技術者が、一週間後にカリフォルニア州ポモーナで開催されるDARPAロボット工学チャレンジ（DRC）で、二〇〇万ドルを獲得できると期待する救助ロボットの試作品、ロボ類人猿《シミアン》だ。このコンテストは三年前から準備が行なわれていて、大きな目標がある。世界中の最高の技術者に、次世代救助用ロボット——今度、自然のものでも人為的なものでも災害が起きたときに人命救助を補助できるような機械——を作らせようというのだ。

私も『ロサンゼルス・タイムズ』紙用に記事を書くことになっているこのコンテストは、障害コースを用いる。先に触れた合板の舞台は、ここの技術者が練習場として用意した、その試合用コースのベストの予想コースだ。私には、それはテレビ番組の『アメリカン・ニンジャ・ウォリアー』〔日本の『SASUKE』の派生番組〕を思わせた。ただ、筋肉も濠《ほり》もないが、機械と制限時間は多い。『アメリカン・ニンジャ・ウォリアー』の人間が六〇秒でジャンプし、ぶらさがり、よじのぼるのに対し、ロボットは六〇分でコースを進み、歩き、渡って行く。

アドレナリン全開のテレビ番組とは違い、ロボットの課題では、沼地にかけた材木から材木へとジャンプしたり、溝をロープにつかまって跳び越える必要はない。こちらでは、ロボットは扉を開けるなど、ごくありふれた通常のことをしなければならない。

各ロボットは、扉にたどり着く前に、車を運転しなければならない――コース上の障害を回避して、合板の部屋にたどり着く。人間は大人になるまで車の運転はさせてもらえないことを考えると、これは難しい部分ではないかと思うだろう。実に複雑な技能の集まりだと。

しかしそうではない。運転で最も難しいのは、運転席に収まることではなく、そこから出ることだとケネディは言う。それは、合衆国や世界中から参加を予定している二四チームのロボットの大多数は、二本の腕と二本の脚の何らかの人間型になるからだ。何と言っても、ロボットは瓦礫だらけのところを進むとか、電動工具を使うとか、人間のような作業をしなければならないので、人間型にすることには一定の意味がある。

しかしそこに不都合もある。二足でバランスをとるのは簡単ではない――それがおそらく、二足歩行する霊長類が私たち人類だけである理由だろう。

こうしたロボットにとっては、一方の脚をもう一方の脚の前に出すのも十分に難しいが、車から地面に脚を踏み出すとき倒れないようにしなければならないのだ。研究室の安全で予測のつく区域を歩き回ることはできても、でこぼこの地形の、風もあるところに出ると、すぐにつまづいてしまう。

「大会で優勝する決め手になるのは、サンタアナの強風が吹くかどうかでしょう」と、ケネディはローバーが少しずつ模擬障害コースを進むのを見ながら私に言う。

私はそれが本気かどうか判断しかねているが、本人には自分の言ったことを裏づける方法があった。ケネディのチームは純然たる人間型からあえて方向転換した。ロボシミアンは名前が示すとおり、方針を変えて霊長類の仲間に着想を得ている。つまり手をついて四足歩行できるのだ。人間の腕と脚はまったく異なる——脚は明らかに歩き回るためのもので、腕は伸ばして何かをつかむためのものだ。オランウータンのような人間の遠い親戚の一つでは、腕と脚はそんなに違わない——長く、ものをつかむことができるし、どちらも体を支えられ、樹木からぶらさがるのに適してもいる。

ロボシミアンはその点で人間型ロボットというより霊長類的だ。四肢はすべて基本的に同じもので、そのため、四本全部を使って移動することも、後足での歩行に切り替えて上肢は腕として使うこともできる。「ぽいぽいする行動もしますよ」とケネディは冗談を言った。このロボットが腕を使って、破片を排除する様子のことを言っている。「なぜ他のみんなはそういう言い方をしないのかわかりません」

ケネディはロボシミアンが運転する車両に乗り込んだ。車のスマートとジープをかけ合わせたような姿のポラリス・レンジャーで、ドアの上にあるグリップが、このローバーがどうやって車から出るかを示している。ロボットは外へ出るときにペンチのような手でドアの枠をつかむので、脚をすべらせても猿のようにに何かにつかまっていられ、つんのめって顔からつっこんだりしない。こうすると他のロボットが直面するほどには、バランスというやっかいな問題を処理しなくてすむ（車も乗り回せて、両方のいいとこ取りをする戦略を選ぶ）。

自分たちの車両に改良——車両内部の緩衝材を外して大型化したロボットを動きやすくするとか、小さなステップを加えて乗降を容易にするとか——を加えるチームもいたが、ケネディはそうした考えはばかにする。何と言っても、このロボットを災害現場に送り込めば手近の車両を使わざるをえず、乗り物に手を加える余裕もないだろう。

私がその日最初に訪れたDRC大会参加者はロボシミアンではなかった。午前中には町の反対側のUCLAの工学者、デニス・ホンの研究室に寄っていた。ホンは、電池の広告に出て来るエナジャイザー・バニーのように研究室を歩き回っては、自分で作った変わった機械をあれこれ見せてくれた。たいていは前年まで勤めていたヴァージニア工科大学にいたときのものだ。ホンはクモのような形の三脚ロボット、へビ形ロボット、さらにはアメーバ・ロボットも紹介する。しかしそのいずれも、近々障害コースに立つものではない。

ホンはDARPAロボット工学チャレンジに参加する機材を紹介する——二本脚のTHOR《ソー》-RDという名の選手だ。二つあるモデルの一方は、細い頭から、ピンクの糸のような毛髪をつんつんに伸ばしていた。『マペット放送局』のだめな実験助手、ビーカーのような感じだ。ロボシミアンとは違い、THORは明らかに人間的な体形をしている——ホンは型破りな形のロボットが好きみたいだということからすると意外だと私は思った。

ホンはすぐに、自分は動物に着想を得たロボットのファンだということを認める。何年か前、ジェット推進研究所に臨時採用で勤めていたとき、ケネディのところで猿型のロボシミアンの前身、LEMUR《リーマー》〔単語としては「キツネザル」の意〕の仕事をしたことさえあった。しかし災害という状況が相手となったときには、人間型がベストだと思っている。一つには、その災害現場に人間が作った構造物が含まれているなら、ドアノブを回し、階段を上り、高いところに手を伸ばすなどの課題をこなすために、人間のような形と手足を持ったものが必要になるからということだ。

おまけに、さっきのような動物に着想を得たロボットは一つの目的にしか合わない傾向がある、というか、限られた場所でしか役に立たないともホンは言う。ヘビ形ロボットは瓦礫に潜り込むのにはいいが、ドアを開けるのには向かない。クモ型ロボットは車の運転に最適とは言えない。人型ロボットは多用途ナイフのようなもので、あらゆる課題がこなせる――少なくとも理論的には。

そういうわけで、ホンはケネディらのロボシミアンの技術者が採る道筋には少々懐疑的らしい。「あちらが失敗すれば、『ほら、僕が言ったことが正しかった』ということです。あちらが成功すれば、私が間違っていることを証明したことになります」と、その日の午前中、ホンは私に言った。

私は数日後、会場のポモーナ・フェアプレックスで、DARPAロボット工学チャレンジの運営管理者、ジル・プラットと会った。ここでは作業員が、観覧席の正面に、同じ障害コースを収容する四つの並行する舞台をあわただしく設営していた。二四チームが参加し、一度に四チームが競う。巨大なジャンボトロン画面が舞台から舞台へと切り替わり、屋外や家庭で中継画像を見る人々もロボットの成果を（また派手な失敗も）、現場以上に鮮明に見ることができる。

このコンテスト――上位三チームに二〇〇万ドル、一〇〇万ドル、五〇〇万ドルの賞金が出る――のアイデアが生まれたのは、二〇一一年、地震と津波で福島第一原発の潰滅的なメルトダウンに至った東日本大震災がきっかけだった。誰かが発電所に入ることができて、いくつかのバルブを開け、危険な圧力に達しつつあった蒸気を解放していれば、爆発は避けられたかもしれないが、大量の放射線漏れのせいで、職員は誰も、すぐに近くまでは行けなかったと考えてのことだ。そのような簡単なことがこなせる強靭《きょうじん》なロボットがあったら、2号炉が損傷を受けて、何日も放射性の水を海に流すことになるような爆発は避けられたかもしれない。

ただ、今のところ、そのような技術はまだない。しかしDARPAはこの種の生まれつつある技術に勢いをつけようとしている。そのための一つの方法が高額の賞金を出すことだ。健全な額の賞金を求めるささやかで友好的なコンテストのようなものを催して、人々に問題を解いてもらうなんてことはできない。

ロボットはポラリス車のエンジンをかけ、巧みに操って障害を避け、舞台入り口の前で車を溝に落とす。さりげなく配置された正面の扉の上方に、「警告——高電圧。立ち入り禁止区域」の文字がぬっと現れる。ロボットがドアを開けると（倒れずにそれができれば）、模造のむき出しの煉瓦や波形の鉄板のジグザグの壁に直面する。警告の標識がさらに続き、いろいろな課題が並んでいる。

いくつか挙げると、ロボットはバルブを回し、石の壁にドリルで穴を開け、コンクリートブロックの山を乗り越え、瓦礫を通り抜ける道を切り開く。壁には抜き打ちスポットもある。コンテストは二日間だが、それぞれの日で異なる（どんなものかは、大会前のプラットは教えてくれなかった）。

ＪＰＬとＵＣＬＡ（カリフォルニア大学ロサンゼルス校）のチームがそれぞれ、模擬障害物コースで考えられるいろいろな課題の練習をしているのもそのためだ。三角形のハンドルを引くとか、ボタンを押すとか（抜き打ち課題が大したことはないと思うなら、こんなことを考えてみよう。どんなに小さい変化でも動きを変えると、ロボットにとっては成功と失敗という天と地の差がつくことを意味しうる。たとえば、ＪＰＬのロボシミアンでの練習の際、壁にドリルで穴を開ける場所に来たとき、ロボット操作員がふだんどおりの上の棚ではなく下の棚にあるドリルに手を伸ばすと、あっさり棚からドリルを落としてしまった)。

ますます競技者的になるロボットを製造するという点では、技術者はこの一〇年、比喩的にも、時には文字どおりにも、飛躍し、長足の進歩をとげている。ロボットは今やウサイン・ボルトよりも速く走れる。ホンダのロボット、アシモは、オバマ大統領とミニサッカーをした。

しかしこうしたロボットの多くがうまくやれるのは、実験室内の、安全で、予測がつく範囲内の、制御された環境だけだ。これはとくに二足歩行式、つまり二本足で歩くロボットについて言える。これほど難易度の高いことをするのに必要な、高度に調節されるバランスは、金属やプラスチックで簡単には再現されない。材料はとうてい完璧とは言えず、ソフトウェアも、それを埋め合わせるほどの精巧さに達していない。

事態をさらに悪くすることに、ロボットがドアをくぐると、プラットらの運営側は、通信を遮断し、ロボットと離れた作業所にいる人間の操作員とのやりとりをほとんど不可能にする。これこそ災害現場で起きることだ。操作員のことを、手許のジョイスティックで、たとえば地震に襲われた病院の中をロボットに前進させようとしているように思っているとしたら、おあいにく様、現場はビデオゲームではない。放射線で探査車との通信が妨害されることもある。建物そのものが入ってくる信号を遮るかもしれない(病院内で携帯電話を使おうとしたことがある人なら経験があるだろう)。呼び出したり信号を送ったりしようとする人々は他にもたくさんいて、それがシステムの動きを阻害することもある。模擬障害物に戻ると、ロボットの操作員は生涯最悪のテレビゲームに接続したような目に遭うことになる。基本的に、割り当てられた一時間、三〇秒あたり一秒分のデータしか受け取れないのだ。

「電波状態が本当に良くないということがあったら、それに似ていますが、ひどさはさらにその一〇倍でしょう」とプラットは私に言った。

そのような限られた通信状態の問題点は二重になっている。ロボットが情報を操作員に送れず、理論的には、安全とは言えないところで止まってしまう。そうなると、オペレーターは処理すべき情報がなく、ロボットに指示も与えられない。

これは念の入った新入生歓迎のしごきというものではない。プラットらは、どのチームのソフトが独自に最善の動作ができるかを見ようとしている。ロボットが安定した直接のマイクロ波操作に頼れないとしたら、必要となる自律性がいくつかある。ここは完全装備の人工知能の出る幕ではない。それでもロボットが地面に木の枝を見れば、指示を待っている間にその枝を排除できなければならない。あるいは——たとえばバルブを回している途中で連絡が途絶えても——動作（課題）を完了する手順は知っていなければならない。

これについては、NASAのロボシミアンの一党は自分たちがやはり明瞭に一歩先んじていると思っている。すでに何年か、この様式で宇宙用ロボットを動かしているからだ。火星の一日は地球の一日と同期しているわけではないので、JPL管制室の技術者は、火星のローバーからの返信を何時間か、あるいはまる一日待たなければならないことも多く、そのため、ロボットに十分な自律性を与えて、連絡が途絶えているときにも一定の任務はこなせるようにした。

二〇一三年末のDRC準決勝では多くのチームが良好な実技を行なった——しかし今回、DARPAは要求を高くした。一つには、ロボットを電源ケーブルにつながないこと。したがって、かさばるバッテリーを搭載する必要がある。転倒しないようにするための命綱に頼ってもいけない――これは二足歩行ロボットにとってありがたいことではない。何せバランスでは苦労しているのだから（直立して高くなっている分、倒れたときのダメージも大きい）。この点では、もともと安定している車輪式や四脚式の参加者の方が有利かもしれない。

プラットは、「現実の災害現場では、支える命綱はありません」と言う。

また、ロボットがすべてゴールするものとも思っていない。得点は八点満点で、ロボットチームは各ポイント項目を好きな順番で試みられる。たとえば、車に乗る能力がなければ、運転部分はとばし、正面の扉まで歩いて行くだけでもかまわない――ただし、運転と降車の二ポイントは捨てることになる。悪路、砂地を踏破するのは公園の散歩のようにはいかない。

プラットの計画は、最高最善のロボットチームに賞を与えてこの分野を進めることだけではなく、こうしたロボットはまだまだ先のことだと世間に示すことでもある。

人々が人間的な課題がこなせるロボットを考えるとき、『ターミネーター』や『アイアンマン』のような映画に描かれている技術を考えるものだ――高性能で、すばしこく、ものすごく複雑で、頑丈で、しばしば言葉も巧みだ。DARPAロボット工学チャレンジを、実地にでも生中継ででも見れば、それは現実にはほど遠いことがわかる。こうしたロボットは、車から出たり、扉を開けたりといった、ごく基本的な課題――あなたでも私でも（三歳の子どもでも）問題なくこなせる課題――をこなそうとして、文字どおり崩れる。

ケネディは『スター・ウォーズ』の神経質なアンドロイドを参照して、「私たちが見ているのは『C－

3PO効果』と呼ばれることで、これは『なぜこいつはC‐3POにできることをしないのか』ということです」と解説した。「理由は、C‐3POはSFというよりファンタジーだからということですが」

デニス・ホンは『スター・ウォーズ』おたくを自認している。六歳のとき、家族旅行でアメリカへ行き、ハリウッド大通りにある当時のグローマンズ・チャイニーズ・シアターでこの宇宙大河ドラマを見て、ロボットというアイデアに惚れ込んだ。『スター・ウォーズ』は、そもそもホンがロボットにかかわった理由の一端かもしれない――そのホンでさえ、メディアによるそういう描き方は期待が高すぎると認める。

「みんなロボットが走って、物を片手で持ち上げるものと思っています。『アイアンマン』を見たからですね……そのロボットの歩き方がこれです」と、腕を胴体にきっちりと添えた、のろのろとした動きをして見せた。C‐3POが短距離の名選手に見える。

ロボットが車から降りるといった簡単なことをしようとして倒れて壊れると、「みんながっかりしてそれを見ます――が、それが現状です。それは悪いことじゃありません。期待の仕切り直しはできますから」とホンは言う。

プラットはとくに、ロボット工学がどこまで進んだかについて一定の深い見通しを持っていて、これからどれほど先があるかについても遠くまで見通せる。一九九〇年代、プラットはマサチューセッツ工科大学のレッグラボで、直列伸縮性作動器《アクチュエーター》を作った――これによって歩行ロボットの脚《レッグ》を安くすることが現実になった。

プラットが二〇〇二年、*Integrative and Comparative Biology*〔『統合／比較生物学』〕誌に書いたところによれば、ロボット工学は長年、いくつかの理由で脚のあるロボットを作ることで苦労していた。

プラットはこう書いている。「歴史的な理由と技術的な理由の双方で、ほとんどのロボットは、動物を模倣したり、自然環境で動作したりすることを意図したものも含め、高い機械的インピーダンス〔この文脈では動作するときのぶれにくさ〕を示す（硬い）アクチュエーターと制御システムを用いる。対照的に、動物が示す機械的インピーダンスはたいてい低い（柔らかい）。ロボットの硬い関節は、記録された動物の柔らかい関節の動きによく似るようにプログラムされるかもしれないが、予想外の位置の乱れは、動物よりもロボットの方で、乱れに応じてかかる力やひねり《トルク》が強くなる〔ちょっとした変化でも、ぶれが大きく、そのぶん不安定ということ〕」

ロボットをどう定義するかにもよるが、人間とロボットの関係は何百年、ことによると何千年も前にさかのぼる。レオナルド・ダ・ヴィンチは一五世紀に装甲騎士の設計図を描いた（NASAのロボット工学者マーク・ロスハイムは二〇〇二年、その組立てに成功した）。しかし実際には、その当時から今までの何世紀もの間、その仕組みには今のロボットに与えられる過大な地位に引き上げられるほどのことはほとんどなかった。ハードウェアはあったが、ソフトウェアは二〇世紀の半導体時代になるまで現れなかったのだ。

その昔から、人間の想像力は利用できる技術のはるか先へ行っていた。一七世紀には、フランスの哲学者ルネ・デカルトが、人間を「心と体」と定義しなおし、身体の動きを機械になぞらえた――ただ非常に複雑なだけだと。逆に、それは機械でも生命のような、さらに人間のような質をまとう可能性があるということだった。これは一八世紀の「機械人形《オートマトン》」の舞台を用意した。抜け目のない発明家が、王族、聖職者、貴族の娯楽用に製造したものだった。ジャック・ド・ヴォーカンソンのような技術者がデカルトのアイデアを取り入れたらしい。一七三七年、「笛吹き人形」を作ったのが、初の完全に生物をまねた機械的オートマトンと考えられている。笛を吹く息としてふいごを使い、人形の指にはタッチを柔らかくするために皮を使うことまでしたと伝えられる（何の、あるいは誰の皮かは私にはわからなかった）。後にヴォーカンソンは「消化するアヒル」を作った。これは餌を食べ、消化し、排泄するように見える機械のアヒルだ。

しかし人間型のオートマトンはたいてい台に固定されていた。自ら動いたり環境とやりとりする必要はなかった。それはつまり、オートマトンを製造する側は、オートマトンの空間での姿勢を、あらかじめ計算された正確な動きによって制御できたことを意味した。一九世紀、二〇世紀の産業用機械、とくに溶接・塗装用のロボットが一九六〇年代頃から工場で用いられるようになったが、これも同じパターンを踏襲していた。

「その課題のために、力が乱れても正確な姿勢を維持することが最優先で、課題を達成するためにどれだけの力が必要かはどうでもよかった」とプラットは書いている。

姿勢を制御し、ものすごく硬い部品を使うことによって、こうしたロボットは一〇〇〇分の一インチ未満という精度で金属の加工処理ができたとも指摘する。

技術者が「高インピーダンス・ロボット」と呼ぶようなことを伴うこの歴史によって、「今日の歩行ロボット設計者はほとんどが（とくに産業界では）、高インピーダンスの機構と制御の歴史に根ざしたところで育っている」とプラットは書く。

問題はこういうことだ。姿勢制御機構は環境が変化しないかのように、また動きに不確定な部分がないかのように動作するので、それにはロボットにとって根本的な制約がある。現実世界では、そんな条件は成り立たない。ロボットと握手しようとしてみよう。ロボットは、相手がどんな手でも、その大きさや形や握力とは無関係に、あらかじめ決められている一つの姿勢をとり、違いを知らずに何本もの指を折ってしまうことが請け合える。予測ができない環境とやりとりしながら動きを処理するには、しかじかの対象にどれだけの力を及ぼしているかに基づいて動かした方がよい。

これこそ生物のシステム――人間の手足など――の実際の動き方だ。たとえば自在扉を押して開けようとするなら、まず手を伸ばして扉に触れ、接触したことがわかるほどの圧力を感じたら、扉を押す。まず扉を感じることなく押そうとすれば、意図せずに扉にぶつけてしまう（手を傷めるかもしれない）。

人間などの動物は世界を軽々と動き回る――歩き、走り、ジャンプし、（たいていは）踵や膝を傷めることはない。一歩ごとに姿勢を完璧に計算しようとする脚のあるロボットは、私たちに追いつけとせっつかれることになる――あるいは計算間違いをして、関節を外してしまう危険もある。

現実の脊椎動物は、歯車とモーターではなく、柔軟な筋肉を使って動き回る。その筋肉は硬い骨格に腱でつながっている。腱は筋肉より硬いがまだ軟らかい。要するにこうした柔軟な構成要素が誤差を見込み、体が衝撃力を蓄えたり分散させたりできるようにしている。加えて筋肉はただのモーターではない――センサーでもあり、運動から常にリアルタイムでフィードバックを得ている。

多くの技術者がロボットの外肢に表面的に軟らかい部品を加えて硬い先端を軟らかいプラスチックでカバーしようとしている。しかしプラットの直列伸縮性アクチュエーターは、自然の特性に着想を得ている。求めたのは力を効果的に制御する仕組みを作ることだったが、そのようなモーターは高価で複雑になることが多い。プラットはこれを、腱のアイデアを借りることで解決した。モーター機構のギアボックスのすぐ後ろにばねを入れたのだ。この新機軸は、ある程度の柔軟性を見込め、次の段階を完全に計算するという重荷からソフトウェアを解放した。さらに良いことに、ばねは力のセンサーとしても動作できる――つまり、筋肉が自然に行なっているように、二重の目的に使えるのだ。

ロボットの「筋肉」には多くのタイプがある。プラットの直列伸縮性アクチュエーターがその最初というのでもなかった。しかしプラットの発明は、柔軟で力を感じる関節を実際に使えるようにし、脚がついたロボットのブームを促進した。

それでも、固さと柔軟性の適切なバランスを得るために素材を適切に混ぜたものを利用するとなると、歩行ロボットのハードウェアはまだまだ先が長い。

さらにソフトウェアのこともある。人間は片足で立つとき、バランスをとるために圧力を感じているだけではない。人間は眼や耳を使って、無意識の計算を行なっている。こんな単純な運動をしてみよう。草が生えた、土が盛り上がったところかどこかに片足で立つ。大丈夫？　今度は眼をつぶる。私と同じような人なら、すぐにぐらぐらし始めるだろう。つまり、自分では知らないうちに、眼が周囲の様子を調べ、直立を保つには筋肉をどれだけ緊張させなければならないかを脳が測定していたということだ。

ロボットの関節をどれほどしなやかにしようと、ソフトウェアでカメラなどのセンサーからのフィードバックを用いて一定の複雑な計算をしなければならない。そのソフトウェアはどんどん向上しているが、DARPAのコンテストが明らかにしたように、まだまだなすべきことがたくさん残っている。

観客席から歩いて五分ほどのところ、洞穴のようなガレージが忙しい作業場になっていて、フォークリフトがうなりを上げていくつもの梱包を運び、大学院生が三人がけのソファを設置し、巨大なコンピュータ画面を準備している。二四チームのそれぞれが専用のスペースを得て、そこからロボットを操作する。

コースの現物はそこからは見えない。これは現実の状況でロボットを使う実際の救助員と同じ感じになる――すべてはコンピュータ画面を通じて解釈される。

ロボットが荷ほどきされ、組み立てられ、調整される。カーネギーメロン大学は、CHIMP《チンプ》という名の、赤い、二〇〇キロもあるロボットを立たせ、検査の仕上げをしようとしていて、私に下がれと警告した。脚の一方が突然引きつりでもしたら、このロボットはばたんきゅうだろう（ついでながら、それがさらに生物に着想を得たロボットを創ることの論拠の一つだ。それはもっと軟らかく、しなやかになり、助ける相手とされる人間を傷つける可能性が低くなる）。

チームの技術部門を率いるエリック・メイホーファーは言う。「ものすごく練習してロボット全体に積もった埃が見えるでしょう――傷やこすった痕やぶつかった痕です。チンプは週に一〇〇時間動いてきました」

ロボシミアンと同じく、チンプも長い腕で障害物の上を這ったり手として使ったりするなど、類人猿のような特徴がある。別のチームの技術者が通りがかって、恥ずかしそうに、写真を撮っていいかと尋ねた。「もちろんいいですよ」とメイホーファーは言う。

このばかでかいガレージには、お互いに対する敬意が大いにある。DARPAのコンテストは、世界中の一流エンジニアを一つ屋根の下に集めており、参加者は一位、二位、三位になることだけでなく、互いのロボットと自撮り写真を撮ることにも関心があるように見える。

多くのチームが追加のコンクリートブロック、車のハンドルのようなバルブ、仕切り用の壁などを引っぱり出している。まだコースを見せてもらえていないので、練習用に一部を作ろうとしているのだ。JP

Lのブースはそうではない。ケネディは肩をすくめ、サンペレグリノのソーダをすすっている。ロボシミアンは静かに背後に立ったままだ。

ＭＩＴの学生が何人か、かつて自分たちのところにいたシシル・カルマンチに挨拶しようとやって来て、ＡＴＬＡＳロボット――ＭＩＴの参加ロボット――がドラゴンに乗っている模様がプリントされたＴシャツを手渡した。

カルマンチは笑って、「あいつら、僕にＪＰＬの帽子をかぶってこいつを着ろなどと言うんだ。お前らに勝ったら着るよと言ってやった」と言った。

「参加者のみなさん……ロボットを起動してください」と、プラットが言い、観客席の群集の喚声を呼んだ。

最初の四台のロボットが車に乗って待機している。終了まで一時間が与えられていて、約三〇分の休憩の後、次の四台が登場する。二四台のロボットが参加しているので、六回繰り返されると一日仕事だ。競技は二日行なわれるので、各チームとも二回のチャンスがあり、高い方をスコアにできる。初日の結果で二日目の出番が早いか遅いかが決まる。

ロボットの時間との「レース」を二日も見るのは実にスリリングでもあるし、実に退屈でもある。何台かが運転コースのオレンジのバリケードを爆走し、観客の声援を呼ぶが、扉をくぐったとたん、主催者側がロボットの通信回路を絞る。多くのロボットが、何分かが無限の長さと思われるほどバルブの正面に立ちつくしている。回すべきか、回さずにおくべきか。

近くの作業場にいるエンジニアにとってはどう見えるかを想像しようとした。エンジニアはコースが見えず、競技場で起きていることをロボットから微かに届くデータとつなぎ合わせなければならない。胃がきりきりとすることにちがいない。誰かが掌で覆っている針の穴から状況を把握しようとしているようなものだ。ほんのときどき、その掌が外される。すると、その手がまた覆って闇になるまでのわずかな、視野の狭い眺めに基づいて、次に打つ手を考える。そういうときには、ロボットの半自動ソフトウェアが実に輝かしく見える。

観客席の方では、ときおり起きるドラマチックな崩壊で退屈が区切られる。その日の先頭を切ったロボットの一つは本番のコースに出る前に倒れた。派手に転んで実際に「出血」を始め、何かの液体を噴出した。あるロボットは激しく倒れたために頭がもげた。

そうしたことすべてにどぎつい魅力があるのだが、ある意味で、競技は大会の氷山の一角にすぎない。スタジアムの外のフェアプレックスの敷地では、いろいろな分野の科学者や工学者が七五か所のブースを構えて、自分たちが作ったものを展示している――小型のかわいらしい脚のロボット、外骨格スーツ、未来の宇宙ロボットなどだ。泳ぐロボット用の水槽（ロボットがそこにいたとしてもどう見ればいいのかわからないのだが）や、飛ぶロボットのための鳥舎のようなものもあって、大きなネットで覆われたテントのまわりに人々が集まっている。ボストン・ダイナミクス社という、MITなど何チームかが使用しているATLASロボットを製造した会社は、動物型の脚つきロボットを展示している。ファンのお気に入り、「ぶち《スポット》」という名の四脚ロボット・チーターもいる。

このロボット動物園の多くの「種」は災害現場で人間の救助員を補助するために使われるのかもしれな

いし、宇宙に送られることさえあるかもしれない。災害ロボットが宇宙で有効に使えるとは思われないかもしれない。しかし地球の瓦礫の山を越えて進めるロボットなら、火星の岩だらけの地形を上れるかもしれない。この技能は驚くほど技術移転できるのだ。

それは新しい考え方ではない。一九九八年のジェット推進研究所で行なわれた、当時は「生物形態《バイオモーフィック》ロボット」と呼ばれていたものについてのNASAの研究会がきっかけで、一九九〇年代末から二〇〇〇年代初めに次々と論文が現れ、私はそうした論文でこの構想に初めて出会った。私はこのアイデアが何もないところからひょっこり生まれたとは思っていない。研究会は、NASAが、遠い惑星の過酷な地形を脚つき探査機がどれほど調べられるかを理解するためもあって脚つきのロボットを活火山に送ってから（一九九二年のダンテ、一九九四年のダンテⅡ）ほんの数年後に行なわれている。

その後出てきた科学者と工学者による論文群では、這い、泳ぎ、飛び、一体となってデータを集めるロボットの「生態系」が提案された。そこで言われている小型の、もっと敏捷《びんしょう》な機械は、火星に送られていた（他の惑星に送られる可能性もある）、重い、高価な、ハイテクの車輪型ローバーに取って代わることはないだろう。むしろローバーを補完し、ローバーには行きにくい領域を、低リスク、低コストで調べるということになる。

JPLの研究者は、ある報告書で、イラストも示している。切り立った崖のそばにローバーあるいは着陸船が止まっていて、飛行ロボットの群れが大気圏の測定値を集め、画像を撮り、芋虫型ロボットが遠くの入りにくそうなところを調べている絵だ。そのような飛行ロボットはハチドリやミツバチ、舞い上がる猛禽類《もうきん》、さらには翼のような形をして風に運んでもらう種子をヒントにしたのかもしれない。地表のロボットはアリ、ヘビ、ムカデに倣ったのかもしれない。水中や地下のロボットはクラゲやミミズのように、あるいは発芽する種子——小さくても力強く土や岩をかき分けて地表に出る——のように見えるだろう。群れで行動する小型ロボットは、超個体《スーパーオーガニズム》（ハチやアリの群れのことがこう呼ばれることが多い）の自然での行動を定める生物学的アルゴリズムをプログラムできるようになれば、そうした動物のような知能をもって動けるかもしれない。NASAの研究者は、重さわずか七五グラムのグライダー三二機の群れがあれば、よその惑星の一万平方キロ〔岐阜県ほどの面積〕をカバーできると推定していて、この計画をふさわしくもBEES《ビーズ》——*Bioinspired Engineering of Exploration System*〔生物に着想を得た探査技術システム、BEESは単語としては「ミツバチ」の意〕——と呼んだ。

BEESの研究者は、人工的な機構の手を逃れているように見える、非常に基本的で重大な機能を生物がやすやすと行なえるようにしている自然の原理を突き止めることを目指した。

サリータ・タコールらはある論文に書いている。「意図しているのは、特定の生物に見られる操作的機構を模倣することだけではなく、多様な生物から、望まれる『枢要な機能』のための適切な原理を吸収することである。それによってわれわれは探査機システムを、個々の機能については自然による検査済みの最高の仕組みと組み合わせて、求める能力が自然以上になったシステムとして構築できる。その進め方は、重要な機能、たとえば飛行、あるいは飛行から選ばれた何らかの側面を取り出し、様々な飛行する生物種に見られる具体的な属性の原理と組み合わせて、一つの人工的な存在にした探査機を開発するということになる。これにより、生物学を超えて、未知の事態に遭遇して探査するときに必要な、先例のない能力や適応力を達成できるだろう」

そのような飛行する（そして群れをなす）ロボットは科学のさなぎからまだ完全に羽化してはいない。そのスケールでの飛行の力学を理解し、ロボットが協同して作業できるような行動をプログラムするという両方の面で、片づけなければならない難所はまだ多い。

ロボット鳥舎から会場へ戻っていると、誰かが私の名を呼んだ。人々が集まっているあたりに向かって振り返ると、カーネギーメロン大学のロボット工学者、ハウィー・チョセットがいて、私はそちらへ歩み寄って挨拶をした。チョセットの顔は（賢明にも）日焼け止めだらけだった。明らかに一日中、日向にいて、まだすぐには離れられないのだ。チョセットの前には何人かの消防士や救急隊員が、コンクリートブロックなどの瓦礫だらけの小さなフィールドの中や周囲に立っている。何台かのロボットが区画を歩き回っている。ある消防士が小さなローバーをつかんで競技場の向こうへ放り投げる。それはバウンドし、着地したところで易々と姿勢を立て直す。外骨格スーツとおぼしきものの実演をする人もいる。重い物体を軽々と持ち上げられるようにするものらしい。こうした装置はそれぞれ現場の救助員が作業を安全に効果的に行なう助けになりそうだ。子どもも大人もいろいろなローバーを見ては、「おー」とか「あー」とか言っている。

しかし群集のお気に入りはヘビ形ロボット――チョセットが混雑する舞台に加えたもの――だったかもしれない。それが群集の一人の脚を昇り始めた。

ヘビ形ロボットが他のローバーと立ち交じって何をするのかと思われるかもしれない。ローバーは黒っぽい色とキャタピラのような車輪で、小型の戦車のように見える。脚と車輪が最優秀を競うようなコンテストでは、ヘビ形はどちらにも負ける。しかしチョセットのヘビ形ロボットや他の類似のロボットには独自の芸がある。

チョセットは子どもの頃、多くの子どものように、ものを動かすのが大好きだった。中でも、自動車や列車のような車輪のついたものがお気に入りだった。長じてからも、動きには魅了されっぱなしだ。「高速道路のインターチェンジは美しいですね。105号線と110号線が交差するところなんて、もううっとりしますよ」とチョセットは言う。

ペンシルヴェニア大学で経営学と計算機科学を勉強した後、本格的に車輪式ロボットの研究をしようとカリフォルニア工科大学（カルテク）に来た。しかしそのときの指導教授、ジョエル・バーディックは、当時の学生グレゴリー・チリキヤンとヘビ形ロボットを作っていて、チョセットはすぐにそれにはまった。

一九九六年からは、カーネギーメロン大学でヘビ形ロボットの研究をしていて、設計を少しずつ改良している。研究室の壁はヘビ形ロボットで埋め尽くされ、ロボットヘビの殿堂という感じで、この二〇年のロボットヘビの「進化」を展示している。チョセットは、這い、棒を上り、心臓手術さえ行なうヘビを作っている。テキサスA&M大学教授のロビン・マーフィと出会った今は、捜索と救助の可能性にとくに関心を抱いている。ロボットを連れて、マーフィの大学にある五二エーカー〔約二〇ヘクタール〕の訓練施設、災害都市《ディザスター・シティ》へ行った。そこはひっくり返った列車、瓦礫の山、火災現場まであり、レスキュー隊員やエンジニアらが利用して、様々な想定の災害――地震、火災、さらには核汚染された医療施設（患者を演じる役者つき）――への対応を練習する。ディザスター・シティで、チョセットは自作のヘビを人間の体や腕では探れない穴や凹み、あるいは建物が倒壊する恐れがあるところに送り込む。毎度ロボットは期待どおりには動かない。

「さあ行くぞと思っても、ロボットは思ったようには動かなくて、がっかりします。帰って、問題点を修正して、また来て、問題点を克服して、また新しい問題点が見つかってまたがっかりして……というのを何度も繰り返します」とチョセットは言った。

しかしチョセットのヘビはあげくの果てに大きな障害にぶつかった。ボストン大学の考古学者、キャスリン・バードと組んで、二〇一一年、エジプトの遺跡を調査したときのことだった。バードは船の骨組みが埋まっている秘密の洞窟を探そうとしていた。古代エジプト人は紅海を船で渡り、プントという古代都市へ行き、そこで交易をして北のエジプトに船で戻っていた。しかし上陸すると、船を砂漠に引き上げるのではなく、船を解体して、それを人工の洞穴に隠し、次に旅に出るときには隠し場所に戻ってきて、再び組み立てて海に出るのだった。

チョセットは自分のロボットが、人には入り込めない凹みにも潜り込んで、バードの助けになれるかどうかを調べたいと思った。しかしロボットに砂地の斜面を踏破させようとするたびに、異常があって失敗し、どこへも行けなかった。

チョセットは、「悲しかったですね。ロボットにはいい仕事をしてほしいんですが。私たちは考古学の大発見をすることを願っていましたが、そうはなりませんでした」と言う。

しかしチョセットのヘビ形ロボットは、当時エジプト考古最高評議会の事務局長で、エジプトのインディ・ジョーンズを自称して、ときどきインディ・ジョーンズがかぶっていた皮の帽子のようなフェドラ帽をかぶってさえいたザヒ・ハワスの目は引いた（もしかすると話は逆なのかもしれない。ジョージ・ルーカスは、あの人気のがむしゃらな人物を造形する前、ハワスに相談したと伝えられる）。

ヘビの能力を実演しながら、チョセットはロボットにハワスの脚をよじのぼらせた。チョセットが私に伝えたところでは、大仰なことで知られるハワスは、悲鳴を上げてロボットを蹴飛ばし、カメラマンを呼んで写真を撮らせたという。

落ち着いてから、ハワスはこのロボットの大ファンになったらしい。バードとチョセットをギザのネクロポリスにある、大ピラミッドとスフィンクスをつなぐ大路へ送り、オシリス洞穴群と呼ばれるところを調べさせた。現地へ着く頃には日没まであと何時間もなかったが、チョセットのロボットは洞穴に約一五メートルも入り込んだ。当時、他の誰もそこまでは行ったことがなかった――しかしおそらく端までは遠く及ばないだろう。いずれにせよ、この出張は全体として、翌年またやって来て試そうという期待を残した。結局それはできなかった。二人が帰国してまもなく、タハリール広場でエジプト革命が勃発したのだ。

それでもチョセットはこの経験から貴重な教訓を得た。そのときまで実は、チョセットは、そのロボットのプログラムを組んで製作するために、生物としてのヘビの動き方を調べたことがなかったのだ。しかしロボットがエジプトの砂丘を進むのに苦労しているのを見て、戦術を変えなければならないのかもしれないと認めた。

「直観と工夫で行けるところはそこまででした」とチョセットは言う。

一年か二年後、チョセットはジョージア工科大学のダン・ゴールドマンという物理学者の、砂漠の魚《サンドフィッシュ》と呼ばれるすばしこいトカゲの研究について知った後、その本人と会った。このトカゲはサハラ砂漠に棲んでいて、砂丘を軽々と渡って行ける。ゴールドマンは物理学者だが、この動物の動き方を調べ、そのヘビのような動きをまねるロボットを作ってさえいた。ただこのロボットは、野外に展開することを意図した試作機というのではなかった。ゴールドマンにとっては、動物本体の生物物理学的仕組みが理解できるようにするための、科学的ツールだった――そうしてロボットを改良しながら、徐々にその動きを支配する基本的な物理学の法則に迫り、それを数学的な言葉で定義することができるのではないか。ゴールドマンはテラメカニクス（車両が粒々の面とどう相互作用するかの研究）をやっているように見えるかもしれないが、そちらの古典的な法則は、実は車輪あるいはキャタピラがついた車両を想定したものだった。ゴールドマンらは自分たちの研究を、流体力学《フルードダイナミクス》や空気力学《エアロダイナミクス》になぞらえて、土砂力学《テラダイナミクス》としている。

砂は流体力学でも固体力学でもうまく定義されない。個々の砂粒は固体だが、全体として見ると流れることができて、そのために車輪では走行しにくい。このような環境では、脚の先端が適切な足の形になっていなかったら、新雪が積もったところを雪靴なしに進もうとした人なら知っているように、脚を使ったところで生じる重大な問題点がいくつかある。

ゴールドマンはトカゲとは少々わけありだ。子どもの頃、ハーペトロジスト（爬虫《はちゅう》類と両棲《りょうせい》類を研究する学者）になると心に決めたが、その後数学に転じ、大学院では少々紆余《うよ》曲折を経て物理学で博士号を取った。しかしポスドク研究のときにはカリフォルニア大学バークレー校のロバート・フルの研究室にいた。フルによる多足《ポリペダル》研究室は、二〇年以上前から、脚による運動の物理学を理解する研究を切り拓いている。ゴールドマンの粉粒体物理学を研究するという選択はうってつけだった。しかるべき環境では、ロボットだけが成果を出せるからだ。アザラシは泳ぎはうまいかもしれないが短距離走はぼろぼろだし、人間はオリンピック選手でもイルカに比べると泳ぎには無理がある。進化論的にも工学的にも、環境を理解することは重要だ。その環境の物理的特徴が、できること、できないこと、どんな物理的形態がうまく機能するかを定めるからだ。私たちは固体表面を移動できるロボットや流体中を泳いだり飛んだりするロボットは得ているが、砂や小石など、粒状の環境を効果的に渡れるロボットの作り方は、本当にはわかっていない――火星探査車のスピリットが不意にだめになったことで明らかになったように。

ゴールドマンは「粒状の物質について基本的な物理学的方程式はありませんでした。そう言うと意外に思われるでしょう。私たちは水もわかるし空気もわかるのに、砂はまだよくわかっていません――とくに砂地の斜面は」と解説する。

砂の環境ときわだって良い関係を結んでいるように見える動物がいて、それは砂地を渡るのに脚も使わない。それがアメリカ南西部の砂漠にいるガラガラヘビで、もし脚があったら、ベリーダンサーがムーンウォークをするような感じの動きになるだろう。くねくねとした、ありえないように思える動きだ。このヘビの動きはそれが進む方向に合っていない――マイケル・ジャクソンが初めて、あの前に歩いているように見えて実際には後退している動きを見せたときのような、見ると首をかしげたくなる現象だ。「こうした動物を調べて、ガラガラヘビの動きをあまりに長いこと見ていたら頭がおかしくなる」と言う野外生物学者もいますよとゴールドマンは言い、その動きを「あんな妙な動き方」と呼ぶ。

ゴールドマンはチョセットと連絡をとった頃に、ガラガラヘビの歩行様式に関心を抱くようになっていた。チョセットはこのヘビの奇妙な歩行様式をロボットに組み込もうとしていて、世界最高のヘビ形ロボットを得ていたと言える。二人の技能の組合せは見事に相補的だった。チョセットは野外用ロボットの製造が専門だ。他方、ゴールドマンの才能は物理学者としての商売道具の一つで、現実世界を観察してそれを簡潔な運動の法則に純化する能力だった。「あちらはとくに仕組みと実際の構造が粉粒環境でどう相互作用するかの理解が得意です。……ゴールドマンがこちらのすることを見て、それを自分の領分に引き戻す様子には、ただただ感心しています」とチョセットは言った。

二人の目的は共通だが、ヘビを研究してロボットを作りたいと思う理由はずいぶん異なる。チョセットはロボットを連れて国内各地や世界を回り、人命救助活動でも考古学的発掘でも、それが実際にどう役立つかを見てきた。ゴールドマンの方は、ロボットを生物学の背後にある物理の理解を進めるためのモデルとして使おうとする。

ヘビの進み方を理解したいと思えば、動かせそうないろいろな方法をすべてテストして、それからどれが最速かとか、効果的かとか、エネルギー効率が良いかとかを確かめなければならない。残念ながら、実際の生きたヘビは振付に合わせてくれるわけではない。そこでロボットがモデルとなる。これによって科学者は、作用している複雑な力学を理解できる。また、ゴールドマンが「モデル」という言葉を使うときには、玩具の車のことを言っているのではない。考えているのは数学だ。ロボットはこうした動物の行動を定義する数式の物理的な表れなのだ。科学者はその定数に手を加え、別の値を入れて、最終的にヘビの実際を記述するモデルに達する。

科学者はたいてい、ガラス玉やケシの種子のような、知られている環境を使ってロボットや動物を検査するが、ガラガラヘビの動きを定める砂の特性には特別なものがあるわけではないことも確かめたい。そこで第一著者にして大学院生のハミドレザ・マルヴィらは、アリゾナ州のユマ砂漠へ出かけた。そこで*Crotalus cerastes*〔ヨコバイガラガラヘビ〕というガラガラヘビを見つけ、一〇〇キログラム近い砂を掘って集め、トラックでアメリカを横断してジョージア州まで運んだ。

第3章 脚の再発明

小さな飼育小屋を作っておいたアトランタ動物園に砂を持ち込むと、同園の爬虫両棲類学研究を率いるジョー・メンデルソンがテスト用のガラガラヘビなどのヘビを連れて来る。ゴールドマンは「流体化床」と呼ぶものを考案していた――砂を揺すって動けるようにして、砂に流体のような特性を与え、実験で用いられたヘビが残した跡をなくすことができるようにするための（これはヘビの歩行テストをする直前に行なわれ、実験中は、床は動かさない）空気穴として用いられる、穴だらけの台だった。チームがこの小さな実験室を動物園に設けなければならなかったのは、使用するヘビの多くが毒ヘビなので、ジョージア工科大学の構内では認めてもらえなかったからだ。

ガラガラヘビを検査してみると、ゴールドマンの言う「美しい」パターンが見つかった。ヘビは砂地の斜面を登るときには滑っていなかった。その歩行様式は傾斜が二五度あっても、ゼロ度のときと同じように見えたし、砂ではなく固い地面でもほぼ同じだった。

ガラガラヘビのような歩行をしないヘビの動きを見れば、ヘビが地面に平行に動くときに生じるように見える、うねる波に気づくだろう。ガラガラヘビの場合は、二つのうねりの波を処理していた――一つは横方向（地面に平行）のものと、もう一つは実は縦方向（地面に垂直）のものだ。この波動は同時に生じるが、完全に同調しているわけではない。縦方向の波は、横方向の波と四分の一周期分ずれていて、それがガラガラヘビの独特の歩行様式をもたらす。

ガラガラヘビは他のヘビとは違って体全体を地面に沿ってスライドさせることはない。各瞬間にはそれぞれに一定の部分だけが地面に当たっていて、ヘビはここを手がかりにして体の他の部分を前に押し出し、すると新たに前に進んだ部分が支点になって、体のうねる部分をまた前に押し出す。それがなぜなのかはまったくわからないが、これは私には歩くのに似ているように感じる。

「その通りですよ。ガラガラヘビの跛行《はこう》は脚なしで……この波の歩調を適切にとることによって歩く、興味深い方法です。人だってそうやって歩いているんですよ。だから実はまだあまり調べられていないきれいな相似のところがあって……それに向かって行くとおもしろいでしょう」とゴールドマンは言う。

しかしそこに何かがある。チョセットのロボットはすでに水平の波と垂直の波を組み込まれていた。ではなぜそのロボットは斜面を進んでいけなかったのだろう。

流体化した砂地に残されたパターンを分析すると、傾斜が増すとともに、ヘビは地面との接触部分の長さを増やしていた。一〇度の傾斜なら体の四〇パーセントは地面と接触している。三〇度なら、それが四五パーセントに増える。その背後にある原理はごく単純なことで、吹きだまりではスキーや雪靴ならものの用に立つが、ハイヒールでは使いものにならないのと同じ理由だ。「足跡」を広くすることによって、重さが分散され、ひっかからないで把握を維持することが容易になる――とくに傾斜が大きくなり、ちょっとした乱れでも砂が崩れやすくなれば。

チームは近い類縁にある他のマムシの類一三種も、砂地の傾きを急にして這わざるをえなくすれば、このガラガラヘビの戦略を採れるものもいるかもしれないと期待して、調べてみた（もちろん、動物園のジョー・メンデルソンの怠りのない監視下で）。しかし他のヘビは、じたばたとしてもがき、行き悩んだ。

ゴールドマンは言う。「ほとんどは下手くそで、その失敗ぶりも驚きでした。ロボットに基づく仮説でもあるのですが、こいつらは適切な神経機械的制御方式を持っていないということじゃないかと私たちは思っています――あの波を適切に広げるだけの比較的単純な話なんですが」

最後にゴールドマンは、「こちらのヘビは基本的に押したり持ち上げたりを調節する方法を知らないんですね」と言った。

こうしたヘビは、大雑把にはガラガラヘビと同じ「ハードウェア」は持っているのに、生物学的な「ソフトウェア」がないように見える。そこが興味深いところだ。生物に着想を得る技術の大半は、動物の形とそれが環境とどう相互作用するかに注目する。ゴールドマンとフーの研究は、個別でも共同でも、それまではそのように行なわれていた。しかしこの研究は、動物が動くためにどうプログラムされているか――この何千万年でソフトウェアがどう進化したか――を理解することこそが、未来のロボット設計にとっては重要だということを示した。ロボットのハードウェアだけでなく、ソフトウェアもバイオインスピレーションから恩恵を得られるのだ。

ガラガラヘビの行動を数式にして、それをヘビ形ロボットのソフトウェアに翻訳してしまうと、チョセットのロボットは「あっけないほど扱いやすくなりました」とゴールドマンは言った。チョセットが再びエジプトへ行けば、もうちょっと分があるかもしれない。

チョセットは共同研究のおかげで性能の上がったロボットが得られたが、ゴールドマンの方は、ロボットは決して関心の本体ではなかった。ゴールドマンは自然法則をもっと良く理解したかったのだし、ロボットはそこへ行くための手段だった。

ロボットは長い間、それ自体が目標と考えられていた。動物の生理学から学んだことは、それをもっと良くするための手段にすぎなかった。さて、その関係は両面的でもある。ロボットは、根底にどんな物理的原理が働いているかを明らかにすることによって、生物学の理解を高める手段にもなりうる。

もちろん、その生物学にもっと密着した理解を使って、さらに良いロボットができて、以下同様に進む。この好循環につけ込んで、ゴールドマンは少々大風呂敷を広げることになる。

ゴールドマンは言う。「本当にぶっとんだ哲学をお聞きになりたいのなら、私たちは生命を生み出そうとしています――生きているシステムをということですが。生きたシステムはいつか、ただの生物ではなくなるかもしれません」

デカルトならどう考えただろう。

ロバート・フルの研究室の棚の高いところにいくつか置かれている小さなフィギュアはまるで生きているように見える。目の突き出たカニで、爪は戦おうとするように振りかざされている。下の方の棚にはもっとアニメっぽいフィギュアがある。ピクサーのアニメ、『バグズ・ライフ』を見たことがあるなら誰でも、ああ、あれだと思うだろう――映画の主人公（フリックという名のアリ）とその敵役（ホッパーというそのまんまの名のバッタ《グラスホッパー》）だ。

私が、自然そのままの模型の中に、どうしてアニメのキャラクターがでんと立っているんですかと尋ねると、「ああ、私はあれの製作を手伝ったんですよ」とフルは言った。フルはバッタの顔の四〇時間分の顔の動画を撮影し、その顔を何度も見つめ、いろいろな顔の表情を思いついて、その中でも生き生きしたものをピクサーに送ったのだという。他の主なキャラクターのほとんどについても同じことをしたとも言った。「楽しかったですよ」と。

フルはカリフォルニア大学バークレー校の生物力学者《バイオメカニスト》で、ニューヨーク州立大学バッファロー校で生物学を専攻した。そのとき、運動のエネルギー・コストは脚の数に基づくとする、当時の確固とした定説を否定し、四年生のときの発見について論文を発表するという、学部生としてはめったにないことをした。それ以来ずっと、脚による運動を研究している。

「最初の論文が『サイエンス』に掲載されて、『楽勝』と思いましたよ」と、フルはくすくす笑いながら言った。フルが笑っていたのは楽勝だったことではなく、今や何十年もの経験を積んだ年季の入った研究者からすると、それがいかにおめでたいかということに対してだ。

フルがいちばん知られているのは、ヤモリが壁に貼りつく粘着作用の謎——あのしなやかな小さな爬虫類が、つるつるの壁でも、天井でも、ねばねばする接着剤の跡もなく、指がかかるようなところもないのにくっついていられるのはどういうことか——の解明に貢献したことかもしれない。二〇〇〇年、フルらは『ネイチャー』誌に、重力に逆らう把握力の秘密を明らかにする論文を発表した。畝《うね》が並んだようなヤモリの足の裏は、シータという小さな毛のような構造に覆われていて、そのシータから、スパチュラというさらに細かい毛が伸びる。一本のシータは長さ約一一〇マイクロメートルで、幅はわずか四・二マイクロメートル——それがヤモリの前足一つに一六〇万本以上ある。その細かい毛はすべて、足裏の面積を増やしており、ヤモリはそれによって、ファンデルワールス力という、ごく近いところでのみ作用する原子間の引力の現象を利用する。

この発見により、ヤモリの粘着作用関連の研究分野や、ヤモリテープやら、ビルをよじのぼるロボットやらの産業が生まれた。実は、JPLでのブレット・ケネディのチームは、ヤモリに着想を得た把握器を用いる、ゆっくりと壁をよじのぼるロボシミアンの親戚（実際にはLEMURの別形）の研究を行なっている。

いつか、そのようなロボットが宇宙船の外を這い回って修理を行ない、宇宙飛行士が船外活動をして自分で修理する危険を冒さなくてすむようになるかもしれない。

最近、フルは研究の的を、地味だが明らかに不死身の生物に向けている。ゴキブリだ。セロテープや画鋲やバイオインスピレーションによるデザインの新たな授業のためのビラが散らばったテーブルに、ゴキブリ型ロボットのＲＨｅｘ《レックス》がいる。フル以下のチームはレックスやその親戚をいろいろな場所に送り、地下鉄を通り抜けさせたり（都市環境を渡って行けて、緊急時にも使える可能性があることを示すため）、米議会議事堂の階段を下りさせたり（集まった議員にそのような科学や工学の価値を実証するため）した。

自作のロボットに潜在的な用途があるにもかかわらず、フルは自分はまずもって、あくまでも生物学者だと力説する。

「私は工学も兼務していますが、ロボットが目標だとは見ていません。私は自然を理解したいんです」とフルは言う。

確かに別の部屋に並んだ従順なゴキブリでいっぱいの飼育器や、高速度カメラが据えつけられた小型の舞台はそのことを証言している。ゴールドマンのヘビ形ロボットに関する研究と同様、フルの機械式ゴキブリは、走ったり、歩いたり、這ったりする動物に働いている力学を数学的に記述しようとすることから自然に出て来ることだ。

「その数理モデルの変数をどう操作すればいいかはなかなか決まりません。そこで環境と出会う物理的なモデルがあると役に立つんです」とフルは言った。フルは脚の固さ、つまりロボットの脚の動き方を変えることができ、その結果は、予測されたものでも意外なものでも、数理モデルにどう手を加えればいいかを教えてくれる。

進化の頂点というものがあるとしたら、そのてっぺんに乗るのはヒトではなく、ゴキブリだろう。ゴキブリの侵入を受けたことがある人なら誰でも、それを捕まえて殺すのがめちゃくちゃ難しいことを知っている。最近の研究では、この昆虫は、急速に進化して罠に仕掛けた甘い誘惑を避けるようになることが示されている。ゴキブリは水なしでも数週間生きられるし、限られた時間ながら、頭をなくしても生き延びる。核の災害（などの地球規模の破局）を生き延びられるものがあるとすれば、それはこのタフな小さな昆虫だろう。となると、ロボットのモデルとなる昆虫としてこれ以上のものがあろうか。

フルは、ゴキブリがでこぼこの地形でも安定を維持できる様子に昔から魅了されてきた。フルのチームは、ゴキブリに小さなジェット推進装置をくくりつけて弾丸のように撃ち出したり、板の上を走らせて、それから板をがたがた揺らしたりした。どちらの場合にも、ゴキブリはめざましい速さで足場を見つけた——実は早すぎて、信号が脳神経に伝わって戻ってくるという説明ができないほどだった。フルは、ゴキブリの多くの顕著な能力は、高速な反射行動《リフレクス》ではなく、チームの一員が名づけた「前反射《プリフレクス》」——ゴキブリの体を構成する物質そのものに組み込まれた行動——によることを発見した。

「神経的なフィードバックではなく、機械的なフィードバックと呼んでいます」とフルは言った。

生きたゴキブリを調べた後、チームは注意深くロボットの材料としての特性を調節した。同じ原理を、内臓を保護できるほど丈夫でありながら、驚くほど狭いところにも潜り込めるほど柔軟なゴキブリの外骨格の造りをデフォルメして、重なり合う板でできた外骨格を作ることにも応用した。

このCRAM《クラム》〔単語としては「すし詰め」といった意味〕と呼ばれる装甲ロボットは、脚を広げ、歩行様式をでこぼこの区域でも速さを維持できるように調節できる――本物のゴキブリが通常の胴体の高さの三分の一未満の四ミリという高さのトンネルに潜り込むのを、科学者が観察して学んだ仕掛だ。チームはゴキブリを「つぶす」力を測定する装置を用いたが、ゴキブリは体重の九〇〇倍の重さでぺちゃんこになっても、そこから何ごともなかったかのようにぴんと回復できることを知った（ゴキブリの状況を心配される方々のために言っておくと実験で実際にけがをしたゴキブリはいなかった。みな、測定の後、ふつうに飛んだり歩いたりした）。

ゴキブリは、もう這えないほど狭いスペースになると、科学者が胴体摩擦脚式匍匐《ほふく》と呼ぶ奇妙な進み方をする――ジョージア工科大学でダン・ゴールドマンが研究しているヘビのような動物が地面を動き回る様子とそんなに変わらない歩行様式だ（ついでながらゴールドマンは何年か前、フルのところでポスドク研究をしていた――そのため私は、ロボット工学界について、世界的な産学複合でありながら、ある意味驚くほど小さいと感じることになった）。

フルはこの種の研究が、柔らかいロボット工学の元になるような、動物についての科学者の考え方を変える助けになると期待する。芋虫やクラゲだけではないのだ。昆虫の外骨格をなすハイブリッドの素材は、それが硬い素子と柔らかい素子を継ぎ目なくまとめていることを考えると、ロボット工学者の必需品ということになるかもしれない。

私は好奇心から、その数か月前に開催されていたDARPAのコンテストについてどう思うかと尋ねてみた。フルはそのようなレスキューロボットが人間の形をしている必要があるという考え方に異を唱えた。「ロジックはある水準で成り立たなくなります」とフルは言った。何と言っても、壁を塗るのが人間だからといって、昆虫型ロボットには塗れないということにはならない。向こうは単純に違う塗り方をするだけだ。

　このコンテストについてフルは言った。「それではっきりしたのは、私たちが人間型ロボットを研究する準備が足りないということだと思います――私が助言するとしたらそういうことです。このコンテストは、ロボット工学がいかに難しいかを明らかにしたということですね」

第4章　飛んだり泳いだり――動物は流れとどうつきあうか

ジェフリー・スペディングの研究室は南カリフォルニア大学（USC）構内のオーリン工学棟内にある。私がそこへ行くとき通りがかった、同大の卒業生でNASAの宇宙飛行士、ニール・アームストロングの像からもほど近いところだ。室内の装飾は、航空工学教授の部屋としてはごくふつうに見える。木製の模型グライダーが、翼と胴体をきちんと分解されて、広い書類戸棚の端から端に置かれていた。机の向こうの壁には、流線形の偵察機の写真や、先生お気に入りの空気力学実験結果を示す線グラフを印刷したものが貼られていた。

しかし戦闘機の画像の隣には、似合わないものがいくつか掛かっていた。橈脚類《かいあし》〔ケンミジンコなどの類〕と呼ばれる、小さな半透明の海洋生物の写真、アニメみたいな眼をした長いひげのアザラシの写真、カモメの黒っぽい灰色の羽根が一枚だけ。

スペディングはUSCの航空宇宙・機械工学科の教授で学科長も務めているが、実は博士号は動物学で取り、ここにはその趣味が表れているのだ。スウェーデンの研究者と共同で、鳥やコウモリを風洞に入れてその空気力学を調べたこともある。二〇一〇年にロングビーチで行なわれたアメリカ物理学会の流体力学部門の学会で、私が初めてスペディングと出会ったときは学科長になりたての頃で、学科の力の入れどころとしてもっとバイオインスピレーションを導入する計画だと言う。

「まだ書かないでくださいよ。みんなが知っているわけではないので」と、当時は言っていた。警戒するのも無理はなかった。少なくとも二〇年、スペディングが「生体流体」と呼んだものを売りにして工科系大学院生を集めるのは、修了後に就職できるあてがないという不安から、難しかったのだ。

しかしその姿勢は着実に変わってきたともスペディングは言った。スペディングは、「私が将来性のあることをしているのをみんなに納得させるために」、こうした学会で生体流体力学の発表が行なわれた回数が従来型の乱流の発表数と比べて増加していることをグラフにしていた。

さらには、「風土ががらりと変わっています」、みんなだんだん、生物学と工学が重なるおもしろい問題が本当にあるんだということに気づいています」とも言った。

五年以上経った今、その関心は公のものになっている。私がアザラシについて尋ねると、それが自分の研究とどう関係するかについて、熱を込めて説明してくれた。水中での動きも調べているし、もスペディングは物が空気中をどう動くかを調べているだけではない。魚が泳いだところでその魚がいた物理的証拠っと重要な関心は、それが後に残す航跡に向けられている。何と言っても、固体表面に指紋や足跡のようなものが残せるようには残さないと思われるかもしれない。しかしそうではない。魚（でも何でも）が水中を動くと、実際には複雑な航跡を生み出す。つは見えない。

まり大小の渦で、それはたぶん人が思うよりもはるかに長持ちする。

スペディングらはこの現象を実証するために簡単な実演を行なった。まぎらわしい乱流のない「完全」海洋中で球を動かすと、そのことを物語るパターンが一〇日も残ることがあることがわかった。もちろん、実際の海は完全ではないが、ごちゃごちゃ、どろどろした水の中でも、十分大きな物体が動けば、できる航跡は丸一日は残るのではないかとスペディングは推測している。

たとえば米海軍はこの種の研究に注目する。何と言っても潜水艦が水中をそっと動いても、それがどこにいるとか、どこにいたとかが、水面を進む船と同じようにわかってしまうなら、潜水艦の価値とは何かということになる。反面、他国の潜水艦を追跡できればこれまたきわめて有益だろう。

スペディングによれば、その研究には、会ったこともないような人も含めて、いろんな人々が関心を向けているようだという。

スペディングは笑いながら言った。「肩をぽんと叩いて、『他の形はどうですか?』と言うんです。その他の形とやらがどんなものかははっきり言わないんですが。それで私たちが他の形というのをやってみて、ワシントンDCで説明しましたよ。その説明会には私が見たこともないような変な人たちが何人か来ました。後ろの方にいて、途中で出て行って、それからまた、私が発表会から帰るところを階段で待ち受けているんです。ちょっとドラマみたいな話ですが、大したことではありません。私が会が終わって出て行くところを階段で見つけたという感じでした。それで言うんです。『先生の説明会には実におもしろいところがありましたよ。どことは申せませんが、そこはほんとにおもしろかった』って」

スペディングが知りたければ先方がどこに関心を抱いたか教えてもらえたのだが、そのようなことを知るには対価が必要で、本人はそれを払う気にはなれなかった。
「私は二度ほど、機密情報取扱い許可《セキュリティ・クリアランス》を取らないかと尋ねられ断ったことがあります。断れば誰も機密は教えてくれませんから、私は考えたいことを考えて、言いたいことが言えるんですよ」とスペディングは言う。「そのほうがずっと便利ですよ。私はただやってみるだけで、正解かもしれないしそうではないかもしれませんが、私が何かをする理由は、やはりその問題がおもしろいからとか難しいからということで……断ればいちいち気にする必要がなくなりますからね。向こうがそういうことを気にするのは勝手ですが」

何らかの泳ぐ物体を追跡することの可能性は、ただ理論上だけのものではない。動物はいつもそれをしているらしい。研究室の壁に写真が貼ってあるゴマフアザラシを取り上げよう。その澄んだ眼とありえないほど長いひげはただの見栄えでそうなっているのではない。

スペディングは言う。「濁った水で暮らしているからこんなかわいい、巨大な眼になっているんですよ。でもときどき、目が利かなくなるほど濁っていることがあって、だからこんなすごいひげがあるんです」『サイエンス』誌で発表された一連の実験がある。研究者がアザラシを訓練して、プールで玩具の潜水艦を追いかけさせ、見つけられたらご褒美の魚を与えるという実験だ。チームはアザラシの頭に銀行強盗のようなストッキングをかぶせて目が見えないようにしたが、孔を開けてひげは突き出せるようにしておいた。耳にはヘッドフォンをつけて音も遮断し、そうして小さな潜水艦にプールをばちゃばちゃさせる。そのうち潜水艦は止まってしまう。そこでヘッドフォンを取り、目は見えないままにしてアザラシに探させた。ほとんどの場合、アザラシはすぐに潜水艦を見つける――まっすぐそこへ向かうのではなく、それがプールの中で進んだ経路をたどるのだ。見えない航跡をたどるように。

その敏感なひげは、泳ぐ物体の残す渦のパターンを、人間の技術ではまだできないような手段でたどれるのではないかとスペディングは考える。それは筋が通るとスペディングは言った——記録には目の見えないアザラシが野生で生きている例があり、それはそうしたアザラシにも、生き延びられるぶんの餌を追って捕らえる能力があるということだ（この説は他にも細かいところで補強されている。ストッキングでひげも覆うと、アザラシはまったく途方にくれるのだ）。

「アザラシは人間はおかしいと思ってるんでしょうね」と、私は我慢できずに口をはさんでしまった。

「そうですね。そのとおりです」とスペディングは言う。

アザラシだけがこの現象を利用する動物というわけではない。スペディングの鳥の飛行に関するスウェーデン人共同研究者の一人は、スザンヌ・オケソンという、ウミガメの回遊を研究する科学者と結婚している。アオウミガメが生まれるところは数が少ない——その一つがアセンション島〔英領〕という、大西洋の中央にある小さな岩の島だ。そこの砂浜で孵ると、飢えた鳥や荒波が待ち受ける浜を苦労してくぐり抜けたアオウミガメは、遠いところまで泳いで行く——たいていは南米大陸東岸のどこかだ。すごいのは、雌は成熟して産卵できるようになると、また困難な旅をして、自分が生まれたあの小さな島に過《あやま》たず戻るということだ。どこにいようとそれができる。どうしてそんなことが可能なのだろう。スペディングは当の島が作る航跡のようなものと関係しているのかもしれないと推測している。風や動物の動きなどの乱れの影響を比較的受けないほど深いところにある、海の変温層に、島はそれとわかる痕跡を残しているのではないかと。アオウミガメはあたりまえに深海へのダイブを行なって（これはスペディングが見せてくれたグラフでは鋭いV字形をなしていた)、大海の中の小さな島が描き出したこのかぼそい道筋を見つけてたどれるのではないかという。

私が流体力学の学会で初めてスペディングに会ったときは、その学会はまあ退屈なんだろうなと思っていた。すぐにそれは間違っていたことがわかった。木星の大気の動きに関する発表があったかと思うと、お茶に注いだミルクのふるまいに関するものがあったりする中、飛ぶのでも泳ぐのでも、生物が流体の世界をどうくぐり抜けるかに関する問題を研究する多くの学者に私は会った。その中のある発表は、アリが自分たちで流体のようにふるまう様子を分析してさえいた——まるでアリの群れが濃い、ねばねばの液体の一部になったかのように、ガラスの壁をよじのぼることができるのだ。

この学会に出かけるときまで、私は鳥と魚のしていることは基本的に同じ、つまり流体の環境をくぐり抜けることだということに気づかなかった。研究者と話しているとすぐに、動物(や、翼の形をした種子が何キロも飛ぶことができる植物)は、人間による工学にはまったく見えていない形で流体力学のこつをつかんでいるらしいということが明らかになった。

学会の主催者の一人だったスペディングが飛行に関する部会で発表した研究が何よりの例だった。飛行機はなぜそれほど鳥に似ていないのか、という。

「だって、飛行機は鳥に似ていないじゃない」と私は思った。飛行機は羽ばたかないかもしれないが、嘴がついたような先端をしているし、幅のある翼もあるし、尻尾もあるじゃないの。熱気球やヘリコプターなど、そうした見るからに鳥類風の付属物がない飛行物も多いけど。

しかし実際には、ライト兄弟が自分たちで観察した鳥にヒントを得て以来、工学者は自然の教えの多くを忘れている。自転車修理業者だった兄弟が試作機を作っていた頃、周囲の空を飛びたいと思う人々は重大な技術的停滞に陥っていた。他の技術者たちの機体には、長い、固い翼がついていて、それで安定性がもたらされたが、操縦性が悪くなっていた。そうした飛行機を完成させようとして多数の死者が出た――ドイツの技術者、オットー・リリエンタールもそうだった。この分野への貢献によって（この不格好な仕掛がいつか世界的な輸送の実用的な様式になるという突拍子もない考えを広めたことでも）「飛行の父」とも呼ばれた人物だ。

リリエンタールは生前、本当の飛行の鍵は鳥にあると信じるようになっていて、飛行機はもっと鳥に似た特徴を必要とするのではないかと考えた――要するに羽ばたく翼だ。ライト兄弟はそのアイデアは採らず、そうしなくて幸いだった。羽ばたく翼は実際の鳥の大きさならともかく、エネルギー的にはきわめてコストが高かった。しかし兄弟は独自の鳥をまねた新案を考えた。曲がった翼で、その形を手許で切り替えられるようにすることで、左右に向きを変えるときに、未曾有の操縦性能をもたらした。

ノースカロライナ州キティホーク近くで初めて成功した飛行以来、飛行機はバイオインスピレーションによる飛行経路から大きく離れてきた。今日の飛行機はすべてが空気力学的に設計されているわけではない――たとえば現代のボーイング747ジャンボジェットは、長い、巨大な胴体を持っていて、翼だけのときよりも抵抗がはるかに増している。これはもちろん、補給や運用にかかわるあれこれの理由による。今日のジェット旅客機はたいてい雲の上を時速九〇〇キロほどで飛ぶが、鳥は一般に一桁下の高さで、時速数十キロで飛ぶ。それでも、現代の航空機設計で行なわれた多くの判断は、それが本当に最適なデザインだからというのではなく、そうするものだからというだけのことで行なわれているとスペディングは文句をつける。

研究室でスペディングは航空機の家系図のような紙を一枚ひっぱり出す。下の方にある細い月のようなものを指す——真上から見た理想的な翼だ。これが最も空気力学に適った形となる。問題は、実際には細い翼の中には乗客や荷物を収めることができない（荷物が燃料のような液体でないかぎり）ということだ。そこで適切な胴体が必要となる。しかし翼の中央に胴体を差し込むと、その巨大な障害物が揚力を減らし、抵抗力を増やす。

スペディングは次の段階を指さす。「全翼機《フライング・ウイング》」という、理想の翼より少し厚く、太くなったもので、たぶん第二次大戦末期にナチスドイツのホルテン兄弟が作ったことで悪名が高い。「ブレンディッド・ウィングボディ」と呼ばれる設計の方向もある。これはボーイング社が七〇年前から旅客機用に研究しているが、まだ製作はされていない（近年、同社初の無人の試作機を飛ばしたことはある）。この不規則な系図の他の分岐はおなじみの飛行機のように見える——長い、葉巻型の胴体、幅のあるまっすぐな翼、後ろに長く伸びて末端に小型の翼がついている。

スペディングは、ジャンボジェットのように見える機体のスケッチを指して言う。「これは今使われている形状ですが、これがいちばん効率のいい答えではありません。空力的にはお粗末なんです。お粗末というのは、翼の空気力学が胴体に及ばなくて、こっちではきれいに整った空力的な答えが、この胴体の存在で中断されているからです」

航空機の設計は不完全だという考え——もっと良い基本形があるかもしれないという考え——は、スペディングと論文も書いた共同研究者、ヨアヒム・ハイセンによる。ハイセンが南アフリカのプレトリア大学で航空工学博士課程の学生だった頃のことだ。ハイセンは夏休みに海辺で過ごし、アマツバメやツバメが強い海風の中でアクロバチックな宙返りをするのを見たことを思い出す。大学ではハンググライダーも習い、ドイツに旅行してザルツブルクの橋でカモメに餌をやる子どもを見た。カモメは翼を羽ばたかせることなく易々と舞い降りて小さな指から餌をさらって行った。

「ある意味で、僕は人生を航空工学中心に組み立てているんですね」と、ハイセンはプレトリア大学の研究室から電話ごしに言った。そこはスペディングがかつていたところでもあった。「ずっと取り憑かれています……鳥と飛行機はなぜ外見が違うんだろうって」

先へ進む前に、飛行機とその運動について簡単におさらいしておくのが良いだろう。飛行機でも動物でも、それを地上に引きずり下ろそうとする「重力」が問題だ。重力に対抗するためには、上向きの力、つまり「揚力」を生み出さなければならない——これは翼が前に進むことによって生まれる。しかし、その前進運動は「抵抗力」で押し戻される（抵抗力には主として二つある。第一は圧力抵抗で、空気を押し分けて前に進もうとするときに受ける空気分子すべてからの抵抗。もう一つは摩擦抵抗で、飛行物体の表面でこすれる空気による）。そこで、抵抗に勝つための前進運動を生み出さなければならない。つまり「推力」が必要だ（鳥なら翼を使い、飛行機ならエンジンを使う）。この四つの向きの異なる力が、生物でも人工のものでも飛行するものの動きを決める。

鳥であろうと、巨大な金属の飛行機を操縦しているのであろうと、基本的には必要な揚力を生み出し（空中に浮いていられるように）、高い推力を維持するために大きなエネルギーを浪費しなくていいように抵抗力を最小にするのが狙いだ。揚力と抵抗力の比が高いほど、効率的な飛行となる。しかしそもそも揚力はどうやって生み出すのだろう。

何が揚力を生むかについてはいろいろな説明があり、多くの説明が他の説明は間違いだと言う。私は学識ある教授が不適切な説明について文句を言っているのを読んだり見たりしたことがある——それでも講義・解説を聞くたびに話が違っている。事態を少しでも単純にしておくために、ここでは揚力がどのように働くかだけを説明することにする。その際に誰の怒りも買わないことを願って、問題になることが多い解釈には立ち入らないようにしたい。

比較的単純な説明として、できるだけ簡単に想像できる翼の一つに目を向けよう。〔下向きに〕カーブを描く板で、スペディングはそれを一枚の紙に一本の線として描く。上面の上を通る空気と下面の下を通る空気はともに翼の後端に達するまで下向きにそらされる。ニュートンの第三法則によれば、すべての作用には、それに大きさが等しく逆向きの反作用があり、翼はすべての空気を下向きに押すので、翼の方は上向きに動かざるをえない。

どんな理由であれ、この板によって生じる揚力が浮き上がるのに足りなければ、板の前端を上に引き起こすとよい。この「迎え角《かく》」を大きくするほど、板が下に押す空気が多くなるので、揚力も増す。

しかしこの方式には問題がある。板を傾けると、境界層、つまり翼の上側と下側の面にしがみつく空気による薄い層に乱れが生じる。この層が実は、周囲の大量の空気とは異なる独自の特殊な性質をまとっている。他に車のいない高速道路を時速一三〇キロで運転していて、窓についた水滴が通過する風に動じないように見えるのはなぜかと思ったことはないか？　それは水滴がその特殊な境界層に乗っているからだ。

理想的な場合、境界層は翼の前端から後端まで、ずっとぴったり付着している（こんなことを言うとおそらく非科学的で不正確だということは認めるが、私はこれを、ランニングするときに靴がしっかり地面をつかんでいるようなことだと思っている）。問題は、迎え角を大きくすると、「つかみ」の一部が後端からはがれ始める――境界層がだんだん手前で分離し始めることだ。前端の傾きが大きくなるほど、分離点が翼の前方へ移動していく。揚力が生じているかぎり、その分離はあまり問題にはならない――先端が高くなりすぎ境界層がまったく付着できず、板の表面からはがれてしまう「臨界迎え角」に達するまでは。そうなると、よどんでいた空気が隙間を埋めるように入り込み、翼の上側の圧力が高くなり、抵抗力が急上昇する。境界層が分離するとき、翼はもう空気を下に押しておらず、機体を浮かせておくものが基本的にまったくなくなる。

翼の種類が違えば臨界迎え角も異なるが、その効果は変わらない。エンジンはまだ動いているというのに、飛行機は突然勢いをなくす。パイロットはその不快な感じをよく知っていて、普段はそうならないように気をつけている。熟練の腕で機体の制御を取り戻せなければ、きりもみ状態になることもあるからだ。紙飛行機を急角度で上に飛ばすとそれをはっきりと見ることができる――飛行機は上昇するが、突如停止して、頭から落ちて行く。その一旦停止のところで失速が生じている。要するに、翼の表面には、境界層という特別な性質をもった空気を運ぶベルトコンベアが、できるだけぴったり、できるだけ長い間、密着している必要があるということだ。

かくて航空機はピッチ、つまり機首の上下方向の傾きを変える操縦ができなければならない。それが難しいところだ。空気が翼を通過しているときに、飛行機は自然に機首を上げたり下げたりしたいからだ。そこで技術者は尾翼を加えた――飛行機を安定させるための、二枚の小さな翼だ。それから、この尾翼の効果を高めるために胴体を長くした。その結果はどうなったかというと、いわゆるジェット旅客機の姿になる。

航空機には必ず尾翼があるというものではなかった。たとえばライト兄弟は、ピッチを制御する装置を開発したが、それは飛行機の前面から突出していた。必要なのは揚力を生むだけでなく、三次元（ピッチ、ロール〔左右の高さを変える回転〕、ヨー〔先端を左右に振る回転〕）すべてでの飛行の制御も必要だというライト兄弟の認識こそが、他の多くの熱心な飛行家が失敗する中で二人が成功した理由だとスペディングは言った。現代のピッチ制御機構でハイセンを悩ませた主な問題点は、この尾翼がそれほど有効なのに、なぜ鳥はそれを持っていないのかということだった。

二〇年以上前、ハイセンはプレトリア大学で、グライダーを第一原理から設計しようとする研究に集中した。構想は、飛行機を尾翼で（あるいは従来の飛行機のような翼についたフラップで）制御するのではなく、鳥ならそうするような、曲がった翼を前後に動かすことで動きを制御するということだった。ハイセンは一九九五年、自信をもって、自ら実物のグライダーに乗り込んで熱気球で上空に上げてもらい、飛び出した。気球から撮ったビデオ記録がこの最初の（かつ最後の）自由飛行試験の大失敗を明らかにしている。グライダーは切り離されてまもなく突然ばらばらになり、回転してまったく制御できなかった。動画では、気球から身を乗り出した人物が、断片が落ちて行くのを見ながら声を上げていた。恐ろしい映像だ。撮影者からはハイセンがどうなったかまったくわからないのだから。

幸い本人はパラシュートを着けていて、それを開いて無事に地上に戻った。しかし恐ろしいおちもあった。グライダーが壊れたのは、おそらくそのパラシュートのせいだったのだ。業者はハイセンが注文したのよりずっと大きいものを発送していて、グライダーは増えた分の重さに耐えられなかったらしい。機体を修理して研究を続ける資金もなく、ハイセンは計画をあきらめ、また博士号もあきらめることを余儀なくされた。もしかしたら、イカロスのように、高く、速く飛びすぎたのかもしれない。

ハイセンは航空工学関連企業を興し、学内で工房を維持したが、研究に復帰したのは、二〇〇九年、スペディングやその動物の飛行に関する研究のことを聞いてからだった。スペディングは妻がその地の出身で、それもあってプレトリア大学で短期に一年間非常勤講師を務めているところだった。その滞在中にハイセンがスペディングを見つけ出した。

「ハイセンに考えを聞いて、『それはおもしろそうじゃないか』と言いました」とスペディングは回想する。「『これで正しいと思いますか？』と言われたので、『わからない――でも原理的に間違っているようには思えないな』と言いました」

スペディングはロサンゼルスに戻ったが、ハイセンとの連絡は続けた。この謎を解くには、三つのことを合わせなければならないことを認識していた。ハイセンの頭脳、自分のモデル、南カリフォルニア大学の風洞。

その後、スペディングは研究費を確保してハイセンをほんの何週間かでも呼び寄せ、モデルをテストして揚力を測定できるようにした。試した形状は三種類だった。単純な全翼機形、胴体つきの翼、それから、鳥の尾を寸詰まりにしたような尻尾のある胴体がついた翼。

「最後の方はもう大騒動でした」とスペディングは言った。「準備に二週間ほどかかって、一週間はきちんと動かそうとしましたが成果がありませんでした。結局、ほんの二、三日ですべてのデータを取ったんです。本当に、どうなることやらわかりませんでした」

そんな実験をしているときでも、それがどれほどうまくいっているかはすぐにはわからないことが多い。胴体の上の空気の流れはものすごく複雑で、デジタルデータの断片すべてをきちんとまとめるのには何週間もかかる。しかしできてしまえば、寸詰まりの鳥の尾のような形が、二人が期待した通りに動くことが明らかになった。胴体の後方ではがれる境界層をつかんで、それが尻尾の表面を流れるようにし、そうして境界層が単純な翼を流れているかのようにして、胴体に対する揚力を回復させる。

でも、と言われるかもしれない。そちらの方が効率が良いからといって、人や荷物を載せるには、またトイレを適切に配置して非常口もつけるには、最善の設計とは言えないのではないかと。しかし二人もそのことは重々承知だ。ハイセンとそこの学生は、当初、人と荷物の効率的な詰め込み方は実際に標準的な航空機の胴体よりも、この寸詰まりの形の方が良いことを示した。二年後、スペディングと南カリフォルニア建築大学の教授イラリア・マッツォレーニは二週間の研究会を開き、このような鳥形旅客機の内部はどうなるかを予想したデザインを、学生がいくつも考えた。

二人はこの飛行機が、揚力対抵抗力比でふつうの航空機と比べてどれほど優れているかを正確に数値化していなかった。問題の一端は、カモメのような小さなものの周囲での空気の作用が、飛行機ほど大きくて高速なものの周囲とは違う、ということだ。人間ほどの大きさのモデルを実際に作ってテストすれば証拠になるだろう――もしかすると、競争が激しいことで有名なグライダー競技会に出場するのがいいかもしれない。しかしそれには時間も、人手も、資金もかかる。風洞まで歩く間にも、スペディングは見当をつける。熱心な工学者二人の二年分で一〇万ドル。

その間も、スペディングは学生と空気が翼をどう流れるかの詳細を検討して、いささか驚くべき現象を発見する。金属製の窓のない巨大な建物の入り口で、スペディングは暗証番号を入れて棟内に入る。私たちは、宇宙空間でかかるわずかな力の作用を確かめるために用いられる大きな減圧室を通り過ぎ、隣のロケット研究室で使われるカーボンファイバーのシートを過ぎ、飛行実験室と書かれたドアを開ける。ドアには「危険　レーザー装置作動中」の警告灯が設けられている。「レーザー使用中」の警告灯は点灯していない。今は中に入っても安全だ。

優れた風洞はなかなかない――そのため、政府の使用期間を終えた風洞が民間に再就職口を見つけることがある。ドライデン風洞は、一九三〇年以来、ワシントンDCにあった国立標準局〔現・国立標準技術研究所〕で使われていたが、後の一九七〇年代、解体されて南カリフォルニア大学まで運ばれてきた。スペディングは誇らしそうに、これは低速流では北米で一流の風洞の一つと言い、今でも定期的にこの年季の入った装置の性能を試している。

風洞は私が立っているところからは巨大に見えた――一五メートル先くらいに見える奥まで延びていた――が、その中核部分は実にささやかなもので、直径が一メートルあまりの木製の管だ。私なら、少し身をかがめれば中に入ることもできるだろう。中にはガラス窓ごしにシートのようなものが見える。立てられて折り曲げられ、試作機となる対称性のある翼の、涙滴形をした断面を生み出している。それは水平方向に揚力を受けるかのように垂直に立てられていて、私は風洞が実は作動中だということに少なくとも二〇分は気づかなかった――翼を通過する空気は見えず、機械のぶーんという低い音は実に控えめだ。装置はときどき、角度の違いで力がどう変わるかを測定するために翼の迎え角を調節してその姿勢を変え、そのとき、ぶーんの音が大きくなる。何人かの学部学生と博士課程のジョセフ・タンクが、新たなデータが正面のコンピュータ画面の折れ線グラフに映し出されるのを見ている。

タンクは長さが一〇センチもない翼を調べている――小型の鳥程度の大きさだ。気まぐれでそんなものを調べているのではないとスペディングは言う。この様式に関心を向けるのは、鳥や固定翼の小型ドローンの空気力学を理解するためだと。大学院生がグラフにしているのはこの翼がこの迎え角で生み出す揚力の大きさだ。前に述べたように、迎え角を平ら（ゼロ度）から大きくすれば揚力は増すことになる（境界層の気流がはがれる臨界角に達するまでは）。それはよく知られた関係で、その結果がわかりやすい直線のグラフになる（臨界角までは）。

というか、少なくともそうなるはずだ。しかしこの特定の大きさ程度の翼がこの特定の風速で空気に作用する様子には、実に奇怪なところがあった。このグラフは直線になるはずなのだが、実際には中央にSの文字を左右逆にして四五度回転したように見えるねじれがある。

「これを見てください」とスペディングが言う。「これはまったくおかしいんです。絶対おかしい」

スペディングが指すのは直線からずれた二か所で、一つは下にくぼみ、もう一つは盛り上がっている。「これは直線にならないとおかしいんです」とスペディングは言い、くねったデータに指で斜めの線を重ねた。「あなたが見たことがあるどんなドローンでも、プロペラにかかる揚力と抵抗力ではそうなります。鳥でも何でも、あなたが見たことがある、どんな飛行モデルでも、揚力をアルファ〔迎え角〕に対してモデル化するとそうなります。それが成り立たないんです」

迎え角ゼロ（完全な平ら）から進むにつれて、揚力は切れ目なく増加し、スペディングが指で示した直線をたどるはずだ。しかしタンクのデータは、ゼロから小さな角度に進むと揚力は下がり、それから回復して、どういうことか、斜めの直線で予想される分を超える。スペディングはもちろん迎え角（アルファ）を高くした場合の向上した揚力には納得しているが、最初の奇妙なくぼみにはひっかかった。

スペディングが関心を抱くのはこの種の実験だ。あっけないほど単純で基本的な演習が、他では見逃されたり無視されたりしている困惑する結果を生む。ほとんどのエンジニアにとって、直線となるグラフに基づく翼の設計は十分な近似となるかもしれないが、最適に設計された航空機にはならない。それはある意味で、リリエンタールなどが鳥のような羽のついた飛行機を、実際の力学を理解しないままに作ろうとしていた頃の姿に近い（公平に言うなら、その理由の一端は、ドローンが現実になるまでエンジニアは小型の翼を研究するいわれなどなかったことにあるとスペディングは言った）。

最善の飛行機械を作る唯一の方法は、バイオインスピレーションだろうとなかろうと、その悪魔のような細部に分け入り、奥底にある物理的原理を見つけることだけだ。

とはいえ科学は容易ではない。タンクが今の実験の抵抗力曲線のグラフを引き出すと、こちらのグラフはねじれた揚力グラフほどクリーンには見えない——タンクは較正《こうせい》〔測定装置のずれや精度を調節すること〕方法の変更に関係があると考える。設置したばかりの新しい力測定スタンドのねじが曲がっていて、それを取り除いて装置を適切に使えるよう調節する必要があるらしい。スペディングはこの院生にわかりにくいデータの収集を任せるが、揚力対アルファのグラフのプリントアウトはしっかり求めた。それを研究室の壁に貼るお気に入りに加えたいのだ。

どうしたってその道に進むしかないという人々がいる。私はFrank Fish《フランク・フィッシュ》というぴったりの名の人物と話すたびにそう思う。ペンシルヴェニア州にあるウェストチェスター大学の、やはり頭文字がそろったLiquid Life《リキッド・ライフ》〔液中生物〕ラボを運営する人物だ。この生物力学者は実は最初から魚などの泳ぐ動物を研究していたのではなく、ハタネズミから始まって、時が経つにつれて、アザラシ、さらにはイルカというふうに、一般的な方向に沿って進んでいるようだ。

「ただそうなったという感じです」と本人は言う。

愛嬌のある顔、大きな脳、大型動物界の主役を張る資質のあるイルカは、人間にはたぶん、知能と遊び心でいちばんよく知られているだろう。しかし、その見事な泳ぎの能力には十分に目が向けられているとは言えない――ケープカナベラル沖でサーフィンをしているとき、仲間のショートボーダーが誰も乗ろうとしない荒れた海の頭上を越えるほどの波にイルカが乗るのを見たことがある。たぶん、イルカの能力は当然と見られやすいのだろう――何と言っても海で暮らしているのだから――が、イルカの泳ぎのうまさは、実際、何十年も前から科学者を悩ませている。

悩みの根源はイギリスの動物学者ジェームズ・グレイにさかのぼることができる。一九三〇年代に、E・F・トムソンという人物による報告について著述を残し、インド洋でイルカが高速で泳ぎ、「ストップウォッチで計ると」七秒をわずかに切る速さで船を追い越してしまったと書いた。船の速さと長さ〔八・五ノット〔時速約一六キロ〕、一三六フィート〔約四一・五メートル〕〕を元に、グレイはこのイルカが二〇ノット、つまり秒速約三三フィート〔それぞれ時速三七キロ、秒速約一〇メートル〕で泳いでいたと計算した。これはありえないとグレイは思った。自分の計算では、イルカにはそれほどの速さで泳げるような筋力はない。水中を泳ぐときに胴体にかかる抵抗力で押さえ込まれるからだ。

「活発に泳ぐイルカの抵抗力が同じ速さで曳航《えいこう》されるモデルの抵抗力に等しいとすれば、筋力は他の哺乳類の筋肉の少なくとも七倍というエネルギーを生み出せなければならない」とグレイは書いている。

そんなばかなと思われるし、グレイもそう思ったらしい。グレイの結論は、イルカの体には、抵抗力に打ち勝って、比較的筋力が小さくても水中を泳げるようにする特別なことが他にあるにちがいないということだった。これがグレイのパラドックスと呼ばれるようになる。

グレイのパラドックスの解き方として人気があったのは、イルカの滑らかな灰色の皮膚には、体に対する抵抗力を減らせるような何かがあるにちがいないということだった。長年、多くの研究者がこうした謎の性質がどういうものかを見つけようとしてきた。一九六〇年、ドイツの航空工学者マックス・クラマーが、イルカをまねた人工の皮膚に包んだ模擬魚雷を作ったことを発表してからは、冷戦期のこと、この素材の探究は緊急性を帯びてきた。この皮膚はゴムの下に粘性のある液体の層をあしらったもので、抵抗を五九パーセント減らした。これはソ連とアメリカの両方で熱心に取り上げられ、潜水艦、船、本物の魚雷をこの皮膚で包んで速度を上げようという誘惑にとらわれた。どちらもそれがあれば相手に対して優位に立てると信じたのだ（相手方の潜水艦は自国のものよりずっと速いのではないかと考えられていた）。

この道筋は袋小路だった。多くの人々はクラマーの成果を再現しようとしたが成功しなかった。

「アメリカ人がクラマーの研究を試しても、それは再現できませんでした」とフィッシュは言った。

そこで研究者はイルカの胴体をうねっているように見える皮膚の皺《しわ》が実は流れをなめらかにしているのではないかと考えた。これが本当かどうかを調べるために、一九七七年、ロシアの科学者は一七歳から三〇歳の女性を裸にして牽引装置で引っぱり、女性の皮膚に抵抗を抑える波が走るかどうかを調べることまでした。その理屈は、女性（とくに若い女性）は脂肪組織、つまり皮下脂肪が多いので、柔軟でイルカに近いからだという。もちろん実験は、皮膚を走る皺が抵抗を増やすことを明らかにした。水着を着るのは実際にはそれを抑えるためだった。成果とともに収められた「裸の女性」の写真は、「実験が見た目にも美しく刺激的だったことを示す」と、男性であることがほぼ確実な書評者が書いている。

フィッシュらのチームはこの問題を、イルカの動きをもっと正確に測定できる現代的な技法を使って片づけることにした。この粒子画像流速測定法とよばれる技法は、実際にはタンク一杯の水に、金属でコートした極微のガラスのビーズを入れ、レーザー光の膜を送って浮遊するビーズを照らす。動物が水中を泳いでいると、ビーズは流れる水に沿って動いてその複雑な力学を明らかにする。レーザー光に照らされた動作を高速度撮影して後でそれを分析する。

しかしイルカは人間社会では研究者の間でも特別な地位を占めていて、フィッシュはイルカのいる水槽をビーズだらけにするのは認められないだろうと思っている。イルカは大きな愛すべき哺乳類で、ビーズを飲み込んだり、レーザーが眼に当たったりするのではというもっともな心配もあった。幸い、ネブラスカ大学リンカーン校のティモシー・ウェイが巧妙な（それでいて安価な）方法を用いていることをフィッシュは耳にした。ウェイは、自分でやはり「特別待遇の動物」と呼ぶ動物の動きを調べていた。オリンピックの水泳選手だ。ウェイのチームは、ビーズとレーザー光の膜を使うのではなく、庭の散水用のホースを使って酸素タンクから酸素を送り込んで極微の空気の泡でスクリーンを作った。これなら泡は小さくてはじけず、訓練されたイルカでも容易にそこを泳げて、同じ結果を出せる。

二名の元米海軍軍属——引退してカリフォルニア大学サンタクルーズ校にいるバンドウイルカのプリモ

とプーカ——の助けを借りて、チームは泡をビーズのときと同じように高速度撮影で追跡することができた。それからチームは泡の速度、それがたどる道、それが作る渦を調べることができ、コンピュータのプログラムによって、その情報を使ってイルカの推進力を計算することができた。

結局、グレイのパラドックスにある前提が、いくつかの水準で間違っていた。グレイが分析の元にしたイルカは計算した毎秒一〇メートルで進んでいたのではないかもしれない。フィッシュの方は、イルカを毎秒三・五メートルで泳がせることしかできなかった。それでも、これは全速力ではないかもしれないが、なかなか速いように見えた（フィッシュが見たことのある中で最も速かったのは秒速一一〜一二メートルだったが、それは水面からジャンプして空中で演技するときに一秒か二秒、加速していたときにしか見られないことだった。しかし自らジャンプするのは帆船を追い越すときの速さを維持するのとは違い、まったく別の筋肉さえ必要とする。試しに短距離走者に全速力でマラソンを走れと言ってみればよい）。フィッシュは問題のイルカは船の近くを進んでいたので、船の波を利用して進む速度を作為的に上げていたのかもしれないとも考えている。

もっと大事なことに、プリモとプーカは、イルカが実はグレイが予想していたよりはるかに大きな推力を生み出していて、水の中を進むときの動力にしていることを明らかにした。つまり、イルカには超高性能の皮膚の助けを借りる必要はなかったのだ。

「本当のパラドックスは、グレイの論文が不正確だったにもかかわらず、新たなイノベーションの勢いをつけて、イルカの生物学や水力学やバイオミミクリー技術の分野を前に進めたことだ」と、フィッシュは *Journal of Experimental Biology*〔実験生物学ジャーナル〕に載せた自身の成果をまとめた論文に書いている。「まだ発見されていないことはある。たぶんイルカはすべての秘密を明かしていない」

フィッシュがグレイの引き起こした大騒動に対して甘すぎるように見えるとしたら、それはたぶん、自説の土台になるような前提をひっくり返されるのがどういうことかをフィッシュが知っているからだろう。

三〇年ほど前、フィッシュが今は妻となった彼女とデートするようになった頃、二人はボストンの観光地、クインシー・マーケットのあたりを散歩していた。ある店は動物アートであふれているようだった。たぶんほんの数ブロック先の、ニューイングランド水族館と海そのものにいる、海洋生物に触発されたものだろう。装飾用の小物の中に、とくに目を引いたものがあった。胸びれを上げたザトウクジラの小さなフィギュアだった。フィッシュにとっては、そのひれには変なところがあるように見えた。

「私はそれを見て言い出しました。これはおかしい。前の縁がこんなにでこぼこだ。流体力学的には前はでこぼこしてない――飛行機を見てみろ。縁はきれいにまっすぐだろう」とフィッシュは言った。

フィッシュは店員に間違いを知らせた。しかしボストン人は自分の意見を臆さず言うことで知られていて、店員は生物学者に向かって、はっきりとした言葉で、実は間違っているのはフィッシュの方で、作家は正しく再現していると言った。

「これには相当こだわりができました」とフィッシュは認めた。「なぜ間違ったのか、知りたいと思いました」

フィッシュはこの理屈に合わない付属物のモデルを作って調べてみることにして、スミソニアン博物館にいた友人に電話をかけ、ザトウクジラの胸びれがそのへんにないかと尋ねた。そのときは使えるものはなかったが、友人はひれが届いたらフィッシュの名を書いておくよと約束した。

何か月かが経った。そしてある日、フィッシュのところの事務員が変わった伝言を持って来てフィッシュを驚かせた。

「電話がありました――ニュージャージー州にクジラの死体が上がって、取りに来るかとおっしゃってましたよ」と事務員は言った。

「何だって？」とフィッシュ。

明らかにこれは例の約束のことだった。科学者は生きたクジラの一部を採ることはできない。もちろん倫理的な理由からだ。クジラが打ち上げられて死ぬのを待たなければならない（助ける方法はないとして）。そういうクジラなら、科学者は死体を運んで将来の研究のためにとっておくことができる。つまりフィッシュがひれが欲しいなら、自分で現地へ行って奪ってこなければならない。フィッシュはすぐにその死体を扱っている人々に電話した。クジラの大きさは？　二〇フィート〔六メートル〕。フィッシュは手早く暗算をした。ということはひれはおそらく六フィートほどで、愛車のマーキュリー・リンクスにちょうど収まる程度だ。そこで車を運転して、ニュージャージー州海洋哺乳類座礁センターへ、臭いのきつい獲物をもらいに行ったが、現地へ着いてみると、ひれは何と一〇フィートもの長さがあった。フィッシュはひれを三つに切り分けて、それを車のトランクに押し込んだ。重量がありすぎて、車の後部は地面すれすれにまで下がった。

「車で帰る途中でニュージャージー州の交通警察に止められて、トランクに何が入っているのかと聞かれるんじゃないかとひやひやしていました」とフィッシュは思い出した。「けれども黒のビニール袋に入れた腐敗しつつある死体が見つかったところで、おそらくニュージャージー州じゃ珍しいことではないよね」

ひれはフィッシュと一緒にそれについて調べようという気のある学生が見つかるまで、ペンシルヴェニア州で安全に冷凍庫に保管された。学生が見つかると二人でひれを厚さ一インチに切り、写真に撮って、ひれの構造を分析した（前端は確かに結節《チューバクル》と呼ばれるでこぼこで覆われていた）。

翼が空気中でそうなるように、泳ぐための優れた付属物はできるだけ揚力を上げ、抵抗力を下げて、かける推力をできるだけ多く利用しようとする。翼がそれをするときには、翼を傾斜させるのが一法となる――ジェフ・スペディングが先に説明したように、上面を湾曲させる。迎え角を増やして前面を上向きに傾けるという手もある。これによって動物も乗り物も姿勢を傾けて方向転換ができる。迎え角が大きいほど、旋回が鋭くなる。しかしひれを傾けた動物が失速して水中で沈まないでいられる角度にも限界がある。

ナガスクジラ類はシロナガスクジラのようにほとんどが巨大な動物で、このような面倒に陥りそうなアクロバチックなことをしようとはしない。ただまっすぐ泳ぎ、たまたま行く手に入った不運なオキアミを吸い込むだけだ。しかしザトウクジラはもっと能動的なことをする。この「水中コウモリ」は緊密な円形のジェットコースターのようならせんを描いて泳ぎ、獲物を閉じ込める泡の壁を生み出すことができる。それから旋回して泡の網の中に飛び込み、閉じ込められたオキアミを口いっぱいにすくいとる。

ザトウクジラは長さが一二～一三メートル、重さは三〇トン以上になることもある大型の動物で、その図体でこの種のすばしこさはほとんど衝撃的だ。この種の変わったでこぼこがひれにあるのもクジラ類の中ではザトウクジラだけで、他のクジラの前端はなめらかになっている。そして、フィッシュがすぐに知ったように、この結節はザトウクジラの例外的な運動能力と大いに関係している。このこぶは特定の配置に並べられているように見えるし、ひれの先端に行くほど比較的密集しているように見える。

フィッシュはでこぼこの結節が実際に境界層を制御するのに役立っているところを意外な形で明らかにした。各結節の間の凹みで流れが分離する。これは理論的にはまずいことだ。ところが水は分かれると、直線的な流れが何対かの渦、ひれの表面で渦を巻く空気の輪になる。クジラが旋回すると、この凹みの渦が実は結節の頂点を通過する水の流れを整え、勢いを増しさえする。テニスボールを撃ち出すマシンのホイールがボールを握って速く撃ち出すようなものだ。その結果どうなるかというと、凹みの流れは表面からはがれる渦になる一方、その渦が結節上の流れを保持する時間が長くなり、クジラが迎え角を大きくしても操作性を保てるようになるということだった。

フィッシュは、抵抗力を下げつつ失速を防ぐのに実に効率的なこの形があれば、工業的な規模のタービンにも、さらには乗り物のプロペラにも優れたデザインになることに気づいた。音が小さく、効率的になる。この技術を使うに至った会社の一つが、実際に一〇枚羽ではなく五枚羽のタービンを作り、製造の材料コストも、後の使用時のエネルギーコストも下げることになった。フィッシュは実際に会社を興した。ホエールパワーという名で、この羽を風力発電に応用する計画だった。しかしそのときは二〇〇〇年代終わりの経済が停滞していた頃で、この技術を市場に出そうという勢いがほとんどなかった。

フィッシュは約三〇年間クジラの研究を続けてきて、今でも結節つきの羽は空気中でも水中でも応用の可能性が大量にある優れたアイデアだと思っている。カナダのプリンスエドワード島にある風研究所に風力タービンも持っていて、そこで自分のタービンは結節なしのタービンと比べると、中速では実際に好成績を上げることを見いだしている。

「有望だと思います。でもすべてを解決するかと言えば、そうではありません」とフィッシュは言った。

「ただ、何かの隙間《ニッチ》では実際に恩恵があると思います」

その間、海の様子を見守ったり、軍用の監視ができたりする有能な海洋ドローンのモデルにいつかなりそうなマンタ型のロボットのデザインに参加するなど、他の形の水中での動きも研究している。泳ぐロボットのデザインはそれだけではない──科学者は魚やタコやさらにはすぐ後で取り上げるクラゲ型ロボットにも基づいてあらゆる種類のものを作っている。そのいずれも完璧な解にはなっていないが、それぞれが異なる環境での特定の有利さを目玉にしている。プロペラに基づく乗り物は、水中の損害、たとえば油の流出などを調べるために潜るのには優れているかもしれない。もっと受動的なロボットは、長期的な環境観測の方に優れているだろう。動物が異なればニッチや有利さが異なるように、動物に着想を得た機械もそうなるはずだ。

フィッシュのホエールパワー社は「一〇〇万年の実地試験に基づくエネルギーの未来を築く」を標語に掲げる。言いたいのは、そのイノベーションは自然界に見られる特定の理念に着想を得るのではなく、生物の多様性に着想を得るということだ。そして気候変動と人間の侵略がそうした動物を脅かすにつれて、私たちはそうした実地試験から学ぶ機会も失う可能性がある。ザトウクジラも例外ではない。この巨大な動物は肉や脂を求める人間によって二〇世紀初頭に絶滅寸前まで捕獲された。

「ザトウクジラが二〇世紀初頭に取り尽くされていたら、その姿を見たことのあるアーティストがいたり、私があのこぶを見たりしたでしょうか」とフィッシュは問うた。「博物館で骨格を見るだけだったでしょう。だから私たちがそれを保護するんです。どんな他の植物や動物などの生物が実際に私たちにアイデアをくれたり、何かの新たな技術革新につながるか、わかりませんからね。次の技術がどこで生まれるか誰にもわかりませんよ」

「クラゲの専門家」とは、オハイオ州トレドに生まれ、大学を出たらこの中西部に戻るつもりでいた航空工学者が収まった位置としては変わっている。しかしそのジョン・ダビリというカリフォルニア工科大学を出てスタンフォード大学の教授となった人物は、一見すると矛盾することが意外な形で結びつく例となっている。機械工学者で、二〇一〇年に遅まきながら三〇歳でマッカーサー天才助成金を得た。教会に通う熱心なクリスチャンでもあって、ダーウィンの進化論と聖書の教えを宥和《ゆうわ》しなければならない。政治的不安からナイジェリアを脱出して、黒人と白人の境界がはっきり残る中西部の町に行き着いた移民の子でもあるが、そういう世界にはまったく合わなかった。

育った家では、世界を支配する規則はまったく別だった。ダビリの父は工学者で地元の大学で数学を教えていて、母は自らIT企業を興した計算機科学者だった。不穏な近隣の様々な圧力を逃れるために、二人は息子を小さなバプティスト系の高校へやり、本人はクラスのトップでそこを卒業した。ダビリはいつも自分はGMやフォードのようなアメリカの大手自動車製造企業に勤めるのだと思っていた。それは順当で立派な暮らしの立て方になるだろう。しかしプリンストン大学で教わった教授の一人、アレクサンダー・スミッツは、ダビリを安心できる領域の外に押しやり、カルテクのモルテザ・ガリブのところで研究するよう勧めた。

ガリブはすでに、実に様々なところに着想の元を探していて、胎児の心臓が液体をどのように送り出すか、戦闘機の翼の周囲にどのように乱流ができるかを調べていた。ガリブはダビリに、車のエンジンやジエット機のタービン以上のことを考えるよう勧めた。ダビリはその考えを魚が自転車に乗るようなことだと取った。それはいやだった。プリンストンではこの二夏、ヘリコプターだけを研究して過ごした。後に言ったところでは、当時の本人の頭では、生物学はほとんど「暗記科目で切手収集」の領域だった。

ガリブはあきらめなかった。ダビリを説得し、なかなか行けないフォード社でのインターンシップをあきらめさせてカルテクのインターンシップに参加させた（このインターンシップは、頭文字の名が体を表していて、Summer Undergraduate Research Fellowship〔夏期学部学生特別研究員制度〕と呼ばれていた——つまりSURF《サーフ》だ）。ダビリは肩をすくめた——少なくとも、何にもならなかったとしても、日差しの明るいカリフォルニアで一夏を過ごせるということだった。そこでロサンゼルス行きの飛行機に乗ることにした。たぶんヘリコプター技術者にとっては皮肉なことに、空を飛んだのはこのときが生まれて初めてだった。

ガリブはダビリを、アイデアの手がかりにするためにロングビーチ水族館へ連れて行った。そこのクラゲでいっぱいの水槽の前で、ロケット科学者志望のダビリは、この動物のゆっくりと脈打つような動きに引きつけられた。クラゲは特筆すべき生物だ。軟らかい体で、装甲も脳もない——分散した中枢神経系があるだけだ。肛門もないので、食べたものは口から出すしかない。約四億年前のデボン紀以来、速さ、強さ、敏捷性によって海を支配してきたひれのある魚とは違い、なめらかで強力なシルエットがない。それでもクラゲは六億五〇〇〇万年にわたって生き延びたし、繁栄さえしている——その間の恐竜が登場し絶滅した時期をはるかに超える。場合によっては、この触手つきの生物は性能が上がりすぎて、人を刺したり、生態系を乱したりするところまで行く。海の生物量《バイオマス》の約四〇パーセントはクラゲの体で占められるとする推定もいくつかある。いずれにせよ、クラゲはしっかりしたことをしているにちがいないとダビリは推測した。

後にこのときのことについて、「一方ではクラゲは非常に単純に見えるが、興味深い複雑なところもたくさんある」と述べている。

その日、ダビリはクラゲの体を見つめた。しかしダビリの研究の関心は、クラゲの動きからその航跡に移っている――とくに流体に残す渦の列だ。ダビリはクラゲと人の心臓が相似らしいということに気づかざるをえなかった。どちらも基本的に塩水を送り出す筋肉のポンプにすぎない。ダビリとガリブはクラゲが水中に残す渦の列を調べ、それを心室に流れ込む血液が残す余波と比べた。この研究から明らかになることは多かった。二人はまもなく、血流に残る渦の跡を見れば、すぐに心臓が正常に鼓動しているかどうかが明らかになることを理解した。これがあれば、心臓を診る医者は、患者の心臓が健康か損傷を受けているかを、兆候が明らかになるより前から知ることができるだろう。

その夏はダビリの研究者人生の方向を変えた。プリンストンに戻るとガリブを指導教授にして、カルテクの博士課程に入学を申し込んだ。そしてクラゲの秘密をあらゆる角度から調べ始めた。クラゲの動画を見て、クラゲと同じような航跡を生み出す物理的なモデル（要するに原始的なロボット）を組み立てた。それまで考えていたエンジンの外に出たが、考え始めるとなかなか止まらなかった。方程式はクラゲとジェットエンジンのタービンの見かけの違いとは関係なく成り立つことにダビリは気づいた。方程式は流れのパターンを記述する。そのパターンは空気中にも水中にも見られ、生物によっても機械によっても作られる。元航空工学者のダビリはクラゲの方程式を、もっと効率的な潜水艦に応用し始めた――必ずしも金属の艦をゴム製の袋にしようというのではなく、デザインに手を加えて艦が航跡にもたらす流れを修正し、クラゲの航跡のように見えるようにしようというのだ。

ダビリは着想を他の海洋生物にも求めるようになった。魚の群れがあのような緊密な集団を維持することに目を向けた——魚が集まってもそんなことができるはずがないというのに。泳いでいる一匹の魚にとって生じる乱流は、その後ろを泳ぐ魚にとってはひどい抵抗になるはずなのだ。実際には、それぞれの魚が前の魚が生み出す渦と渦の間の適切な位置に留まることによって、単独で泳ぐときよりも効率を上げることができる。これは風力発電所に生じる問題と似ている——風力発電機が一基設置されると気流を乱し、隣の発電機は一キロ以上も距離を置かなければならない場合も多い。ダビリは生物学者が理想の魚群の隊形を計算するのに用いる道具を使って、ダイヤ形に発電機を配置するモデルを考えた。垂直軸風車に切り替え、それぞれの風車を魚群のように配置することによって、それぞれの風車が、生じている乱流を適切な位置で利用して、乱流が性能を邪魔するどころか向上させることができた。この発見は風力発電所の単位面積あたりの出力を一〇倍にもすることができた。

垂直軸風車による風力発電所には批判もある。エネルギー政策研究所の上席研究員、マイク・バーナードは、垂直軸風車の可能性は、とくにサンディア国立研究所の研究者によって、もう二五年も前から調べられているという。要するにダビリの研究は、風力発電所の従来の水平軸風車では風車間の土地が他の用途に使えないとする、間違った前提に基づいているとバーナードは書いた。実際には、多くの風車は設置される斑状の部分を占めるだけで、その部分だけを借りて、周囲の残りの部分は農業など、他の目的に使えるという。そのように見て計算すれば、水平軸風車の効率は垂直軸風車をはるかに上回る——だからこそ水平軸風車が市場を制しているのだと。

ダビリは私にくれたメールにこう書いている。「バーナードの確信は見上げたものですが、二〇世紀初頭に車について予想した人々みたいだとも思います。自動車はちゃちなもので、とても機関車の相手にはならないと思っていた人々のことです。バーナードの論法は要するに、今の技術はうまくいっていて、垂直軸風車のような新しいアイデアはまだ実績がないということでしょう。新しいアイデアに指摘できる根本的な技術的欠陥はなくても、新しい風車技術が成功した先例がないというだけです」

ハンドミキサーのような形の垂直軸風車の配置法についての研究は三〇年の間、ほとんど行なわれていないとダビリは言う。ダビリからすれば、風車《かざぐるま》のような水平軸風車間の隙間を放置するのは、せっかくあるエネルギー生産能力を食べ残してしまうようなものだという。

合衆国のような先進国では、私たちのエネルギーは一般に集中していて——水力発電所や火力発電所、それからもちろん風力発電所で生産されていて——それから電線によって何百キロもの距離にわたる家庭や事業所に送られる。しかし発展途上国の農村地方や僻地《へきち》では、発電施設が手近にある分散型エネルギーの方が有効だろう。

「だからテキサス州や南北両ダコタ州に何百メガワットもの出力がある巨大発電所を建てて、実際に消費するところまではるばる一〇〇〇マイルも送電するんじゃなくて、末端の利用者の近くでエネルギーを生産することには可能性があって、その可能性はますます高まると思います」とダビリは言う。

垂直軸風車による発電所なら、そのもくろみにぴったり一致する。水平軸風車が高さ九〇メートルにもなることがあるのに比べて、こちらは背は低くて一〇メートルもないくらいでできる。だからあまりかさばらず、電力を提供すべき家庭や事業所の側に設置しやすい。なかなか興味深いアイデアだ——ただ今のところ証拠がそろっていない。

その目的のために、ダビリは自説を試験するための実験的な発電所を建てた――アラスカ州イギウギグという、人口七〇人ほどの、風の強い漁村だ。寒い、風の強い僻地で、住民は必要とする燃料を飛行機で運んで来なければならない。キロワット時あたりのエネルギーコストは全国平均の約四倍になる。ダビリは垂直軸風車を適切な配置に並べれば、村のエネルギー需要のほとんどをまかなえて、汚染の大きい炭化水素燃料にほぼ全面依存している状況から解放することができると期待する。

アラスカ大学アンカレジ校のジフェン・ペンと連携して行なわれたこの研究には、各製造業者の風車をテストして、どれがダビリの構想での成績が良いかを調べることも含まれている。何と言っても、八〇年代半ば以降、垂直軸風車についてはほとんど何も調べられていないのだとダビリは言う。

「場合によってはほとんど一から始めて、デザインの特徴を考え直して、三〇年前にうまくいかなかった理由と、今度はうまくいくようにする方法を突き止めようとしました」

このような僻地での作業にはそれゆえの障害もある。風車の羽に着氷して性能を落とすことのないようにする方法も考えなければならなかった。このチームがすでに設置して、どれの性能が上かを調べている風車は二社からの三種類だけだ――問題があったとき、修理するのは一基か二基だけの方が、一度に一〇基というのよりはいいだろう。とくに部品を中国から取り寄せる必要があるとなると。しかし二〇一六年末には五～六基に拡張し、翌年には数十基建てる計画になっている。

イギウギグでは、ワシントン大学のグループも研究を行なっている。これは基本的に垂直軸タービンを横に置いて水力発電を行なおうというアイデアだとダビリは言う。これは村で必要とする電力の三〇パーセントを提供できて、群れで動くタービンの方は最大配置でエネルギー需要の六〇〜七五パーセントをカバーしそうだ。

「完璧に行けば、私の構想はこの村を全面的に再生可能なシステムに転換することになるでしょう」とダビリは言う——〔発電用の〕ディーゼル燃料が要らない世界だ。

気まぐれに、ダビリにフランク・フィッシュによるクジラの結節研究のことを聞いたことがあるかと尋ねてみた——それがタービン群に取り入れられる可能性はあるかとも。

「可能性はありますよ」とダビリ。「実際、それは水平軸タービンよりも垂直軸タービンでの方が意味があると思います。率直に言って」。それは伝統的な風車の羽の角度は迎え角が非常に小さいからだ——つまりザトウクジラが鋭い旋回をこなす補助になる結節の力を利用しきれないということになる。これに対して垂直軸タービンは、回転中のあるところで高い迎え角をなして空気を切ることになり、したがって羽の前面にこぶがあれば、効率をさらに高めることができるだろう。

ダビリはいろいろな海洋生物から、医療やら気候変動やら、様々な分野に影響しそうな見通しを引き出せている。その人生が順調に見えても——二九歳で終身の教授職を得て、三〇歳でマッカーサー天才助成金をもらった——その成果を当然のこととは思っていないようだ。失敗や拒否に直面するのも仕事のうちですとダビリは言う。権威ある『ネイチャー』に論文が載っても、価値のあるNSF〔米国立科学財団〕の研究資金に応募して何度も却下されているし、キャリアを決定するような研究資金を得ても、主要な学術誌への論文の掲載を何度も断られている。マッカーサー財団が最初に連絡してきたときは、ダビリはガリブに会いに来たのだとしか思わなかった。

もちろん、受けた拒否の中には時間を経て尊重に変わったものもある。ダビリが初めてクラゲ式潜水艦のアイデアを提案したときには、海軍士官はそれを嘲笑していた。今やダビリは海軍の研究局からも資金を得ている。五〇万ドルの天才助成金の行き先について、もっとささやかなクラゲ模倣研究のために少しとってあるとダビリは言った。水泳教室だという。嘘ではない——研究室に水槽を構え、海の動物を調べているというのに、ダビリは泳げない。

私は定期的にダビリに連絡して、研究の様子を尋ねているが、最近、水泳の練習はどうですかと聞いてみた。

「静かに沈めるようになりました。残念ながら、私がたどりつけたのはその程度なんですよ」とダビリが言って、静かに笑った。「それで今の段階では、泳ぎのうまい連中が自然界でその仕事をどうこなしているか理解しようとすることに時間をかけるつもりです……そしてもしかしたらいずれそのアイデアがいつか受け継がれるかもしれません」

二〇一〇年、あの流体力学の学会で見たたくさんの発表の中で、たぶん最もわくわくしたのは、空飛ぶヘビの発表だっただろう。

間違いではない——空飛ぶヘビだ。あるいはもっと正確に言うと、滑空するヘビで、樹上あるいは何かの足場から、一〇〇メートルも滑空できる。悪夢に出て来そうなものだが、心配ご無用。こうしたヘビは東南アジアにしかいないし、わざわざ探しにでも行かないかぎり、遭遇することはないだろう。それでも、そうした動物は自然の法則を曲げているように見える。鳥類ではないのに空を飛ぶ動物——ムササビとかトビトカゲとか――はたいてい、腕から脚にかけて大きな翼のような皮膜があって、凧《たこ》のような構造ができ、それを使って安全に航行するものだ。しかしヘビにはそんな便利なパラシュートが伸びる手足はない。こうしたヘビ（*Chrysopelea*〔トビヘビ〕という属のもの）で最も奇怪なことは、それがあっけないほどふつうのヘビに見えるところだろう。

しかし森の開けたところの中央に足場を作って、ヘビが空中に飛び出すところを撮影すれば、その動きはとてもふつうとは言えない。まず、足場から飛び出すと、急降下する――ところがそれから突然水平飛行に移り、浅い角度で滑空を続ける。空中にいるとき、ヘビの体はいくつもの妙な姿勢を経て、後ろ半分がほとんど前半分より前に出て、ほとんど一回転する。しかし回転するわけではない。尻尾が鞭《むち》のようにしなり、そのうねりが奇妙にも意味をなすようになるのだ。ちょっと変わった映画〔『スネーク・フライト』〕のサミュエル・L・ジャクソンなら、このクソヘビ、クソ飛行機なんか要らないじゃないかとでも言うところだろう。

ヴァージニア工科大学の生物力学者ジョン・ソチャは、こうした謎の動物を研究して業績を重ね、このヘビの飛行能力につながるような多くの適応現象を読み解いている。まず、このヘビは確かに空中に飛び出す。体の後ろを木の幹や枝に巻きつけて、それから体の前を前方に押し出す。真のジャンプができるのはこのヘビだけだ。それから体を平らにして底面の面積を倍にすると、上面は空力学的な放物線を描く。面全体が一種の翼になるように体を曲げるが、非対称的な翼になるので、体を左右にうねらせて、一方の側に傾いてしまわないようにする。

ソチャは発表のさなか、そこで恐ろしくもあり、おもしろくもある映像の方を向く。ソチャのチームはジャンプ台を、ヘビがわかりやすい逃げ道に向かってまっすぐ飛びたくなるようにしつらえていた。チームは脇の安全なところにいて、それから脱走するヘビが着地するところへ駆け寄って捕まえる。しかしこの映像では、ヘビは自ら飛び出すと、すぐ左に曲がった――脇で待ち受ける二人の科学者の方へまっすぐ向かったのだ。一人は足場の背後に飛び込み、もう一人の青い手袋をはめた助手は信じられないという顔で見上げてから避けた。

私は認めなければならない。私はこの動画を見るたびに、おかしくて笑ってしまい、そうしてあらためて自分も恐ろしい人間なんだと思い知らされることを。しかしそれを何度も見るのには別の理由もある。このヘビが確かに方向を変えられるというのにしびれるからだ。この動物は、私たちが鳥やコウモリやグライダーに見ていたのとはまったく別の方法を使って「飛ぶ」。その様子を分析してモデル化すれば、生命が流体に満ちた世界をどう渡って行くかについて、想像もしなかった知見が得られるだろう。

第Ⅲ部　システムの基礎構造

第5章　シロアリのように構築する——この動物は建築（などのこと）について何を教えてくれるか

ジンバブエのハラレにあるイーストゲート・センターは、ロバート・ムガベ街道とサム・ヌジョマ通りという、名前の組合せに問題がありそうな交差点にある〔ムガベは当時のジンバブエ大統領、ヌジョマはやはりアフリカ南部の国、ナミビアの元大統領〕。遠くから見ると、その灰色っぽい構造物は、アフリカ南部に見られる他のコンクリートの商業・住宅混合オフィス街と同じように見える。広い、ずんぐりした区画が、スカイラインをところどころで区切る青っぽい高層ビルと対照をなす。しかし近づいてみると、細かいところで他とは違うことが見えてくる。表面をブラシで仕上げたコンクリートは、一一世紀から一五世紀にかけて、ショナ族の祖先が築いた都市の遺跡、グレートジンバブエを称える花崗岩《かこうがん》のような見かけになっている。建物の枠組みをなすコンクリートの板は、実はX字形のデザインでカットされていて、一街区の半分を占める八階建ての構造物に、まるでツタが這うのを待ち受ける四つ目垣かあずまやのような、意外なほどの軽い感じを与えている。そして壁の内外には実際に植物が這っている——自然の、作りつけ冷却機構だ。

ハトも建物を取り巻く凹みや割れ目に巣を作っている。

ミック・ピアースは、私と一緒にこの建物に入りながら言った。「私は鳥が好きなんですよ。向こう側にはハヤブサもいますよ」

イーストゲートは自然に着想を得た建築の恩恵を物語るものとして立っている。一九九六年の完成で、自宅の周囲にあるシロアリの塚に魅了された建築家のピアースが設計した。塚のシロアリは、人間の建物には必要と思われる高価な暖房やエアコン設備がなくても内部の温度を調節できるらしかった。

都市のスカイラインを定める型をなすオフィスビルは摩天楼で、鏡のような表面はハリウッドの若手俳優がかけるサングラスのように周囲を映している。私にとっては、それは一九九〇年代に美しいと思われていたことを表している――『マトリックス』のような、自然環境とはまったく別の金属とガラスでできた夢の中のような光景で、ロボットが人間を支配するために生み出された非現実的な都市景観にとっては完璧な舞台だ。その美しさは建築家の腕の表れにあるのではなく、生物学的な制約を端的に拒否するところにある。

オフィスビルは、高低の差はあっても、どだいエネルギー的には効率が悪い。冬には中の熱を広いガラス窓から流し出してしまい、不足分をまかなうための暖房が必要になる。夏には温室のように作用して、一日中エアコンをつけていないと中の人々はゆだってしまう。こうした建物は常に自然の気象と戦っていて、自然とともに動作するのではなく、それに逆らっている。すでに冷やされた空気をエネルギー費用を節約するために再利用するが、それは室内の空気の質に問題をもたらす可能性もある。

こうした建物は、三重窓などの技術的改善にもかかわらず、ほとんどわざと非効率になっていて、環境と経済に大きな影響を及ぼしている。アメリカ全体では、建物はエネルギー消費の四〇パーセントを占める――二一・四パーセントが住居、一八・六パーセントが事業所だ。ニューヨークやシカゴのような都市では、増え続ける人口によって、これから何十年かで建物のぶんが約七〇パーセントにまで上昇するだろう。その大部分は、冷暖房の避けられない、非効率的な使い方による。その一部は人間の行動によって悪化する。たとえば、天然資源保護協議会による最近の調べでは、マンハッタンとブルックリンの小売業三〇〇社を調べ、そのうち二〇パーセントが夏の暑い日にエアコンをかけながらドアを開けっ放しにして客を誘い込み、大量の「涼しさ」を漏れ出させ、月々のエネルギー費を二五パーセント上昇させ、すでにぎりぎりの都市電力網に危険なほどの負荷をかけている。

　非効率的な建物についての懸念が高まるにつれて、ガラスの建築物にはそっぽを向く傾向が始まっている。ロンドンのシンボルのようになった「きゅうり《ガーキン》」〔30セント・メリー・アクス〕――むしろ金属細工の卵に見える――にかかわった建築家の一人、ケン・シャトルワースは、摩天楼を否定するようになった。「あいうものはもうできません。あんな全面ガラス張りの建物は無理です」と、二〇一四年のイギリスのメディアで発言している。「もっと責任を果たす必要があります」。ほんの数か月前、やはり変わった形のロンドンの高層ビルで「ウォーキートーキー」〔20フェンチャーチ・ストリート〕とあだ名された建物が、近くの店舗の店先を焦がし、駐めてあったジャガーのサイドミラーを融かすという事件があった。曲面の光を反射する建物が日光を下の通りに集め、カーペットを焦がし、プラスチックを融かしたのだ。

　今後数十年で温室効果ガス排出を削減するためのアメリカや国際社会の厳しい目標に合わせるなら、都市の基本的な単位である建物のエネルギー効率を、今よりもはるかに高めなければならないことは明らかになっている。それには、建築、工学、建設についてのいささか過激な再考を必要とする。

イーストゲートはその点で草分けで、ガラスの摩天楼というデザインに対する建築の形での反論となった。このモールにはエアコンがないが、夏は比較的涼しく、冬は比較的暖かくできている。それは建築工学の世界では「煙突効果」と呼ばれるものを利用することによる。暖かい空気は浮力で気柱を上昇し、気柱と外気の温度差や湿度差のおかげで排出されるということだ。これは昔から、シロアリの「開放煙突」つきの塚の形の背後にあると科学者が考えていたことだ——中央が空洞になっているのは、塚の奥に隠れた巣を適度に冷やすためのものだと考えられたのだ。

ピアースのコンクリート製商業区画のデザインは、ファンを使って建物の基底部付近にある低温の空気を引き込み、部屋に通してそこを冷却し、中央換気システムにある煙突を通して外に逃がしていた。ピアースは、それで建物は従来の建物に比べると、エネルギー費用を約九〇パーセント節約したと推定する。このデザインは、二〇〇三年のプリンス・クラウス文化・開発賞など、いくつもの国際的な賞の最終候補になったり受賞したりした。

ただし少しばかりひっかかりがあると、ためらいがちに教えてくれるのは、スコット・ターナーという生物学者だ。悪い臨時ニュースが入ったのを心配しているみたいだった。イーストゲートの煙突効果設計は、シロアリの建築をまねたと考えられているが、シロアリの塚は実際にはそういう仕組みではないというのだ。

ナミビアの首都ウィントフックの北北西へ車で三時間、高速道路に見られる野生動物注意の三角形の標識や、色とりどりのトタン屋根の小屋に覆われた斜面をいくつも通り過ぎると、乾いた草とアカシアの鋭い棘を、スコット・ターナーの靴が踏んでばりばりと音を立てる。チーター保護財団所有のランチハウス〔「牧場主の家《ランチ》」の意で、屋根の傾斜がゆるい平屋〕の裏にある野原だ。このあたりの静けさは私にはほとんど経験がない――都市から遠く離れていることによる広大な静けさで、たとえば道路を転がるゴムのタイヤの絶え間ない低音などの、ふだんは気づくことのないノイズがぱったりと、間違いなく消えているのだ。その代わりに、ときどき巨大な宝石のようなコガネムシが立てるヘリコプターのような音、姿は見えないなじみのない鳥の声による、騒がしいパーティのような、相手かまわぬ何を言っているかわからない鳴き声がある。

ニューヨーク州立大学（SUNY）に勤める生理学者のターナーは、魔法使いの帽子のように地面から盛り上がる煉瓦色の円錐《えんすい》形に向かう。それは高く、ターナーが調べようとしてかがみ込むときには、ほんのちょっと体を傾けるだけでよく、そうして手を日光で温まった斜面に当てることができる。医者が患者を触診するように。

毎年、ターナーを初め、いろいろな分野の研究者グループがアフリカ大陸南部に向かい、塚を築く種類豊富なシロアリのいる国を訪れる。今回の現地調査に同行した人々には、工学者二人、物理学者二人、バイオインスピレーションによるロボットに関心を抱く昆虫学者一人が含まれている。これまでの調査には、ロボットのプログラムのためにシロアリを研究するという研究者も入っていた。中枢の計画や指導をする建築家なしでも構造物を建てられるロボットで、そうしたロボットは、シロアリと同様、個体どうしが相互作用しながら一定の設計仕様の範囲内で構造物を建てられるようにする、少数の単純な規則に従うだけだ。私が『ロサンゼルス・タイムズ』紙に書くためにロボット工学研究を追っているとき、ハーバード大学の工学者の一人が、SUNYの生物学者との共同研究の話をしてくれた——そうして私は二〇一四年春のこの現地調査のことを知り、ターナーに頼んで同行させてもらったのだ。

スコット・ターナーがシロアリを研究することになったのは偶然による。生理学畑で育ったターナーは、ずっと生物体と環境との界面に関心を抱いていた——その境目は、人が思っているよりもずっとぼやけていると、ターナーはだんだん思うようになっている。ターナーは一九八〇年代後期に何年か南アフリカですごし、一年はボツワナとの国境近くの僻地の学校で教えたこともある。草原の中にシロアリの塚が点在していた。ターナーはこの豊富な構造物を授業用の実験材料にすることにして、生徒に気流を測定する原理を見せた（これにはやけっぱちの面もあった。どうやらどこかの誰かが、いくつかのフラスコと水槽以外の生物学実験室の設備を持ち去ったらしかったのだ）。少量のプロパンガスを塚に送り込み、塚の煙突にセンサーを置いて、ガスが出て来るのを調べた。この装置を使えば、塚の中の巨大なトンネルを空気が安定して流れるのが見られるとターナーは予想していた——そして実際にはそんな安定した流れが通っていないことが明らかになり、困惑した。

「文献ではそうなっていると誰もが言っていることに基づいていたのですが……みんながそうなっていなければならないと言っていたこととそのときの気流は違っていたんです。それでちょっと興味を持ちました」とターナーは言った。

壮大なシロアリの塚についてまず知っておいていいのは、シロアリはあの塚に住んでいるのではないということではなかろうか。シロアリが暮らしているのは地下の巣で、そこに特定の茸《きのこ》の畑を作り、持ち帰った固い木を餌用の堆肥にする助けにする。シロアリの塚は形や大きさも様々で、たとえば、なだらかな丸い盛り土、背の高い尖塔《せんとう》、円錐形でてっぺんに煙突穴が開いたもの、高く細い柱状、それほど高くはない円筒形のやはりてっぺんが開いている「煙突」形（以上ですべてではない）。インドで見られる塚には、中央に尖塔があり、それを控え壁《バトレス》のついた高みが囲む、ほとんど魔物の城砦《じょうさい》のように見えるものもある。私は、このシロアリにしてみれば摩天楼に見えるものがいろいろ集まって一か所に並んでいるところを想像する――それが並んでスカイラインをなしていると。

きっとそのような複雑な構造物は、目標を念頭に置いて築かれるにちがいないと、科学者たちは考えていた。一九五〇年代のこと、スイスの昆虫学者、マルティン・リュッシャーが、シロアリの塚の機能についての自説を『サイエンティフィック・アメリカン』誌で発表した。シロアリ塚は、シロアリの巣全体としての体温を調節するために用いられているのだという。何と言っても、シロアリの巣の代謝率は相当に高く、五五～二〇〇ワットほどに及ぶ――山羊や牛一頭なみだ。その熱の一部なりとも廃棄できなければ、すぐに蒸し焼きになってしまう。しかしシロアリはその熱（と湿気）すべてを環境に排出できるわけではない――シロアリは繊細な動物で、外気の中では生き続けられない。それで塚が温度（と湿度）を調節する手段となったというわけだ。

シロアリ塚の形と大きさは実に多彩で、リュッシャーは、自分が調べたのは丸い、てっぺんが開いておらず、側面に畝が走り、ごつごつした感じの塚を築く、*Macrotermes natalensis*〔ナタールオオキノコシロアリ〕という種類だと言った（ターナーは、リュッシャーが調べたのは、同様の塚を築く *Macrotermes bellicosus*〔好戦的なオオキノコシロアリといった意味〕という種ではないかと説いている）。その構造物は熱が排出される大きな開口部がない——しかし構造物の表面のすぐ下を、平行に走る表面通風路《サーフェス・コンデュイット》と呼ばれる大きなトンネルがいくつか通っている。地下にある巣の外には太い「煙突」のようなものが立ち上がり、それが表面通風路まで続く複雑なトンネル網につながっている。表面通風路は、出口複合体《エグレス・コンプレックス》と呼ばれる、小さなトンネルが絡み合って表面に穴を開けて、多孔にしているものにつながる。

リュッシャーのモデルによれば、巣付近の空気はシロアリの活動によって熱せられ、湿気を帯びて、浮力を得て、巣を塚につなげる中央の「煙突」を上昇する。しかし塚のてっぺんは閉じている——空気は塚の表面の直ぐ下を平行に走るトンネルを進み続ける以外に行き場はない。この塚の斜面の下数センチしかないトンネルを通過するとき、空気は外から空気を取り込むことによって、多孔の壁ごしに「リフレッシュ」される。冷えて乾燥した空気は密度が高くなり、溝を下りて行き、また巣の方に戻り、シロアリに呼吸され、また温められ、湿気を帯びる。ということは、このモデルは塚を人工心肺装置のように描いていることになる——シロアリの酸素循環を外部委託しているのだ。このモデルは「熱サイフォン流」と呼ばれる。

しかしてっぺんに開口部のある煙突の塚の方はどうなのだろう。こうしたオオキノコシロアリの塚での力学を解明する別の理論ができた。「誘起流」という。このモデルでは、塚のてっぺんの上を風が吹いて、煙突の上から空気を引き出し、そのぶん下の空気も引き上げる。塚の底付近の風は新鮮な空気を引き入れて巣に運び、その巣の熱を拾って煙突を上昇し、安定した風によって引き出してもらう。建築家の間では「煙突効果」の方が通りがよく、これはイーストゲート・センターのモールなどの建物のヒントになっている。この建物は内部にたまる暖気を排気しやすくする煙突群を目玉にしている。

この理論が立てられてから――とくにイーストゲート・ショッピングセンターが建設されてから――二〇年以上、多くの専門家がシロアリの塚の温度調節力を称揚し、この塚はいつも内部を理想的温度に保っていると説いてきた。

一九九七年の『ニューヨーク・タイムズ』紙に載ったイーストゲートについての記事は、「アフリカの草原の気温は夜は氷点近くから日中の四〇℃にわたるのに、塚の内部は三〇℃あたりに正確に保たれなければならない」と解説している。

しかし、ターナーが南アフリカの生徒の前で失敗した実演のときに気づいたように、実はそうではなかった。二〇〇四年初めから二〇〇五年初めにかけて塚を調べて、*Macrotermes michaelseni*〔ミハエルセンオオキノコシロアリ〕の塚は、冬は約一四℃、夏は約三一℃という範囲で季節変動することをつかんだ――暮らしている土の温度について調べられているのと同じ変動だった。あの根本的な前提――塚の空気の通り道は一定の温度（と湿度）を維持するようにできていて、自然の「エアコン」として動作する――は、成り立たない。

一九九五年から九七年、ターナーは、*M. michaelseni* が築いたてっぺんが閉じた塚を四五個調べた。これは *M. natalensis* が築くのと構造は似ているが、目立つ畝はない。ターナーはプロパンガスを追跡用《トレーサー》の物質として注入し、それがトンネルをどう移動するかを、塚のあちこちにセンサーを差して観察した。まもなく、空気はリュッシャーが記述したような熱と湿気による整った回路を循環するのではないことを明らかにした。人工心肺装置といってもその程度だった。

むしろ、塚の内部で起きていることは循環ではなく、混合――二種類の気体がごちゃごちゃと入り交じり、古い方が巣の上へ昇り、新しい方が何とかして塚をくぐって進むということ——だった。

ターナーはこの空気の動きが熱の調節とはほとんど関係がないことを認識した。現実には、塚は確かに本当の肺の方に似た作用をしていた——酸素と二酸化炭素を交換しやすくして、シロアリが自分たちの排気で窒息しないようにするのだ。

ターナーは、プロパンを塚のトンネルに入れてそのトレーサーガスがどうなるかを見るなど、いくつもの実験を行なっている。そうしてこの塚の中での混合の原動力となっているものについての別の説明もつけた——主として空気の浮力（閉じた塚のモデルにあったような）や、上昇する空気に補助される安定した風（開いた塚のモデルの場合のような）によるものではない。ターナーの説明は、そうしたモデルが説くような、塚の大きな通り道を、ベルトコンベアのように整然と空気が流れるというのではなかった。

ターナーの結論では、むしろ乱れた気流——速くなったり遅くなったり方向を変えたり——が、塚の中での混合作用を動かしていた。

工学者からすると、これは変わった考え方に見えるかもしれない。何と言っても、乱流の風はうるさく、非効率的で、実際、何の利点もなさそうだ。玩具の風車を考えてみよう。乱れた風によって形が歪むこともあれば、それで回ることもある。つまりあちらこちらへとばたつく以外のことはあまりしない。くるくる回り続けるようにするには安定した風が必要で、これは風車を持った人が息を吹き込むことで作ってやらなければならないことも多い。

しかしそこに問題がある。自然界にはきれいに舗装された道はないように、予想のつく安定した風はない——とくにナミビアにはない。安定した風を利用して機能する構造物を建てたのではうまく機能しない。

少々逆説的だが、変わりやすい風の方があてになる（ことわざでも「変わるのが常」と言われる）。シロアリの塚は、その移ろいやすい風を利用して、新鮮な酸素と古い二酸化炭素を交換する混合の原動力とする構造になっているらしい。

考えれば考えるほど、人間の肺の機能に似ているようにターナーには思われた。空気が気管を通り、それが気管支に分かれ、それがさらに細気管支と呼ばれるもっと小さい通り道に枝分かれする。肺は循環で動いているのではない。それは空気を主要な通り道（気管と気管支）に押し込むが、そこは大きな空気の流れが止まるところでもある。気流の塊はシステムの出発点で優勢で、最後には拡散するかもしれないが、混合過程が優勢な中間地帯が鍵を握っている。それは基本的にターナーがシロアリの塚の底あたりで起きていると思っていることだ。巣にある空気は止まっていて流れないが、巣と、塚の表面に近い通り道との間にある境界領域ごしに二酸化炭素分子と酸素分子を交換する。

人間の場合、肺に空気を吸い込むことでその過程を進める。シロアリにはそんな贅沢はできない――しかしターナーはシロアリがこの過程で受動的に動いているのではなく、絶えず塚を修復し、構築していて、そうして塚の形を内側も外側も変えることで変化する風を利用し、混合作用を動かしていると考えている。

シロアリはアリと同様、そういう共同体としての協調的な生活を送っていて、集合的に「超個体《スーパーオーガニズム》」と呼ばれている。一つ一つの個体は何も考えず、目も見えないし、独自の長期的目標や方針もないが、一緒に動くと、群れのレベルでのコロニー全体のための判断をよどみなく行ない、個々のシロアリは大きな生物体の手足の一部にすぎないように見える。この集団知が人間を魅了する概念になるのは、この「知」には、人間の場合には脳にあるような、物理的な場所がないというところだ。そしてその能力――ごく簡素な命令集を使って、大きく見ると本当に知能があるように見える判断を行なう——は、ハーバード大学でシロアリロボットを作った工学者の注目の的で、今回の春の調査旅行の中にもそのために参加した人々もいた。しかしそのことは後であらためて見ることにする。

シロアリの塚が本当に肺のようにふるまうなら、それは基本的に超個体のための外部器官として動作する——「延長された表現型」という、進化生物学者リチャード・ドーキンスによる一九八二年の同名の著書で述べられた概念に収まるものだ。ターナーは研究者として、生物体どうしや、生物体ともっと広い環境との境界を調べてきて、結局たどり着いたところが、そうした区別はそんなにはっきりしていないということの発見だった。この意味で、生物の「生きている」部分の境界は、皮膚（あるいは殻、あるいは外骨格）の外側よりもはるか先まで広がっている。

ターナーは、生物体と環境の境界線をぼやけさせるのと同様、生物学と工学の境界も崩してきた。シロアリ研究を始めてから数年後、ルパート・ソアーという、今はノッティンガム・トレント大学でデジタル建設技術とバイオミミクリー製造を専門にしている研究者と組んだ。二人はイーストゲート・モデルの基礎をなす誤った科学的理論について論じ、風に補助された塚の「呼吸」する能力に関する二人の考え方を述べる論文を書いた。

二〇〇八年のことで、そこにはこう書かれている。「もちろんとやかく言おうという意図はない。ピアースは当時の優勢な考え方に従っていただけで、結果としてできた建物は成果をあげている。ただシロアリの塚は機能の点で、それまで想像されていた以上に興味深いことがわかった。われわれはこのことが、ピアースの当初の展望の先を行く、新たな『シロアリに着想を得た』建築物設計の広大な可能性の予兆となるものと信じる。単に生物に着想を得た建物――バイオミミクリーによるビル――ではなく、ある意味で居住者や、建物が収まっている生きた自然と同様に、建物が生きているのだ」
イーストゲートについて二人が見た根本的な問題点は、ある意味で、そのデザインが生物を模倣する点で十分でないということだ。二枚の羽を腕につけて羽ばたくことと、鳥の個々の部品と全体の形や飛ぶときの体のまわりの流体力学をすべて理解することとの間には大きな違いがある。理解して初めて、その原理を、規模も材料も違う現代の航空機をはるかに高速で飛ばすことに応用ができる。何と言っても、フランス語を理解しきれていなければ、フランス語の詩を分析して自国語に翻訳しようとしたりはしないだろう。それと同じように生物学の教えについて深く知っていなければ、それを実用的な人工物のデザインに翻訳するなどと、どうして期待できるだろう。

二人はまさにそれをしようとしている。シロアリと塚のいくつかの面について大いに必要とされる基礎研究を行ない、シロアリやそれが建設を行なう様子について、フル解像度の写真を得ることだ。ソアーは、生物学者ターナーに対する工学者として、二人の協同作業を複数の水準で見ている。ターナーは塚をシロアリの生理学の延長として見て、その構造をボトムアップで観察し、シロアリがお互いに、また環境とどのように相互作用して塚を築くかを理解しようとする。一方ソアーはトップダウンで進め、塚に石膏《せっこう》を流し込んで大規模構造を理解し、わかったことを構造工学の枠組みに移し替えようとする。シロアリ研究に飛び込んでからの何年かで、二人の役割や関心の境界はぼやけてきた。

ソアーは、片手には聴診器を持ち、パイプをくわえてターナーと草をかき分けている。何年かの間にターナーの周囲に徐々に集まってきた一団の様々な構成員の一人――言うなればターナーの学術的な延長された表現型の一部——となっている。

「こいつらはものすごい地球工学者ですよ」と、塚を見てソアーは感想を言う。この何十年で、研究者はこの土地改良《テラフォーミング》する小さな昆虫の影響を認識するようになった。「みな、地球の中央部の景観全体がシロアリによって形成されていることを認識しています」

「中つ国《ミドルアース》？」と、ポール・バーデュニアスという、ターナーとの共同研究をしているフロリダ大学のポスドク昆虫学者がまぜっかえす。

「そう、中つ国」と、ソアーは『指輪物語』になぞらえられたのを親切に拾って言う。「掘り始めると、地下一メートルくらいで岩や大きな石にぶつかりますから、シロアリがその上に何万年かかけて土をかぶせて、岩は全部潜ってしまうんです。赤い土になるのもそういうわけです」

ドイツ人工学者のマックス・クスターマンが「人々が流した血ではないんですよ」と、ナミビアの植民地時代の暴力的な歴史を引き合いに出して言う。

血ではないが、たぶん他の体液だろう。シロアリは岩や瓦礫のかけらを運び、それを自分たちの排泄物や消化液で覆って、ものすごく肥沃な土の層にする。掘り返した土とともに水分も運び上げ、根をあまり深くまで伸ばせない植物にも水が利用できるようにし、それもあって、ナミビアのような乾燥した国でも季節的な湿地を宿せるようになっている。シロアリは鉱山業者にとっても便利だ。シロアリによる発掘作業は地下深く埋もれている鉱物を運び上げるので、開発業者はシロアリの塚を調べて地下に何があるかを確かめることができる。それは会社にとって、探査器具と人員を投入して掘り返すより、ずっと安価で手早いし、リスクも少ない。

この近くのオチワロンゴの町から西へ車で二五分ほどのチーター・ビューのランチハウスにいる研究者は、それぞれに理由があってここにいる。ソアーと、身なりのいい工学者クスターマンは、建設の過程に3Dプリンティングとデジタル製作器具を持ち込むための革新的な方法を探すべく提携している。バーデュニアスはシロアリのプログラミング――シロアリがなぜそういうふうに築くのか――を理解しようとして、個々のシロアリがどう意思決定するかを調べている。その研究はもっと有能な建設ロボットの創造に資することができるかもしれない。しかし屋台骨の役をしているのは、ターナーのこのものすごい建築作業員に関する長年の経験と、超個体的特性についての研究だ。今朝もターナーはハーバード大学の物理学者ハンター・キングとサム・オッコが塚で気流の調査をするのに同行した。

大学院生のオッコは持ち込んだ折りたたみ椅子に座ってノートパソコンを開き、モデムのような小さな箱につなぎ、箱の方を別の、小さなタンポンほどの大きさの測定装置につながるワイヤに接続した。ポスドク研究員のキングは、その測定装置を手に持ち、塚の麓《ふもと》に立っていた。オッコからは二メートルほど離れている。キングは塚をぽんぽんと叩き、表面通風路の位置を教えてくれそうな空洞になっているところを音で探している。

シロアリは塚には棲んでいない。シロアリがいるのはその下の、幅が一・五～二メートルほどの扁平なバスケットボールのような形をした巣だ。その巣の開祖はひとつがいのシロアリで、そのつがいはせっせと子どもを作り、四年か五年すると、コロニーには二〇〇万匹ほどのシロアリが暮らすようになる。

当然、そのように急成長する一族用に、追加の部屋が必要になる。そこで働きシロアリが土を掘ってそれを上の地面に捨てる。ただ土を取り除こうとしているのではない。水も汲み出す。だから表面に水分を含んだ土が運び上げられ、それが積み重なって、その後見事な塚に形成される。

「それはダイナミックな構造物で、シロアリはいつも土を上へ回しています。主に雨季のことです。そもそも土を上に運んで塚を築く主な動機は下にしみ込んでくる水だからです」とターナーは言った。「要するに巣にある余計な水分を取り除いているんです」

そこまで運んでも、さらに湿った土を表面に運び上げ続ける——それは、外に向かって土を移動させるための、枝分かれするトンネルのネットワーク一式を必要とするということだ。つまり積み上げられる土は下書きのようなもので、いずれ練り上げられ、時間をかけて道筋が描かれる。ある道筋は広げられ、表面通風路と呼ばれる、表面のすぐ下を走る幹線道路になる。エグレス・コンプレックスという細かいトンネルの絡み合う網目は、表面通風路と塚の表面の間に残る一～二センチを突破する。この小さな穴が、意外な形で風とやりとりできる孔を塚に与え、それを一種の呼吸器構造にする。

表面通風路とはいえ、実際には地下へ伸び、巣を囲い、広範囲のトンネルネットワークに合体する。ネットワークは七〇メートルの範囲に広がることもある。

「待って——じゃあ、ここにもトンネルがあるんですか」と、私は足下を見回して言う。塚本体からは五、六メートル離れたところだ。

「あなたが立っているところは、餌取り用トンネルネットワークの真上です。そこからシロアリは外へ出て餌を探すんです」とターナーは言う。そうして近くの樹木を指さす。赤い土がその木の表面を上に伸びているように見える。シロアリは外の環境では生き延びられないとターナーは解説した。あなたの体の細胞だって、皮膚がなかったら生きられないのと同じですよと。だからシロアリはどこへ行くにも土の皮膚をかぶって行くのだという。

「シロアリが自分の体を露出することはまずありません」とターナーは言う。たとえば、シロアリは木にシートを張り終えると、樹皮をはいで巣に持ち帰り、そこで消化・排出して、それを使って「茸の櫛《ファンガス・コーム》」と呼ばれる構造物を作る。環境から胞子を取ってきて植えつけたものだ。胞子が発芽して、茸はシロアリが築いた木の糞でできた構造物全体に広がる。木は固い。セルロースという炭水化物の繊維が、リグニンと呼ばれる糊のようなタンパク質で固まっている。このファンガス・コームはその繊維を分離する働きをして、複雑なセルロースを分解し、ヘミセルロースと呼ばれるものにする。これならシロアリも食べやすい（ここがハキリアリのような他の似たような動物との違いだ。ハキリアリは実際には茸そのものを食べていて、茸が生産する炭水化物を摂るのではない）。実は明日そのコームを見に行くんですよとターナーは言う。現役のシロアリの塚を切り開くのだという。

その間、キングが表面のすぐ下を走る幹線トンネルである表面通風路の一つに測定装置を入れるのに苦労している。二人の物理学者は溝を通る大規模な気流を測定しようとしているが、入り組んだエグレス・コンプレックスまでしか届かない。

「今のところの問題は、空洞のような音がしていても、細いやつが集まったところでしかないってことだとキングは言う。

ターナーは身をかがめて拳で塚をたたきながら、表面を移動する。「空洞を追いかけろだ《フォロー・ザ・ホロー》」とターナーはキングに言う。ターナーは叩き、耳をすまし、見えない道筋をたどって上へ向かう。「ここかもしれない、ちょっと見てみよう」

キングは測定器具を差し込む。動いた。「ふーっ」とターナーは半分冗談で言う。「当たりだ」、とソアー。「名人芸だったな」

キングとオッコはハーバード大学の応用数学者で自然システムの物理を研究するラクシュミナラヤン・マハデヴァンの下で研究をしている。スコット・ターナーとルパート・ソアーがずっと記述してきた生理学的過程を、二人がきちんと定量化できることが期待されている。二人の方は、モデルにすべき興味深い自然システムを得ることになる。ターナーとソアーはだいたい、キングとオッコの二人にやりたいようにさせている。塚の中がどうなっているかについて自分たちが抱いてきた考え方のせいで、キングとオッコが得る結果にバイアスがかからないようにするためだ。これはもちろん、物理学者二人のデータが、この何年かターナーが抱いてきた塚と風の関係――さらにはもしかするとその機能――に関する理論がその通りではないかもしれないことを示した場合の覚悟もしなければならないということだ。

その日は午前中早く、私は手近の塚まで出かける前に、ソアーとバーデュニアスが長いアルミの巻線を取り出してそれを短い断片に切り分け、バケツに放り込んでいるのを見ながら、フルーツとナッツ入りシリアルの朝食を食べていた。

「これが生物学と工学のこの世界での出会いってことだと思いますよ」とソアーは針金のサイズをそろえて切りながら、パイプをくわえたままで言う。

すぐに私は、生物学と工学の境界線は案外はっきりするんだということも知った――単純に、使われている言葉によるのだ。ソアーはバイオミミクリーによる材料《マテリアル》の「材料性《マテリアリティ》」を調べるために、３Ｄプリンテイングを使っている何人かの研究者を挙げた。

「そういうところもおもしろいですね。先生の世界の人々はそういうまさしく魔法の言葉みたいな言葉がありますからね」と、バーデュニアスが口をはさんでくる。

「そうですね、でもそっちだって。私も先生の世界のことを勉強しないといけなかったんですよ」とソアー。

さて、ハンター・キングやサム・オッコと一緒に塚を調べた後、さっきのアルミがどうなったかを見る段になる。塚を検査してから、一行がランチハウスの前にある庭まで戻って来ると、生物学者の一人についている技師のスチュアート・サマフィールドが容器を何百度にも加熱していた――あの針金が融けるほどの熱さだ。サマフィールドの足下近くには、地面に、変わった円がはまっている。そこにはロールシャハ・テストのインクのしみのような形のくねくねとした穴がいくつかある。要するにそれは、一行が近くのシロアリの塚から実際に切り取ってきたもので、それを何日か乾燥させ、ひっくり返して地面に埋めたものだった。

サマフィールドは溶接用のマスクで顔を覆い、分厚い手袋をはめた手で、銀色の液体を、その塚のいちばん大きなロールシャハ風の穴に注ぎ込んだ。じゅうっというこもった音がして――塚の上が思ったほど乾燥していないらしい――サマフィールドはすばやく後ずさりしたが、注ぐのはやめず、融けたアルミをすべて注ぎ込む。

爆発する危険がなくなったところで、スコット・ターナーらの科学者が一団でやって来て、穴のへりに注がれたアルミの光沢を見る。まだ隙間がいっぱい残っている――もっとアルミが要りそうだ。しかし、必要な六五〇℃ほどまで温度を上げることができるとしても、それが残ったすべての隙間や割れ目に入れるかどうかは不明だ。先に入れたアルミはもう中で固まっていて、入るのを邪魔しているからだ。

どうするかを研究者どうしが話し合っている間、ポール・バーデュニアスと、シロアリの本を書いているリサ・マルゴネリがほんの一、二メートルの距離にあるアリ塚とシロアリ塚の相互関係を見ている。

その日の午前中にはソアーが、「シロアリのいるところにはアリがいる」と言っていた。しかしこの二つの生物どうしは友好的ではない。それどころか、アリはシロアリの塚を襲うし、シロアリは機会があれば、斥候《せっこう》アリをシロアリ塚の穴に引きずり込む。ホラー映画の犠牲者役の青年のように、その不注意なアリは二度と姿を見せない。それは筋が通っている——この二つの種は同じ環境でだいたい同じ餌を探す採食者どうしだからだ。アリとシロアリは、見かけも社会的行動もよく似ているのに、近い類縁ではない。現存する中でシロアリに最も近い親戚はゴキブリだ。そんなアリとシロアリが一種の群れとしての知を持っているらしいということは、いくつかの点でさらに注目に値する。人工知能に関心を抱く科学者がアリやシロアリを調べるのはそのためだ。ただ、人工知能やアリについては別に章を設けて話すことにする。

おそらく私の指の爪の半分ほどの長さの収穫シロアリが一四、その八倍から一〇倍の長さがある木の枝をつかみ、それを地中の細い穴に押し込もうとしている。バーデュニアスとマルゴネリがじっと見つめている。長いソファを、狭い、通りにくい入り口から入れたことがあれば、このシロアリの苦労がわかるだろう。

「下げて、下げるのよ」とマルゴネリは、ほとんどささやきかけるように言う。

私たちの熱心さに、ターナーとソアーがアルミよりこちらに注目した。

「こいつは長さを測っているんですよ、ほら」とソアーが言う。

「重心の位置を測っているんです」とバーデュニアス。

「冗談でしょう」とソアーは応じる。

「こいつはすごいシロアリなんですよ」とバーデュニアスが言い返す。「どれどれ……先生が正しそうだ。こいつ枝を切っている」

比較生理学者で一行の雨男を自任するベリー・ピンショーがひと目見て、この昆虫の懸命の作業を退ける。「それを穴に入れようとしているのなら、そこを切っちゃだめだ」と言って、その場を去る。

しかしもちろん、シロアリは棒をぐるりとかじって獲物を穴に引き込む。

「どういうこと？　シロアリの方がベリーよりも頭がいいぞ」とバーデュニアスがふざける。

そのバーデュニアスは、個々のシロアリの行動を見て、単純な行動規則をつきとめようとしている。その日の午前中、みながアルミを切っていたとき、私はバーデュニアスに、何に注目しているのかを尋ねた。「ここへ連れてこられたのは、博士論文のテーマが個々のシロアリが集まる様子だったからです――こいつらが集まってトンネルを作るために使っているアルゴリズムです」とバーデュニアスは言う。「私はオキノコシロアリの個体を見て、群れとして従っている規則が何かを調べています。こういう塚を生み出すための互いのやりとりの規則です。私の課題はその規則をハーバードに持って帰って、向こうの仲間にその規則に従うロボットの作り方を教えることです」

その点で私はいささか困惑した。「先生は生物学者ですよね――昆虫学者。昆虫学者がアルゴリズムをいっぱい考えるようになるのはどういうときなんですか？」

「きょうびは何でもアルゴリズムなんです」とバーデュニアスは言う。

「みんなアルゴリズムが相手ですよ」とソアーがつけ加える。

バーデュニアスはすぐに、自分がアルゴリズムというのは、個人的におおざっぱな意味で言ってるんですよと念を押す。

「私はコンピュータのプログラマじゃありませんしね。ただ、シロアリを観察していて、シロアリは基本的にコンピュータなので、そこにはプログラムがあるんです」とバーデュニアスは言う。

そのプログラムにある行動を取り出せれば、記述のしかたがわかり、それをこうした構造物を築くコンピュータやロボットのプログラムにすることができる。個々のシロアリの動き方と、シロアリどうしがやりとりするときに起きることが理解できれば、塚全体が理解できる。

「君が探しているのは基本的アルゴリズムのようなものだろう。君は人間だから、存在しなくてもそういうのに引き寄せられるんだ」とソアーが言う。

「聖杯《ホーリーグレイル》〔一般には最終目標のような意味で使われる〕？」と、私は良識には逆らって尋ねる。私はジャーナリストで、ジャーナリストは聖杯と呼べるものなら何にでも弱い。しかしその質問はソアーには違う響き方をしたらしい。私はシロアリを理解しようとしてぶつかる多くの問題を解く鍵のように思っていた。ところがソアーは違う受け取り方をしているようだ。たぶんもっと正確な意味だろう――実際には見つからないものを探すということだ。

「おそらく聖杯でしょうね」と、一呼吸置いてソアーは言う。そして笑い、向き直り、「そうじゃないかい？　ポール。でも私たちはそうじゃないと思うほど惑わされているんだ」

そろそろアルミが冷え、一団が手分けしてそれぞれの仕事にかかり始めるところで、私はポール・バーデュニアスについて行き、庭を抜け、垣根を過ぎて、もう一つのランチの建物へ行った。そこは一行の半分の宿泊所になっている。この宿泊区域の外、近くにアカシアの木陰がある庭に、バーデュニアスは自分の実験装置の一つを設置してあった。シロアリの塚の近くに、だいたいふつうのプリンタ用紙ほどの大きさの二枚の耐熱ガラス板が立てかけてある。バインダー用のクリップで重ねられたガラス板の間を、丸い土の塊がゆっくりと昇っているように見える。バーデュニアスは、巣からのトンネルの一つを、この透明な二枚の板の間の狭い空間につなげ、シロアリにほとんど平らな建設空間を与えたのだ。これは二つの点で役に立つ。一つ、それによってシロアリの作業の様子がわかる。容器の中に作らせたアリの巣のようなものだ。それから二つめ、シロアリの行動を二次元に限定して単純化する――こうするとバーデュニアスはその設計にかかわる建設規則をいくつか抽出してみることができる。

　バーデュニアスはガラス板を午後一一時頃に仕掛けておいたので、シロアリは夜通し働いていたにちがいない。今朝は漫画に描いた丸々とした足のような形ができていた。大きく、いびつな、少しぎざぎざしたドームが本体をなし、泡のような土が上に向かって太い足指のように伸びている。実際、第二指は、二枚重ねの耐熱ガラスのてっぺんまで進んでいて、その大きな爪先は二、三センチ下がっていた。

　ソアーとバーデュニアスが注目すべきだと思う環境からの信号がいくつかあって、湿気はその一つだ。バーデュニアスがシロアリを乾いた区画と湿った区画の間に置く実験をしたことがある――地面の片側はからからで、反対側は水浸しにしておいた。シロアリは水分が含まれているが多すぎない、ちょうどいい《ゴルディロクス》ところで建設作業を始めるらしい。となると、ある湿度勾配がシロアリを動かすパラメータの一つなのかもしれない。

風による乱流もそうかもしれない。バーデュニアスは耐熱ガラスの開いたてっぺんまで届いた、赤っぽい土でできた「第二指」を指さす。この接触地点は実際、透明な板の幅を二等分しているらしい――バーデュニアスはそれは偶然ではなく、シロアリは風のパターンを感じとって、すぐに風による乱れを減らすよう反応したのだと考える。「このそびえる柱を押し上げるだけで、乱流の循環を断ったのかもしれない。建てる柱の並びが乱れの中の逆流に対応しているんじゃないか」という説明だ。

バーデュニアスは、このガラス板の間での建設を時間を追って測定することで、塚の成長曲線を得たいと思っている。シロアリの建設過程にはいくつかの段階がある。一匹のシロアリがそろそろどこかに何かを築こうと判断し、口いっぱいの土を積む。大方の人々は、そのとき何らかのフェロモンもそこに置いているものと思っている。通り過ぎる他のシロアリに、「ちょっと、そっちの土もここへ下ろして行ってよ」などと伝えるものだ。こうすると、さらに他のシロアリに口で運ぶ土をそのあたりに下ろさせて、すぐに建材の「泡」が成長する。後に、この「足場」が設置されてから、シロアリがこの最初の粗雑な造りを埋めにやって来て、それに構造を与える（バーデュニアスが明らかにしようとしている過程）。

しかしその泡はいつどこで始まり、いつ止まるのだろう。バーデュニアスの研究は、実際には化学信号が必要ないことを示すかもしれない――あるシロアリが残す土の構造だけで、次のシロアリがなすべきことを知るのには十分な情報かもしれない。そうした手がかりは、それが何であれ、研究者がこうした実験で得たいと願っているものだ。

バーデュニアスは、「どうやってアルゴリズムをつかむのかというと、こうやってアルゴリズムを考えるんです」と言った。「個々のシロアリがしていることを理解して、シロアリどうしがどうやりとりして、個体が環境とどうやりとりするかを理解する必要があります——そうやって残りの部分も組み立てられる。つまりその先に見えることはすべて、その最初の段階によります。口に土を含んでいるか、土を必要としているかいずれかの一匹のシロアリが、ある状況でどうするかが予測できたら、実際に構造全体が生み出せるでしょう」

シロアリの脳にあるそういう単純な規則のそれぞれが他の規則と相互作用して、塚に見られる構造を生み出す。また規則は競合することも多い——目的が食い違うことさえあると、居合わせる科学者たちはすぐに指摘する。そうした競合する行為体《エージェント》からなるシステムから、秩序が生じ始めるのだ。

バーデュニアスは完璧な例を指し示す。シロアリのトンネル掘りだ。そしてそこでは、その大敵であるアリとの対比が役に立つ。シロアリ塚を探しているアリは「ランダムウォーク」という、行ったり来たりを繰り返して多くの面積を調べる。その標的を見つけると、アリはまっすぐ巣に戻り、他のアリに目標を教える（そして他のアリが探し回らなくてもいいようにする）。採食行動としては非常に効率的だ。ところがシロアリは、まったく異なる採食行動をする。要するに、採食行動のために「ランダムウォーク」で土にトンネルを掘るとしたら、紆余曲折する道をすべてたどって巣に戻らなければならない。それは効率的ではない。巣までまっすぐトンネルを掘るという手もあるが、これはエネルギー的に非常に高くつく。しかし、同時に二つの必要——効果的な探索パターンと迅速な帰巣——のバランスをとるなら、出て来るパターンは分岐ネットワークとなる。まさしくオオキノコシロアリの塚の中に見られるパターンだ。

「実際そのパターンは探索と輸送のために最適化されています。その二つのバランスをとるとすればね」とバーデュニアスは言った。

こんな例もある。トンネルに向かう個々のシロアリは掘ろうと――土を少し拾ってそれを他の場所に運ぼうと――している。口に土を詰め込んで戻るアリは、その荷物を下ろそうとする。あるシロアリが土を掘って口に詰め込む一方で、そのすぐ隣の穴では、反対方向に進む別のシロアリが、土を下ろしているということだ。それぞれに追随するシロアリは、それぞれさらに深く掘るか高く積むかして、この非対称の結果が、トンネルは斜めの枝に延びるということになる。それがなす角度は五五度から六五度――これは二股に分かれるネットワークには最適な角度に他ならない。二匹のシロアリの競合が、実際には最適解を生む。

バーデュニアスのような科学者は、こうした動物はいろいろな環境因子――土の湿度、土の種類、乱流――を取り込んで、それに沿って建設すると信じている。これは多くの点で建築とは逆のやり方だ。

バーデュニアスは言った。「建築家は頭の中で問題を解いて、その答えに材料を合わせます。実際にきちんと仕事をすれば、確かに間違ったものを建ててエネルギーを無駄にすることもありません。こいつらは逆のことをします。シミュレーションはしませんが、いつも環境に接触していて、だから建設中に試行錯誤もたくさんしますが、できてしまうとできるかぎり最適なものにちゃんとなっています。いつも環境からの入力をもらっていますから」

これは「行為者本位《エージェント・ベース》システム」と呼ばれるものだ。要するに、システムにある個々のエージェント、あるいは個体がそれぞれの利己的な目標を達成しようと最善を尽くせば、競合するエージェントと接触するようになったとき、両者の競争から最適解が生じるという考え方だ。このシステムは体にある細胞から生物種どうしの競争まで、自然のいろいろな水準で動作している。一匹のシロアリが土を掘り、もう一匹が土を下ろしているときもそういうことが起きている。アリとシロアリが攻撃し合うときにもそれが起きている。両者の間に最適解——少なくともバランス——が生じる。

「私たちの脳が不確実なことに直面して行なう意思決定と同じですよ」と、スコット・ターナーが私に言う。

しかしそれは一例にすぎない。自然に存在しているのは、同時にそれぞれの目標に達しようとする二つのエージェントだけではない。たとえば、うまくいっているシステムは各機能をエージェント間で分割し、エージェントはその機能を整合する解にまとめることができる。そのためシロアリの塚のような系《システム》は、「創発系《エマージェント》」と呼ばれる。建築家は現時点で頭の中の相異なる目標——キッチンはダイニングルームとの関係ではどこになければならないか、気流や配管はどう設計する必要があるか、日光はどれほど取り入れるべきか、材料はどれだけ必要か、など——すべてを解決しなければならず、そのうえで、その結果を図面に引けば、問題はすべて忘れる。しかし建築家は人間で、多くの変数について答えが出せるだけだ。それに加えて、建築家は設計図を建設作業が始まるよりずっと前に作っていて、将来の建物の特定の環境に対してどう建てればいいかについては理解しきれてはいない。

特定の家屋やオフィスにとってのいろいろな要請すべてについてエージェントを立てるアルゴリズムによるプログラムを考えられるとしたら、自然が行なっているように建物を設計、建設することができるだろう。そのコンピュータ・プログラムをロボット、あるいはロボット群に組み込めば、ロボットは実際に建物を建設するときに、そのプログラムを現場でリアルタイムに実行できて、変化する環境因子を計算に入れることができるだろう。最終的には、変化する環境条件に応じて調節する建物の建設を進める「エージェント」を使えば、シロアリの塚のように、自らプログラムし直せる建物もできる。

人はたいてい、未来の家といえば、土やしみなどない、まっさら、まっしろの、衛生的に見えるものと考える。しかしソアーが思い浮かべる未来の「生きた」建物は、ごちゃごちゃと、ほとんどカオス的だが、知能《インテリジェンス》があり、自己復元力《レジリエンス》があって、情報豊富で多機能という、シロアリの塚のようなものだ。ただ、今のところ、その構想と今の現実、基礎科学と実践的応用とを隔てる距離は大きい。その隔たりに橋を架けようとするなら、ここのシロアリ研究者たちは、自分たちがもっと手がかりを求めて掘り続けなければならないことを知っている。

ターナーは、大きな黄色の重機が自分に向かってきて、巨大なシャベルが伸び、ほんの数十センチ先の地面に爪を立てても平気だ。重機は土をひとかきして、近くに積み上げられた山に下ろす。ターナーは轟音を立てる重機の標的を見つめている。オチワロンゴのワニ園裏庭の背の高い草の間からそびえる高さ一八〇センチほどの土の塔だ。ワニ園の所有者にとっては、このシロアリの塚は迷惑な存在で目障りでしかなく、崩してしまわなければならない。ターナーらのチームにとって、これは都合が好い。巣の奥深くに隠れているなまのファンガス・コームが手に入る好機なのだ。そこでこれを、一石二鳥《マルチファンクショナリティ》演習と呼ぶ。

重機の腕が土をかき取るたびに塚へ少しずつ迫って行く。とうとう、重機は腕を伸ばして爪を構造物にかけ、掘り返し、土を地面からすくうと腕をたたむ。アンドレ・ピトゥーというたくましいアフリカーナーが重機を操作し、熟練の技で次々と層をはがしていくと、ターナーが停止を合図する。塚――と、その下数十センチの巣――が露出した。三分の一ほどのところで切った断面図を見ているかのようだ。ターナーは新しくできた穴に潜り込み、狙っているものを探す。ぼやけた淡い茶色から白へと移行する色の体をした何百というシロアリが、損害を調べるかのように穴の上でうごめいている。

かつて、このチームはシロアリの塚を手に入れて、上から下までの縦断面を薄く何枚も切り取って、それぞれの写真を撮ったことがある。断面をデジタルで再構成して、塚の内部構造の三次元モデルを、かつてない詳しさで生み出すことができた。しかしこの日、ターナーの念頭には主要な目標が一つあった――巣の奥に隠れていて、シロアリの食糧源になっている、ファンガス・コームを採集するのだ。それは、シロアリの塚は、結局そうだったように、実は独自の空調装置を持っているかもしれないからだ――そこにはファンガス・コームがあり、それはイーストゲート・ショッピングモールとはまったく異なる動作をしている。

シロアリはただ木を食べているのではない。シロアリの体では、持ち帰る固いセルロースの繊維を消化できない。そこで腹に収めて持ち帰った木を排出し、それをやはり巣に持ち帰った特定の茸の集落に与えて、巣の奥で育てる。茸は実際に餌を消化する酵素を分泌し、茸（とシロアリ）は消化されたものを食べる。シロアリと茸の関係は複雑だ。菌類はほとんどの種がシロアリの巣にとっては敵となる。シロアリが持ち帰る噛み取られた木の繊維をすべて奪うからだ。そうした菌類が塚にはびこると、すぐに巣を荒らしてしまうことになる。

シロアリは、どの菌類が巣に入るかをコントロールできない。自分たちで運び込む口いっぱいの土にはありとあらゆる種類の胞子が含まれていて、いつでも発芽するが、シロアリが育てたいのはその中の特定の種類、シロアリタケ（*Termitomyces*）だけだ。この属の各種の茸は成長が遅い。この茸が酵素を生産してシロアリが持ち帰ったものを消化するとき、それによってできる、分解されたヘミセルロースを吸収するのに少し時間がかかる。そのためシロアリにも食べるチャンスができるのだ。そうしてシロアリも茸も食事にありつける（茸の方からすれば、望むだけの量ではないだろうが）。

シロアリはどうやって、他の、もっと有害な茸が成長して巣をのっとってしまわないようにしているのだろう。熱心な園芸家で、庭を走り回って豊かな土から伸びる雑草をかたっぱしから摘んでいるのだろうか。それほどではない。シロアリは、茸の成長を、巣の湿度を調節することによって、芽のうちに摘む。成長の遅いシロアリタケは、成長が速い茸よりも少し乾燥した状況でも成長できる。そこでシロアリは「恒湿器《ヒューミッドスタット》」を、友好的な茸にとっては十分だが、他の茸にとっては低すぎる高さに設定する。これは巣から湿った土を排出することによっても行なう――これもシロアリが土とともに水も運び出す理由になっている。

忘れてはならないのは、これでも完璧に友好的な提携関係ではないということだ。やはり競合するエージェントという関係で、いずれの側もそれぞれの利益を求めている。シロアリは茸の餌を横取りもするし、茸が成長して塚に広がってしまえない程度に湿度を低く保つ。茸の方は、巣と塚をのっとって野放図に増殖を始めたいだけだ。ときどき、塚のてっぺんに茸が生えているのが見られることがある――一部の茸が、かけられていた制約にめげず、そこまで突破できたのだ。

ファンガス・コームは適切な湿度勾配を維持するところに能動的な役割を演じている――何と言っても、

茸の方もこれ以上資源を争う他の茸を望んではいない。ターナーらは、茸は微視的な表面の肌理によってそうしているのではないかと考えている。ただ、それはまだただの理論だ。だからターナーはここで巣を掘り進めているのだ。巣の内部には多くのコームがあり、それぞれがそれぞれの個室に収まっていて、他のコームからはほぼ隔離されている（シロアリが連絡したり潜り込んだりするのに使える部屋をつなぐ小さな穴以外は）。

ターナーはシャベルを二つ持って穴に下りて掘り始める。ソアーもすぐに加わる。二人ともこの研究を始めた頃ほど若くはなく、この作業は重労働に見えたが、二人とも気にしていないらしい。太陽が照りつけ、バーデュニアスも参加する。バーデュニアスの頭には別の目的がある。女王を採取するのだ。巣の中央深くにうずくまっているはずだ。

黙々と汗を流すターナーとソアーがとうとう目指していたものに行き着く。ターナーはその脳に似た、黄色い物体をそっと取り出し、それを手のくぼみに大事そうに収める。穴の外に上げて他の人にも触らせて、また向き直ってさらに探す。ファンガス・コームは驚くほど軽く、張り子用の紙でできているような重さと感触だ――ターナーは、要するにそれだと言う。コームの肌触りはよく知っている感じで、カウンターで何人分かのコーヒーをもらうときのコーヒーカップホルダーの紙のような、よくあるごつごつした感じがする――しかし触るとざらざらはしていなくて、とてもなめらかだ。

ターナーの発掘に見物人が集まる。もじゃもじゃ頭の子どもが三人見ていて、魅了され、コームに触ろうと手を伸ばす。まもなく大人たちもやって来て、ターナーに、持って帰ってみんなに見せるからと標本を求める。最初はコームを優しく扱うことを知らずに、標本が手の中で崩れる。幸い、巣にはまだまだたくさんある。教師だというある女性が、ターナーに学校へ来て子どもに話してくれと頼んでいる。ターナーはすぐにいいですよと答える。

アンドレ・ピトゥーは重機から降りてこの騒ぎを見ていたが、ターナーの最も優秀な学生に向かって、次々と質問をしては、相手を驚かせたり感心させたりする。「つまり俺たちは今、大量の情報の上に立っているというわけか」と、自分が掘ったばかりの穴のへりに腰掛けて、結論を出す。シロアリが自分の指に迫ってくるのを見つめる。

「そいつは兵隊だ。噛むよ」とターナーが注意する。

「まあ、俺たちはワニが相手だからね――あいつらも噛むよ」と大男は大声で答えて笑う。そして自分の手にあるファンガス・コームについて考えている。

「どんな味なんだろうね」とピトゥーは疑問を声に出し、そして、私は密かに驚いたのだが、舌をつっこんで舐める（結果――かび臭いペーパータオルの味だ）。

ソアーは掘りながら、実はそう遠くないところに別の尖塔があることに気づいた。ターナーもうなずいて、「女王が二匹いるんだ」と言い、ソアーは驚く。塚を掘り続けると、ターナーの言うとおりだった――バーデュニアスが慎重に、柔らかい、気味悪く脈打つ、胴体の大きさが小ぶりのバナナほどもある巨大な虫を二匹引き出して、持ち帰るために管の中に丁寧に収める。

私にとっては、この塚での驚きはそれでは終わらない。バーデュニアスは露出した土の周辺を走り回っているもっと小さなシロアリを指さす。それはまったく別の種のシロアリで、この空間を、集落の中心にいる塚の主たる占有者と共有しているのだという。

「あそこにはアリがいるし、昆虫が何種類かいますよ」とソアーが言う。「こういう構造物の中ではいろんな生物が共存しているんです――都市みたいなものです」

私はこの多機能《マルチファンクショナル》塚を見つめていて、スコット・ターナーの作業も多機能的だなと、はたと思った。この日の発掘は学術調査とはいえ破壊だが、社会教育でもある。その意味で、ターナー自身がシロアリのようで、複数のレベルで活動している。たぶんいつもそのことを考えているわけではないだろう。

ランチハウスに戻ると、ソアーが自分用の簡易ベッド脇の机について、背中を丸めて顕微鏡に向かっている。ファンガス・コームの小さなかけらの上で、レンズが調節される。細いインスリン注射針を取り、コームに小さな水滴をたらす。ターナーが脇へどいて、私は顕微鏡を覗き、ノブを回して調節しながら見つめる。すると見えた。水滴は表面の上にまだ乗っている。これから水滴は表面にしみ込む――が、それには一時間以上かかるとターナーは言う。

「ズームを調節してよく見ると、菌糸が見えますよ。菌類の構造全体を覆う極細の毛です」とソアーが言う。「その毛が水をはじくんです。上に浮いている水滴が、ワックスに乗っているように見えるでしょう？　毛がはじいてるんですよ。でもそいつは、水がよくしみ込む親水性という性質から、超疎水性に変身できるんです」

そうやってこの茸はライバルを寄せつけないのだとターナーが言う。湿度が八〇パーセント以上になると、この急速に成長する、木を分解する種は成長を始め、すぐに塚をのっとってしまう。そのちょうど八〇パーセントあたりで、この菌糸――繊維の網――が親水性になり、水蒸気をできるだけ空気中から吸い取る。湿度が八〇パーセントに届かなければ、菌糸は疎水性のままで、コームに水分が吸収されるのを阻止し、そうやって湿度をそれが生きられるちょうどの高さに保つ。

ターナーはソアーに、ファンガス・コームの黒い縁のところに水滴を載せるように言う。その面は菌糸がまだ十分に覆っていない。ぽとり——菌糸が壁になっていないので、水滴はペーパータオルに落としたようにすぐにしみ込む。コームも要するにペーパータオルのようなものでできている。

この極微の面と、それが環境に従ってふるまいを変える能力を理解すれば、空調装置の要らない建物を生み出す鍵が得られるかもしれない。エアコンも、空気から湿気を取り除いて湿度を下げることによって動作する部分がある。それが——壁をこの菌糸のような特性を持った素材で覆うなどして——できる受動的構造を作れたら、常に空気を循環させて貴重なエネルギーを浪費したり環境を汚したりする必要なしにエアコンがすることの大部分が行なえることになる。

しかし今のところファンガス・コームがどうやってこの仕掛をこなしているかはほとんどわかっていない。コームは直観に反する特性をいろいろと持っているようだ——たとえば、乾いているときよりも湿っているときの方がもろいらしい。受動的空調壁のようなものができて商業的に成り立つようになるまでには、ファンガス・コームについて、もっと基本的なところの研究を行なう必要があるだろう。

今度はハンター・キングが部屋に入ってきて、顕微鏡の前に座った。接眼レンズを覗き込み、インスリン注射針で表面に水滴をいくつか差す。

「菌糸を作っている素材を取って、それを均質にして、平らな面にすることはできるか？」とキングは問う。素材が違えばそれが水をはじく理由も違うことがありうる。水滴をはじけるようにする特定の物理構造を持つものもあれば、構成する化学物質によってそうなるものもある。その素材を平らな面にすることができて、効果は同じだったら、菌糸の力はその成分にあるということになる。

ターナーが答える。「わからない。そうかもしれない。この茸の菌糸がなぜ疎水性になるのか、実のところわからないんだ。彫刻のような表面仕上げがあるのかもわからないし、中に何かのタンパク質があるのかもわからない――どちらの可能性もある」


二日後、ソアーはウォーターバーグの総天然色の地衣類が覆う崖まで出かけた後、ハンター・キングとサム・オッコ、マックス・クスターマン、私を連れて、オマチエネのランチハウスへ行った。オチワロンゴの西へ一時間ばかりのところで、ターナーとソアーはそこで何年か前に多くの実験を行なっていた。公式には、ここに長期保存してある資材を調べに来たのだが、ほとんどオオキノコシロアリの塚の石膏型を調べる機会になった。

晴れた午後で、車はゆっくりと山羊の群れをかき分けて子牛ほどの高さの草が生えた野原を抜け、ケージに囲われた大きな構造物の側に車を止めて、降りる。乾燥した草の中を何歩か行くだけでそれが見える。巨大な白い、丸みを帯びた円錐形で、私たちの頭より高く、ケージはそれで埋まっている。中央のトンネルが大動脈で、太く丈夫で、塚の壁に向かってだんだん細い通路となり、エグレス・コンプレックス、つまり、塚の表面に多孔性をもたらす濃密な、つながりあった穴の網に達する。何となく高速道路網の地図にも見える。エグレス・コンプレックスは都市の絡み合う街路に出る出口だ。

ソアーとターナーはシロアリ塚のてっぺんに石膏を注ぎ込んで、すべての凹みや割れ目を埋めることができた。乾燥したら、何週間かかけて、慎重に土を洗い流した。ここにあるのはそれで残ったものだ。ものすごく複雑な通路網で、私たちの体にある血管、あるいは宇宙の網状構造のようだ。塚の一方の側が欠けているように見える。どうやら現地の誰かがケージの入り口を閉め忘れ、牛が入って来て石膏に含まれる塩分を求めてかじったらしい。

ソアーは表面通風路と、枝分かれしてエグレス・コンプレックスを構成するもっと細かい通路のネットワークを指す。その大小のトンネル網が、塚が新鮮な空気を取り込む力の鍵だとソアーは言う。イヤフォンをいくつか持って来ていて、それをトンネルに差し込み、いろいろな振動数を聞き取っている。

空洞になったトンネルについて、「この管を鉄琴のように演奏できるんですよ」と言う。「いつも空気が次々と変化して作用しています。パイプオルガンのパイプが並んでいるようなもので、全部共鳴のしかたが違います」とも。空気がいろいろなリズムで揺れ動くと、このトンネルに適切な振動数で当たって共鳴することができ、内部のよどんだ空気を穴だらけの表面から浸透していた新しい空気と混じらざるをえなくする。「そうすると、酸素と二酸化炭素を交換したり、地下の巣から上の表皮にまで徐々に移動させて逃がしたりする勾配ができます」

塚についてはは奇妙にいびつなところがある——エグレス・コンプレックスの構造が、南より北の方が細かく、保存状態も良いように見える。ソアーにそう言ってみると、その通りだという。シロアリは太陽に向かって築く傾向があり、それでエグレス・コンプレックスやさらに細かい管が北側に現れる。そちらの方が一日じゅう日が当たるからだ〔ナミビアは南半球にある〕。南側のコンプレックスは忘れられることも多く、崩れても十分修復されないこともある。

農民など、地元の人々が、石膏の塚を見に来る——シロアリはナミビアではふつうに見られるが、塚の内部構造が見えることはそうはない。それを見たときの反応は、宗教的なものであることが多いとソアーは言った。見る人は膝をついて、聖書の一句を唱えるのだという。「怠け者よ、蟻のところに行って見よ。その道を見て、知恵を得よ」と〔「箴言《しんげん》」6-6、新共同訳〕。

ガーゼのように見えるほど多くの連絡路でできたごつごつとした塚を見ていると、その理由も理解できる。人はそこに美を見るのだ――しかしそのパターンは解読できず、とても思いも及ばない。その意匠は心の眼には秩序と混沌《こんとん》の間で揺れ動いている。なかなか目はそらせない。

一行の物理学者あるいは工学者はひざまずいたりはしそうにないが、魅入られているのは明らかだ。絡み合うトンネルを追って頂上の方を見上げ、口をぽかんと開き、何も言わない。

ソアーはクスターマンと塚を見ながら、自分のまた別の理論について考えている。構造物にはいろいろな大きさのトンネルが走っている。土とほとんど同量の空気がある。シロアリは、構造全体が崩壊しないように穴を掘る方法をどうやって知るのだろう。いつ始め、それを止めるのはなぜか。ソアーはシロアリが湿度あるいは風だけに反応しているのではなく、音にも反応しているのではないかと考える。塚の素材をぽんぽんとリズミカルに叩いたら、圧力がかかるとともに音の振動数が上がるのに気づくかもしれない。シロアリがトンネルを進みながらそうした振動を拾い、それが最善の掘り方、つまりすでにある構造を補強していることかを感じ取れるということが考えられる。

「バーデュニアスが木を掘るシロアリについて行なった研究を見ると、シロアリはお互いを追跡できて、トンネルを正確につなぐことができるんですよ。ここのシロアリも似たようなことをしているんじゃないかな」とソアーは言う。

そうであれば、シロアリが周囲の素材の振動からフィードバックを得られるようにする共鳴の雛形のようなものがあるのかもしれない。それでシロアリは必要なときには築き、必要のない構造部分のところは塚に組み込んだ足場を取り除くみたいに掘ってしまえるのだろう。シロアリが塚を叩いているところは目撃されている──なぜそうするのかはまだ解明されていない。

「データは混乱していて、私には明白なことは見えていません。今手に入っている録音を再生して、ペトリ皿のシロアリに聞かせたいですね」。それを今回の旅行のどこかでしたいと思っているとソアーは言う。「時間がないんです。また仕事ができて、また時間がかかる」

ソアーはエッフェル塔のような構造物の築き方を、センサーとマイクを使い、それぞれの梁にどれだけの負荷がかかっているかを、振動周波数の変化を通じて感じ取りつつ、適応しながら築いていくというように想像している。このフィードバックを使えば、建設過程でも、無用になった梁を取り除いて、必要な建材の量を最小限にした丈夫な構造が生み出せるかもしれない。最も効率的な資材の使い方を前もって計画しようとする──建築家がそうしているような──のではなく、現場で仕事をしながら答えを見つけるのだ。

「君はその過程をしぼりにしぼって、自動車メーカーが車を作るような感じに持って行っているんだよね」とソアーはクスターマンに言う。「その時系列をどんどん圧縮して、ほとんどすぐ、今すぐって」

それはソアーが以前から今の建設業界について抱いていた批判を繰り返すものだ。建築家の仕事は土木や建設作業とはまったく別の過程として扱われることが多い。建築家は依頼主の望みに応じ、機能よりも形に基づいて、おおっと思うような（そしてたぶん実際的でない）モデルを作り、たいてい、土木や建設作業とのかかわりは避ける。コストや建て方は知らないし、建設業者と一緒になってそのフィードバックを元に設計を修正するということはしない。他の業界——自動車、航空、医療——は、こうしたもろもろの段階を、システム工学と呼ばれる分野のおかげで統合し、デジタル化している。建設業界はまだそこに達していない——しかも抵抗しているともソアーは言う。

その進め方はシロアリ流とは正反対で、ソアーやターナーはシロアリの方に建築の未来を見る。シロアリにとって——したがって二人にとって——建物は固定的なものではない。それは過程なのだ。ソアーは未来の家について、シロアリの適応的で多機能的な建設過程を動かしているアルゴリズムを利用したら、もっと大きな可能性があると見ている。人間の家や必要のために修正すれば、同じ建設アルゴリズムが使えて、それを三種類の環境——暖かい低地、寒い山地、海——に適用すると、三種類のまったく別の建物ができるのではないか。

しかしそれで建設過程が終わるわけではない。建設は建物が立っているかぎり、気候や住人の必要が変化するのに合わせて継続しうるものだ。何と言っても、シロアリの塚はつねに変化していて、積み上げられ、風雨や当のシロアリによって崩されもする。

「そういうシステムでは、何が原因で何が結果かはなかなか特定できません」とターナーは以前に私に言っていた。「生物学者の私にとっての鍵はこれが非常に動的《ダイナミック》な過程だということです。生物学には客体《オブジェクト》というものはありません。あるのは変転する現象だけです。物質が流れ込み、流れ出て、形は同じように見えても、実際の成分は時間とともに変動するし、そこが建築がまだきちんと取り上げていないところですね。みんな、生きている系がダイナミックという意味でダイナミックな建物を建てる方法を知らないからです」

しかしそのような産業の変化はおそらくまだまだ先だろう。しなければならない基礎研究は多い。塚の気流――シロアリによる建設でターナーとソアーが最も注目する面――でさえ、その仕組みはまだ定かではない。

ソアーは言う。「私たちはまだここの完全な仕組みを特定しようとしているところです。エグレス・コンプレックスやそれを通ってガス交換がどのように生じるかは理解していますが、これほどマクロな構造は理解していません。オッコやキングがしているのはそういうことで、世界一敏感な仕掛をもたらそうというのです。これまでにあらゆることを試みていますが、この変転するシステムは、ただただ計りしれません」

オッコとキングは接続の様子を調べてきて、空気が塚の中を移動する様子を理解しようとしている。私たちがそこを離れるとき、オッコがいつものように、少し必要以上に大きな声を上げる。「科学ではない質問ですが、オマチエネの茂みにおしっこをしても怒られませんかね」

「ハーバードの院生が自分ちの畑でおしっこをするのを想像しろ。みんな喜ぶよ」とソアー。「未来の世代へ、有名なノーベル賞受賞者サム・オッコ、おしっこの地だ」

ランチハウスで過ごすのも終わりに近くなったある夜、わたしはキングとオッコが夜の塚を調べに行くのについて行って、夜道を歩いた。天の川が見えるかと見上げるものの、それは無理だ――満月が私たちの前の道を照らすほど明るい。キングはオッコにランタンを消してくれと頼む。月明かりの中を歩くのが好きなのだ。このあたりの夜は静かではない。見えない牛の鳴き声が、昼よりも闇に近い方がずっとこちらに迫って（そのぶん無気味に）聞こえ、私は前触れなく忍び寄りそうな危険をあれこれ考え始める。地元の牡牛、ヒヒの群れ、気まぐれなチーター。私は身震いして二人の後を追う。

長いこと歩いた感じで、私が方向感覚もなくした頃、やっと調べようとしている塚に着いた。二人はその日の（夜も）毎時の塚の測定結果を読み取り、塚の中の空気の動きに違いがないか調べようとしている。二人が置いたセンサーには動作モードが二つある。一つは通路を抜ける安定した気流を検知すること、もう一つは、一時的な流れ——塚の外面に一時的な風が当たるときに生じるはずのもの——を検知することだ。オッコは自分の腰掛けとノートパソコンを出し、キングも自分のノートパソコンを準備して、作業にかかる。

二人の物理学者は、この農園で、すぐに私が大好きな科学の凸凹コンビになった。私は性格とふるまいがこれほど違う二人を想像できない。キングは小柄で穏やかな口調で話す前に慎重に考え、周囲の物音などの刺激に敏感だ。オッコの方が背は高く、声も大きく（自分では気づいていないみたいだが）、すぐにデータに気をとられ、ものごとに打ち込むという無邪気な癖がある。二人のやりとりは、テレビの『パークス・アンド・リクリエーション』のようなお笑い番組風の、抑えた、適度に奇抜な流儀で、どれもおかしい。二人はこの集団での新人でもある。初めてターナーとソアーに同行したのはほんの二か月前のこと、インドの塚の調査だった。

インドのものと比べると、ここの農園の外の塚は扱いが難しい——崩れやすく、死んでいることも多い。おそらくナミビアの乾期が長引いているせいもあるのだろう。二人にとってはデータを集めにくいということだ。しかしキングは、自分たちが集めている情報が塚の力学の様子をどう明らかにしてくれるか、私に感じ取らせるために、インドで収集したデータの一部を見せますよと約束した。

　さらに二つ、三つの塚を調べた後、私たちは別館にある自分たちの宿泊所に向かう。キングが器具を片づける間、オッコはコンピュータを取り出す。まず、インドのシロアリ種 *Odontotermes obesus*〔「貪り食うキノコシロアリ」といった意味〕の塚を見せてくれる。

「うわあ——お城みたい」と私は言う。塚は尖っていて、ごつごつした表面から突き出る縦に溝が走るウィングがあるようだ。場所によって、傾いたバトレスのように見えるところもあれば、別の小さな塔に見えるところもあり、魔物の城に見える効果を与えている。

　二人は塚内部の気流を測定し、すぐにスコット・ターナーの理論とは合わないところに気づく。変動風が検出できなかったのだ。表面の壁は風を通さなかった——変動風は入り込めなかった。加えて二人は、塚の中を空気が循環しているらしいことを知った——これもターナーがナミビアのシロアリ塚で起きていると考えていることには反するようだ。

「この実験では、私たちに測定できた変動風はありませんでした。安定気流だけで、ある方向を向くのと、反対方向へ向くのとでした」とキングが言う。

　するとターナーの理論はインドのシロアリには適用されないのだろうか。キングは生物学的な論争にかかわるのは避け、数字だけを考えている。

「私たちは、それが何をしようとしているかという生物学的なことはぜんぜん取り上げていません。気流が何をして、何がそれを動かすかだけです」とキングは言う。

二人の科学者は、塚の本体の空隙だけでなく、縦溝ウィングのような付属物の気温も測定した。日中暖かくなると、量が少ない縦溝領域の空気は、大きな中央部の空気よりも温まり方が速い。この温度差が一方への空気の流れの動力となる。夜はウィングの方が温度低下が速いので、循環の方向が逆転する。循環する空気が表面に近づくと、壁ごしの外気とガス交換ができる。つまりこのシステムは加熱で空気を循環させるが、シロアリの集団としての代謝とは無関係で、塚の二酸化炭素排出にかかわっている。すると、塚の様式はまったく違っていても、スコット・ターナーの結論は少なくとも一部は成立している。

「これもスコットが前から言おうとしてきたことですよ」とキングは言う。

キングが結果について述べるときには少々ためらいがあると私は感じる。データがいかに偏りがなく、伝令は中立だとしても、理想に達しない知らせを伝えるのは誰も好きではないのだろう。それでも、ターナーもソアーも結果には関心を示しているらしい。予想外の実践的応用を伴う新しい仕組みを研究する材料になるのかもしれない。そして今のところ、キングとオッコさえ、アフリカのオオキノコシロアリの塚で起きていることを正確には知らないらしい。

アフリカ南部に来て、ナミビアから一つ置いた隣の国、ジンバブエの中心にある、イーストゲート・ショッピングモールを見ないで帰るのはとんでもないことに思われた。イーストゲートは、実態が違っていようとそうでなかろうと、最も知られた「バイオインスピレーション」による近代建築物で、建築でのバイオミミクリーのためのアイドルみたいなものかもしれない。建築家のミック・ピアースは、喜んで自分の作品を案内しますよと言っていたので、私はハラレ行きの飛行機に乗った。

イーストゲート・ショッピングモールは昼夜の循環を利用して動作している。日中は、構造物の基部に設置された巨大なファンが各階の空気を循環させ、冷たいコンクリートのぎざぎざで、通過する空気の熱を吸い取る。空気は煙突効果のおかげで建物を上昇し、出て行く。日中を通じて冷たいコンクリートが徐々に温まり、夜はファンが冷たい空気を高速でコンクリートを通過し、翌日に備えて冷やす。

ターナーとソアーがイーストゲート・ショッピングモールについて行なう批判はこういうことだ。見事に機能しているように見える一方で、根本的に誤った科学理論に基づいている。要するに、このアイデアが本当にシロアリのすることに基づいているなら、建物で巨大なファンがいつも空気を押し上げるようなことは必要ないだろう。シロアリの塚がそうなっているように、受動的に空気を入れ換えることができるはずだ。バイオインスピレーションによるデザインと考えられるものにそんな重要な変更を加えなければならないとしたら、たぶんその設計がそもそも正確ではなかったのだろう。そしてもちろん、ターナーが示したように、明らかな煙突効果もないし、シロアリ塚の設計意図は呼吸であって、温度の制御ではない。

ターナーとソアーは、イーストゲート・ショッピングモールを批判はしても、ピアースに対しては健全な好意を持っているらしい。たぶん、ピアースには自分たちと似た考え方があると思うからだろう。ピアースは自然に魅了されている。その本棚は生物学について書かれたもので埋まっているし、中にはターナーが書いたものも何冊かある。

私が着いて最初に連れて行ってくれたのは、実は当のショッピングセンターではなく、ハラレにあるピアースの自宅から車で一〇分か一五分のゴルフコースに点在するシロアリの塚だった。まだ六時半頃と早く、起伏のあるコースには靄《もや》がかかっていた。ピアースが、まだ若いのに大きな二頭の黒犬――ジャックとバンジョー——を放すと、二頭は私たちを置いて靄の中に飛び込み、私たちは膝まである濡れた草をかき分けて歩く。

七〇代というピアースはステッキを手に、草が生い茂るところへ向かった。草が頭上一メートル以上もそびえる、直径三メートルほどの円形の場所だ。ピアースはそこに分け入り、手で背の高い太い葦《あし》をかき分けているうちに、私はその青い上着を見失いかける。歯をくいしばってついて行き、中心に向かって飛び込む。ピアースは中央で立ち止まり、私も追いつく。あたりを見回す——どこにシロアリの塚があるんだろう。

ピアースは地面を指さす。そこの中心には、私が今回の旅で見た中でもいちばん小さいシロアリの塚がある。高さは四〇センチほど、塚ではなく、太い柱のようなものだ——長靴を履いて、泥に足を埋めて、足だけ抜いて長靴を残したようだ。私は手首あたりまで穴に手をつっこんでみると、ほとんど地面まで届いてしまう。内側の気温は周囲よりも何度か高く、犬の息のように湿っている——皮膚に湿気が当たるのも感じられる。

「わあ、あったかい！　中はサウナみたいですね」と私はすっかり驚いて言う。これは正直言って、私が思っていたものではない。まったく外見が違う。ナミビアの塚ともインドの魔物の城とも異質なずんぐりした塔だ。

「スコットとも少しそういう話はしましたよ。草の背がこれほど高いので、この塔には風の作用はありえません」とピアースは言う。

言いたいことはわかる。私たちがこの草をかき分けて進むのもきつかった。これはものすごく効果的に風を弱めるだろう。ピアースが煙突効果を「バイオインスピレーション」で得た過程として考えていたときに見ていた塚がこれなら、そう思っても無理はないだろう。

こうした背の高い草のオアシスが黄色がかったグレーの野原を区切っている。私たちはオアシスからオアシスへと渡り歩き、それぞれの中央にある塚を見つけて回る。その中の一つは湯気を出しているようにさえ見え、つい、もっと寒いカリフォルニアの冬の日に息が白くなるみたいだと思ってしまう。私たちはピアースの近所に住む夫婦が朝の散歩に出ているのに出会う――以前はポテト農家で、ロバート・ムガベ政権によって「土地を追い出された」と、ピアースが余談として教えてくれる。

ジンバブエの五月は真冬と呼べる時期にも近く、塚の表面にはほとんど目に見える活動がない。これが雨期の前の夏だったら、この塚は活動でぶんぶん言っていますよとピアースは言う。ピアースは携帯に写真を表示する。そのとおりだ。塔の内部は小さなオフホワイトの虫が覆いつくしている。こうだったら、手をつっこんでみる気にはならなかっただろう。

ピアースは、「雨期に、というか雨期の直前に、あらゆることが起きます――ここがシロアリで活発になるときです。サイクル全体が季節のめぐりに関連しているんです。毎日見ていて、どうなっているかを見れば、構図がわかるでしょう。スコットやルパートが見ているのとは違うかもしれません。二人はずっとそこにいられるわけじゃありませんから」と言う。

しかしもしかすると、こうした塚も、状況から必要になれば、風のエネルギーを利用することができるかもしれない。（おそらく下手な）ゴルファーが、ロストボールが見つかりやすくなるように、コースを燃やして草を焼き払うことがしばしばある。草の囲いがはぎ取られると、塚の形は変わり始めるとピアースは言う。中空のタワーの縁が実際に先端を伸ばし、風に向かって拡張するように見えるのだ。

しかしピアースは草が燃やされるのを嫌う。

「連中は土を裸にしています」と、歩きながら否定的に言う。「植物が死んだら残骸はまた土に入るということを理解していないんです。焼き払えば行き先が変わるわけで、この場合、たいていは空気中です。地中ではなくて空気中の炭素が増えすぎるんです」

ピアースは人為的な構造物と自然との界面がどうなっているかについて多くのことを考える。今は私たちと環境にある水系との界面がどうなっているかを考えている——たいていは流れやすくするのではなく、妨げたり方向を変えたりしているという。

「都市の問題は、人が道路を舗装して広大な面積を閉じ込めるところです。雨が降ると、水は川にあふれて海へ下ります。都市を機能させるために、ダムを建設するんです。上流に。これは実におかしいことですね。私がしようとしているのは、都市計画をする人々に水を地中に取り戻すようにしてもらおうということですよ」

ピアースは杖を掲げると、近くの大きな樹木を指す。

「建築家はたいてい、形ばかりにひどく熱心で、それで設計を進めています。そういうのは好きではありませんね。私の関心は過程の方にあります。それが私の研究の種です。たとえば木を見るとしましょう。とても美しい木がありますね。私もその容姿は好きです。でも実際には、それを地下水と雲をつなぐ橋と見ることもできます。それが過程です。そちらはいつも変化しています。適応する構造です」とピアースは言う。

今考えているのは木の「過程」を模倣する建物——水を排出するのではなく取り込む建物だという。過程、適応する構造——ナミビアにいた研究者チームの考え方はピアースとは違っているかもしれないが、一緒に研究することを考えた理由もすぐにわかる。ピアースが自分の研究について語るほど、ターナーに似ている感じがしてくる。

その日、それからイーストゲートに向かう。この建物については、ピアースの着想の元はシロアリの塚だけではなかった。四つ目垣のような形状とともに、建物の一部が突出して三次元のジグザグ模様をなし、外面がアコーディオンのような感じになっている。ピアースはそれを「とげとげ《プリックリー》」と呼ぶ。それは実はタマサボテンを模倣しているからだという。サボテンはでこぼこの、棘のある面を用いて表面に当たる日光の量を下げ、吸収する熱の量を抑えている。

「日光が当たるところに棘のようなものを置くと、なめらかなものより影が大きくなりますよ」とピアースは説明する。それは、突出した先端は熱くなっても、建物全体はそうはならないということを意味している。夜にはジグザグの面がなめらかな面よりも熱を放射する表面積を大きくして、建物の冷却を速くすることができる。それはサボテンにとっても建物にとっても、昼夜ともに良い対処法だ。

ミック・ピアースは、エアコン不要で温度調節された建物をおもしろ半分で建て始めたのではない。生命保険会社のオールド・ミューチュアルなど、土地建物を所有する施工主は、建設と維持の費用をできるだけ低く抑えるために、エアコンなしのものを求めた。また、輸入品はきわめて高価なので、国内資源を用いることも求められた。温度調節の方法についてアイデアを探しまわっていたときの話だ。

「依頼者にシロアリのことを持ち出すのは心配でした。部屋から追い出されるんじゃないかと思いましたよ」

ショッピングセンターの内部は驚くほど明るく、風通しが良い。四つ目垣のようなコンクリートのデザインは内側にも続いていて、実は公道が複合センターの中央を通り抜けており、上のガラスの天井で外部環境から仕切られているにすぎない。建物内部のシステムによらず外気によって通気するよう、公道から昇るようにつり下げられるエレベーターなどの金属部分で、建物全体が青緑っぽい感じがする。

ピアースは自身の建築事務所がある八階に私を案内し、個々のユニットがどういうもので、それがどうつながって大きな構造物になるかを説明してくれる。ビルの最下層で巨大なファンが夜間に猛烈な勢いで冷たい風を取り入れる——建物の空気すべてを各階で一〇回ほど循環させる。その冷気はすべて各階床下の、コンクリートのぎざぎざがついたダクトを通っていて、一日分の熱を構造物から引き出して運び去る。日中になると、ファンが通気システムを使って空気を流すが、夜よりは遅く、一時間に二回程度で、冷たいコンクリートのぎざぎざが通過する空気を冷やしてから各部屋に入れるようにする。ピアースは天井を指す。そこにはバスケットボールほどの大きさの穴が並んでいて、冷やされた空気が床から部屋に入ると、それは温まり、上昇して、その穴を抜けて出て行き、通風シャフトに入って、さらに上に浮かんで煙突を抜ける。流布している推定では、このビルのエネルギー節約率は九〇パーセントと言うが、ハラレは比較的温和な、扱いやすい気候に恵まれていることは言っておくべきだろう。

シロアリ式通気は、ナミビアのオオキノコシロアリの塚と同じ動作はしていないかもしれないし、同じ理由で動いているのでさえないかもしれない。しかしスコット・ターナーは、イーストゲートの設計を見たとき、別のことに気づいた。ピアースは、この設計を機能させるために、基礎に吸熱材として巨大なコンクリートブロックを置かなければならなかった。これはターナーがシロアリに見たことに着想したものではなく、建築家が設計上で生じた問題に応じた解決策だった。しかし結局、オオキノコシロアリの塚も熱はそうやって捨てているとターナーは言う――土そのものを巨大な吸熱材にしているのだ。

ピアースが優れた建築家であるおかげで、設計チームは「シロアリが実際にしていることだとは気づかずに同じ解決策に収斂《しゅうれん》したのですが、そのときは誰も知らないことでした」とターナーは言った。

ピアースは事務所の窓を指す。そこからは、街路をはさんでつながったいくつかの低層の建物が見える。あれが次の仕事ですとピアースが言う。

イーストゲート・センターは経済的問題に直面している。空室率が五〇パーセントほどあるのだとピアースは言う。他方、街路の向こうに闇市があって、こちらは不法居住者がビルに入って来て、賃貸料を払わずに店を構え、商品を非合法に売るようになり、繁盛してきている。これはジンバブエ経済全体にも反映している問題で、とくに、ロバート・ムガベが時には強権的に白人農家の土地を、白人間に伝わる集団的記憶や経験が失われることを顧慮せずに没収し、それを黒人の国民に配布するようになった二〇〇〇年頃、騒動を起こす推進力となった。猛烈なインフレになり、二〇〇九年、ジンバブエは独自通貨を放棄し、米ドルに切り替えた。不安定と危機が高まるにつれて、人々は資金を表の経済から引き上げ、事業は裏の経済で行なうことが多くなっている。ジンバブエの裏経済の規模は約七五億ドルと見積もられる――二〇一三年の国内総生産が一三五億ドル弱というアフリカ南部の国としてはとてつもない額だ。

ピアースは言う。「この国が独立してから、私たちはカリフォルニア州を大いにお手本にして、ショッピングセンターをたくさん建てました。で、それが今がらがらなんです。そこでは何も生まれていません。

むしろ損を出しています。店舗の外の舗道では売買が行なわれているんですが。そちらの方がずっと安上がりだと思われています。何せ賃貸料も税金も払わなくていいのですから」

ピアースには、時代の変化にイーストゲートを適応させることについて、いくつかのアイデアがある。オフィスを分割して小さい店舗にし、賃料を下げ、バザールのような市場の売り手の様式に合わせることだ。家主には、区画の一部を居住用のアパートにすることを考えてほしいとも思っている。そうすれば、ビルを昼夜使うことができ、この地域の活性化の助けにもなり、違反を減らし、商売を引き入れるだろう。ビルで暮らす人がいれば、「街路にカフェができ、歓楽街もできるし――それだけじゃなくて、高価なインフラ費用も回収できます」と言う。

しかしその向かい側の土地の所有者――イーストゲート・センターも所有している――が、今の不法占有者からビルを取り戻そうとしているということを聞いて、ピアースは大きなチャンスを見てとった。このグループは料金を取って売り手が商売を始める場所を――たいてい、約一メートル×二メートルのテーブルを、一平米あたり一ドルで――提供するのを仕事にしている。それは出店者にも手頃だ――イーストゲートのようなセンターの中で賃料を払うよりも安い。

ピアースの見解では、「今はそこで許可をもらっている人はいません。実際、あやしい連中の一団が運営しています。みんな『退役軍人』と呼んでますよ」

外では、人々が路上で商品にむらがる。野菜を売っている女性はトマトの入った二つの籠を重ねて慎重にバランスを取っている。あばら屋のような店構えの「エコキャッシュ」が数軒。これは携帯電話による送金サービスだ〔ジンバブエの携帯会社エコネットによる〕。コンパクトカーがドアを開いて駐車している。「当店でＳＩＭカードを登録できます」という赤いボール紙の看板が風で飛ばされないようテープで止められていた。

地主はそこをすべて駐車場にしたいという。しかしピアースはこの一帯にこれ以上もう駐車場を求める人も必要な人もいないと思っている。何と言っても、ダウンタウンの日中の住人たちは、徒歩かバスでやって来るのだ。そこでピアースは地主連を、別のシロアリ模倣事業をやらせてくれるよう説得している。闇市場の売り手と敵対するのではなく組もうというわけだ。

ピアース案では、建物を巨大な開放構造にして、業者に賃貸する店舗を開業させる。ピアースの設計なら、夜間の保管場所も含め、条件はずっと良くなる。まったくの自由形式ではないだろう――ビルの二階にはフードコートを設ける計画だ――が、大部分については、店主が店内スペースから自分用の隙間を切り出せるだろうし、全体としての活動で、ショッピングセンター全体の配置も決まってくる。すると売り手はシロアリのような活動をして、意図せずして、買い手と売り手の変動するニーズに沿って適応できる、柔軟な、創発的市場系を生み出せる。

「私は枠組みを提供しているだけです。だから仲介役のようなもので、ビルにいる変化のエージェント役をテナントが務めるというわけです」とピアースは言う。

シロアリは貴重な資源――土と自分たちのねばねばする唾液――でそびえ立つ都市全体を築くことができて、それを環境と自分たちのニーズに沿って調節していける。そしてたぶん、人間もそう違わないだろう。自分たちよりも大きい、資源の多い意図せざる系の一部なのだ。ピアースが裏経済について語るほど、私にも両者の類似が見えてくる。

ピアースは「私は人々がここで自分たちの町を築く様子に見とれていますよ。大がかりに、何もないところから。ブリキや再生利用のプラスチックのかけらから。そうして独自の経済圏を生み出すんです」と私に話した。

私はターナーがオチワロンゴで建設業界の未来について言っていた別のことを思い出す。

ターナーは、「私には、建築家が取り組んでいることは興味深いジレンマに見えます。建築家が生活する場所を決めるんでしょうか。それともそうした人々は、人が自分の望むものを決めやすくするんでしょうか」と問うていた。

ピアースの方は、どちらかといえば後者になろうとしているらしい。あるいは少なくとも、二つの選択肢の中間で解を立てようとしている。それは私には奇異に映る。建築家はこの業界で、自分が上りつめて隔離された高みを維持したがるものだと思っていたからだ。

しかしピアースはそんなことはなかったようだ。ルパート・ソアーは、バイオミミクリーの立場からイーストゲートの設計を批判していたが、実際には将来、ピアースと協同するかもしれない――未来の建築や建設がどうなるかについての二人の見解はまったく別ではないからだ。

ソアーは、未来の建築家、技術者、建設業者はばらばらに活動するのではなく、建設過程で一緒に作業しなければならないと信じている。デジタル建設は、そうした各分野の壁を崩す助けになり、それぞれが統合された全体として行動するという、自然がしているようなことができるようにするだろう。それがポール・バーデュニアスの研究、つまりトンネルがしかじかの角度で枝分かれする理由の背後にある原理で、掘るシロアリと築くシロアリの間の妥協や、餌探しと巣へ早く戻ることとの妥協の産物だ。建築家が、設計上の目標が頭にある一方のエージェントであり、建設業者が材料の効率を考えるもう一方のエージェントなら、両者は同時に作業して、それぞれの目標を追求しつつ、できるかぎり最善の建物を建てる必要がある。

イーストゲート・センターを建てるとき、ピアースは多くの点でまさしくそれをした――建設会社と毎日打合せをし、建設作業で問題にぶつかったときは、解決に達するために自分も協力した。つまり建物自体は何から何までシロアリに似ているわけではないが、たぶん過程は建築家自身が認識している以上に、シロアリの建設過程の方に似ているのだろう。

ソアーに言わせれば、ピアースはシロアリのように考えているのだ。

第6章　群れに宿る知――アリの集団的知性は私たちが築くネットワークをどう変えるか

地上には、粘菌類のモジホコリ *Physarum polycephalum* ほどつつましい外見の生物もほとんどいないだろう。鮮やかな黄色の塊が、肥料を施された庭の土や、森の腐木の下など、湿気のある土地で暮らしている。粘菌類《スライムモールド》はカビ《モールド》と言ってもカビではない――植物でも動物でも菌類でもなく、原生生物とまとめられることが多い。これは、近縁関係もない生物を寄せ集めた非公式の分類だ。単独で生きていようと群体をなしていようと単細胞生物で、細胞を一個の生物体とするか、それを大きな全体の一単位とするかの区別が曖昧になっている。

スライムモールドはモールドではないが、確かにねばねば《スライム》ではある。鈍く湿っぽい光沢があり、巨人の鼻から出た、光を放つ鼻汁のようだ。これは様々な形をとる。半透明の膜状だったり、丸まってゼラチン状のミサイルのようだったりする。腕も脚も鼻も眼も脳もない――付属肢も能力らしきものも見当たらない。それでも、成長を支える十分な栄養があれば、広がる面積は一日で二倍にもなれる。食べるものがまったくなさそうな場合には、体から「仮足」と呼ばれる足のようなひげを伸ばし、もっと良さそうなところへ這い始める。

粘菌の変わった才能は、こうした体の能力をはるかに超える。二〇一〇年、日本の研究者〔手老篤史ほか〕が、東京の地図のように広がった面の中央に粘菌をいくらか置いてみた。粘菌は、野生では森の朽ち木にいる細菌や菌類を食べているが、ここでは周辺のあちこちの都市に、この粘菌の好物であるえん麦を置いた。粘菌はゆっくりと、着実に広がり、えん麦のオアシスに触れるまでになる。すると今度はそれぞれの餌に接触する部分だけを残して、他の部分は自ら刈り取ってしまう。その結果、東京の鉄道網地図のように見える形が残る。

粘菌のなしとげたことがどれほどすごいことか、見通せるようにしてみよう。たとえば、交通網はいくつかの相異なる目標を考え合わせなければならない。人々をできるだけ早く、つまり隣の都市まで行くためだけに五か所も駅を設けることなしに、目的地へ送らなければならない。しかし、補助金も限られているので、基盤設備の建設も多すぎないようにしなければならない。それに、エラーに対する許容度がなければならない――路線網の故障に耐えて、迂回させることができるような冗長性を十分に組み込んでおかなければならない。

そのようなシステムを構築するには、高学歴の専門家集団が必要になる。何年もかけて細心の計画と管理をしなければならない。ところが粘菌は体に一つの神経細胞もないのに、えん麦のあるハブどうしをつなぐネットワークを最適化し、使用する資源は最小限にし、得られるえん麦は最大にして、ときどき交通網に生じる故障に耐えるだけのレジリエンスもある。

粘菌の能力はそれだけではない。アメーバ様の体は迷路を解くのも上手で、自分の体で隙間や割れ目をすべて埋めて、出口にあるえん麦を見つけると、他は縮んでまさしく最短距離だけを残す。研究者は、粘菌が環境の変化を予測することができるらしいことも見いだしている。要するに、光が規則的な間隔で明滅するときには身を縮めるのだ（粘菌は暗いところの方を好む）。私が『ロサンゼルス・タイムズ』紙に書いた最近の研究では、粘菌は原始的形態の知能を示し、橋が苦いキニーネで縁取られていても実は中央部分なら安全に渡れることを「学習」できるようにさえ見える。

この章は粘菌の話ばかりかと心配することはないが、それでも粘菌は本当に魅力の尽きない生物で、知能、適応、レジリエンスといったものについて私たちが抱いている先入観の多くをひっくり返せる。しかしこの生物が原始的なればこそ、集団的知性という概念のうってつけの例として役に立つ。粘菌は基本的に一生を一つの大きな細胞として過ごす——しかし内部には複数の細胞核がある。粘菌は、尻尾のような鞭毛《フラジェラ》を持つ個々の細胞が群れをなし、私たちが目にしている巨大な細胞となって、全体が生きるためにねばねばの中で個別性を失って生まれると考えられる。この方向性は、侵入者に対しては自分のはらわたごと刺さなければならないミツバチの働きバチや、女王アリの子の世話をするだけで自らは卵を産むことのない働きアリなど、他の群れをなす生物と変わらない。

こうした生物はどれも、集団的知性と呼ばれるものを示す。そのように考えることには、ふだんは自分たちは個人個人が別々だと見ている人間にとっては果てしない魅力がある。私たちは、建築家《アーキテクト》のような存在が中心になって建物を築き、ネットワークを構築するという考え方に慣れている——二〇〇三年の映画で『マトリックス』三部作の第二作、『マトリックス　リローデッド』を考えればよい。主人公のネオはアーキテクトに会うが、このアーキテクトが「マトリックス」と呼ばれるシステムを設計したらしい。しかし粘菌は脳を必要としない。女王アリは都市計画家ではない。自然のシステムでは誰も舵を取っていないが、それでも何とかやっていけて、人類が初めて二本足で立つよりも何億年も前から地表を這い回っていた。

それでも、この適応力があり、潜在的に知能を持ち、きわめてレジリエンスのある、とてつもないシステムは、細胞のある部分〔あるいは群れにいる一頭の動物〕と隣の存在との単純な相互作用の結果としてできる。そのごく単純な相互作用にわずかでも手を加えることで、こうしたシステムの複雑な行動が現れ出る。そのネットワーク構築方法を、研究者が実際に調べるようになったところだ。

デボラ・ゴードンの研究室はアリだらけだ。アリは詰め込みすぎたスーツケースほどの大型の箱で暮らしていて、箱は赤く色をつけた透明なテープで蓋をされている。雰囲気のある照明にしようというのではない――アリの種の中には、このガラスの向こうにいる *Pogonomyrmex barbatus*〔「ひげのあるシュウカクアリ」といった意味〕のように、赤い光が見えないものがある。スタンフォード大学の生物学者であるゴードンとそこにいる学生は、この仕掛によって、一般にはシュウカク〔収穫〕アリと呼ばれるこのアリを、自分では暗い安全なところにいると思わせておいて観察することができるのだ。

大きな箱の中には透明な、スマートフォンほどの大きさの小箱が配置されていて、透明なプラスチックの管で他の箱とつながれている。アリが暮らし、餌を運び込み、子を育てる巣はこういうものだ。湿気があり、濡れたしっくいで塗られ、水が天井で滴になって、アリが飲めるようになった管がある。開口部が別の小さな箱に向かって開いているのではなく外に向かって開いていて、海からそびえる崖の壁面にある排水口のようになった管もある。そうした管の一つの外側に、黒っぽいくしゃくしゃになった形が集まっているのが見える――アリがゴミを捨てるゴミためと、死者を置いていく墓場が一体になったものらしい。ゴードンは、アリが確実に十分な餌を得られるようにしているが、野心的な働きアリがよじのぼって区域から脱出を図ったりするといけないので、壁にはテフロンに似た、ものがくっつかない被膜を塗っている。

こうした小さな箱は、実はこの実験室で最高級のスイートルームだった――広々として、いろいろな設備が用意されている。部屋の奥には、エコノミーなカプセルホテルがある――壁は赤ではなく透明で、ウサギ小屋といったところの容器が並んでいる。

「ここでは基本的にただDNAを採るためだけ［に飼っていて］、だからあの子たちはそれほど楽な暮らしではないんですよ」とゴードンは説明する。

しかしここにいる群れには、ささやかながら、もっと大きな群れにはないものがある。名前だ。ある箱には「ベルタ」とすべて大文字で書かれていた。別のには「アルテミス」とある。学生が群集《コロニー》のありかを掘り返して女王アリを見つけたら、それに名をつけるんですとゴードンは言う。コロニーにいるアリは基本的にすべて雌であることからすると、女性名がつけられているのは適切に思える。

ゴードンが廊下に出るドアを開けると、そこは向こうの窓から入る午後の日差しで明るい。大学の建物はたいていそうであるように、ドアにはコルクの掲示板がかかっていて、学会発表用のポスターがテープで留めてある。実験室のほぼ真向かいにある研究室のドアの一方には、カオス的な白黒の巨大なポスターがかかっている。少々擬人化したアリ、ラット、タコ、ヒョウ、さらには筆記板を持ったカタツムリまでいる光景が描かれている。

研究室の中はアリのアートだらけだ。チワワなみの大きさの巨大なアリは、胴体が三つの大きな石、脚と触角が金属棒でできている。さらにはアリのスケッチ、鼻先の床を這っているアリをどうしようかと考えている犬の写真等々。テーブルには、ゴルフボール大からサッカーボール大まで様々なサイズと色の玩具のアリが一〇余り。

デボラ・ゴードンは最初からアリを研究したのではない。フランスのオベルラン大学で学士号を（優等で）得た後、スタンフォード大学の修士課程で生物学を勉強し、ナマズが地震の前に暴れて水中から飛び出すと言われるときに本当にしていることを調べた修士論文を書いた。希望としては、この現象が本当に存在するか、その仕組みはどうなっているかを明らかにしたかった。ゴードンは、地震活動で水中の電場が変化するのにナマズが反応するかどうかを見たいと思い、調べてみると確かに反応した。一つだけ問題があった。

「地震があるたびに、ナマズが全部死んじゃうのよ」とゴードンは言い、「統計学的には有意だったんだけど、説明もつかなかった」とも言う。

デューク大学のある教授が、ゴードンに、発生生物学と胚発生を調べようという気を起こさせた。しかしそれは一九七〇年代末のことで、今日の科学者が生きた細胞の動きや相互作用を見るために使っている多くの高度な画像技術は存在もしていなかった。そこでゴードンは、その代わりに構成要素が見える系《システム》に目を向けた——それがアリのコロニーだった。

「中枢の制御がない系がおもしろそうだと思ったの。胚はアリのコロニーに似たところがあって、それぞれの組織のそれぞれの細胞の発達を何かが指揮するんじゃなしに、細胞どうしの相互作用を通じて進むんです」とゴードンは説明する。「私はそういう過程を見たいと思っていました。実際に見えるやつです。見るのがいちばんわかりやすいですからね。発生しているときの胚はなかなか観察できないけど、アリのやりとりを観察して、そのやりとりがどうコロニーの行動を生むかは見えます」

コロニーを超個体のようなものとする考え方は、科学界では前々から確立していて、研究者は群れをなす生物の行動と、器官の中の細胞群の行動との類似を見るようになっていた。四〇年近く経っても、アリ社会の細かいところは相変わらずゴードンをとりこにしている。また研究分野を変えて、他のことを調べようと考えたことはありますかと尋ねてみると、

「何度か考えたことはありました。でもいつも、アリについて知りたかったことの方が優先順位は上になりました」という。

ゴードンは問題が見つからなくて困ったことはない。ジャングルでも砂漠でも出かけて行って様々な種のアリを広く調べているが、最もよく知っているのはアメリカ南西部にいるこのシュウカクアリだ。毎年夏にはアリゾナ州へ向かい、三〇年ほど調べている、コロニーが何百とある同じ地点を調べる。働きアリは一般に一年ほどしか生きないが、女王は野生では二五年生きることが知られている。もしかするとそれ以上だろう——女王がいるかぎりコロニーは生き続ける。これはゴードンが、いくつかのコロニーができたばかりの頃から赫々《かっかく》たる黄金時代までを見てきたということだ。

この一般にアカシュウカクアリと呼ばれるシュウカクアリの一種は、乾燥した南西部でキャンプを設営する。このアリは大型で、働きアリは高さが一センチほどもあり、肉眼でも容易に追跡できる。そのコロ

ニーは地下にあるが、巣の周囲に相当広い範囲で切り拓いた跡を残すので、草地でもすぐに見つかる。アリの名は、集め、殻を取り、食べる種子によってつけられている。極度に乾燥した環境では、種子から中の脂肪を代謝することによって水分を引き出す。殻は巣の外へ運ばれ、捨てられ、淡々とうずたかく積み上げられる。アリはこのゴミの山に、自分の体にこすりつけるのと同じ油分を注入するらしい。その油分の臭いが、砦に掲げられてはためく旗のようになって、収穫に出たアリを巣に導く。

一年のある時期、女王アリが羽アリを産んで、一帯のあちこちのコロニーから飛んでくる雄と雌の羽アリが、ある謎の聖地に集まるとき以外は、コロニーにいるアリはすべて雌だ。雌は複数の雄と交尾し、雄はその後で死ぬ（仕事は終わったから）。王冠を戴《いただ》く女王アリは飛び去ってそれぞれのコロニーを創始する。それぞれの女王アリは地面に安全な穴を掘り、一回めの卵を産み、自分で蓄えた脂肪を使って子を育てる。この第一陣が成体になると、餌を取りに行ったり巣を作ったりし始めて、女王アリは明るいところへは二度と出てこない。

アリは、易々とキッチンに侵入し、ピクニックのバスケットを襲う害虫と思われているかもしれないが、生態系では多くの貴重な役目を果たしている。植物のためには種子の拡散を行ない、植物が新しい土地へ進出できるようにし、つながった多数の小部屋でできている地下の巣は土に空気を送ると考えられる。アリは土を肥やし、森では自分たちが生活の糧を頼る樹木の防衛機構の役も務める。

家に侵入して砂糖に群がっていると見られるようになる前は、人はずっと、アリの明らかな勤勉さと労働倫理に感心していた。「怠け者よ、蟻のところに行って見よ。その道を見て、知恵を得よ」と聖書は読者に訓戒する〔「箴言」6－6、新共同訳〕。古代ギリシア神話では、ゼウスがアリのコロニーを、ミュルミドンという、アキレスに従ってトロイ戦争で戦った忠実で勇猛な戦士となる伝説の民族に変えた。シュウカクアリの本拠地アメリカ南西部の砂漠では、先住民のホピ族にアリ人の話が伝わる。聖書に出てくる洪水を思わせる、世界を浄化する黙示録的大火の際にホピ族の先祖を避難させたのだという。先祖の古代プエブロ人は（アリに似て）母系社会で、崖に家を構えることで知られる――ゴードンはときどきアリの巣のことを思い浮かべることがある。基本的に同じ土でできているからかもしれない。

しかしアリのコロニーについての多くの記述は非常にファシスト的な解釈をまとっている――たとえばアニメ映画の『アンツ』〔一九九八年〕は、兵隊（たいてい雄に見える）が、隊列を作って立つ他のアリの軍勢に大声で命令を出している。二〇一五年のマーベル・コミックによる映画『アントマン』はアリのことをよくわかった描き方になっているが、ポール・ラッドが演じる登場人物には、複雑な指示を出してアリの群れ全体を指揮する能力を与えている。これほど真実からかけ離れたこともない。アリは上司から命令を受けたりはしない。そうしたくてもできないだろう。アリの環境は系統化されているわけではなく、ごちゃごちゃとした混沌だ。自分が直接触れる環境――アリは一般に目が見えないので、本当に触れられる範囲――の刺激に応じているだけだ。アリどうしは触角で相手の体に触れて、体を覆う炭化水素の臭いをかぐことで連絡をする。もちろん、そうした分子で伝えられる内容はきわめて簡単なものとならざるをえない。

ゴードンが初めてアリを調べるようになった頃には、科学者の中にも大衆文化にあるような誤解がいくつかあった。アリは、ディストピア小説『すばらしい新世界』のような、高度に制御されたカースト社会で、構成員の身分や仕事は生まれたときに（あるいは『すばらしい新世界』のアルファ、ベータからイプシロンまでの各階級なら、「瓶から出る《デキャンティング》」ときに）決まっていると見られていた。人が歴史上、インドであれ、封建時代のヨーロッパであれ、様々な身分制度に頼ってきたことからすれば、このアイデアは人間にとって惹きつけられるところがある。働きアリと兵隊アリには重大な体の違いがあって、兵隊アリの体は大きくて侵入者を攻撃するための巨大な顎があったりすることを考えれば、これはある意味で筋が通っているようにも見える。

この考え方は実は二つの部分からなる。エージェントの目的は生まれるときに決まるということと、その目的は一つだけということだ。この考え方は長い間、アリのような群れをなす昆虫に対してだけでなく、遺伝学や神経科学など様々な分野を支配していた。ほんの何十年か前には、遺伝子はそれぞれが単純にその特定の性格や処理のコードになっているとか、神経細胞が特定の記憶を保持するなどと考えられていた。しかし現場の分子化学の複雑さがわかってくると、科学者もそうした単純な考え方は捨てざるをえなくなった。

ゴードンによれば、「一つ一つの遺伝子が生物体の表現型の何らかの個々の部分のコードとなっているという考え方に代わって、遺伝子どうしが相互作用していて、だから調節や力学や交換もありますよという考え方、あるいは発見が出てきました。すべてのアリに仕事があって、それを他のアリとは別個に行なっているとか、すべての遺伝子がそれぞれ何かの特定のことのコードになっているとか、その種の考え方は生物学全体で捨てなければならなくなっています」

「私がアリの研究を始めた頃は、それぞれのアリは別々にプログラムされていてその仕事を繰り返すと考えられていました」とゴードンは言うが、ゴードンは根本的に異なるアイデアを唱えていた。アリは絶えず周囲の他のアリの行動に反応しているのだ。「生物学全体で私たちの考え方がそれと同じように変わってきたし、コンピュータ科学での革命もあって、みんなが分散処理について考えるようになりました」

ゴードンが言っているのは「創発《エマージェンス》」という概念のことだ。多数の異なるエージェント間で、中枢の計画なしにごく単純な相互作用をすることから、大規模で複雑な系が生まれうるということを言う。ゴードンはアリの場合にそうなることを、非常に単純な道具を使って実証できた。爪楊枝だ。

アカシュウカクアリのコロニーには多種多様な仕事がある。夜明けに巣を出て偵察に出るアリがいる。このアリは炭鉱のカナリアのような役をする。それが無事に戻って来たら、収穫働きアリにとっては、外に出ても大丈夫というしるしになる。収穫働きアリは少し遅れて出て、巣に持ち帰る食料源を探しながら、斥候が進んだ道をたどる。巣の保守管理をする働きアリは殻や死体などの残骸を集め、それを巣の外に出す。ゴミ係の働きアリはその廃棄物をまとめて固め、芳香性の油分をしみ込ませる。こうした巣の外の働きアリは、全部合わせると、巣の集団のうち四分の一ほどを占める。巣の中に残って、保守管理や保育をするアリもいる。もちろん女王が命令を出しているのではない——女王の仕事は群集の卵巣となることで、一度の交尾で得られた限られた量の精子を使って、アリを増やし続ける。

さて、古い考え方によれば、収穫働きアリはずっと収穫働きアリで、斥候はずっと斥候で、ゴミ係は……ということになる。しかしゴードンはこの考え方を検証することにした。こうした集団の一つについて、収容能力を圧迫してコロニー全体がどう応じるかを見ることによる。そこで巣の入り口付近に爪楊枝の山を置いて、保守管理働きアリが必ずかぶりつくようにした。当然、三〇分ほどで、爪楊枝はすべて巣の領域のへりに移された。ゴードンはこれをもう一度試した——ただし今度は、アリの体に色をつけて、どのアリがどのアリについて行くかがわかるようにした。爪楊枝の山が現れると、当然、巣を保守管理する働きアリを一時的に余分に採用する必要ができて、収穫働きアリは減る。もちろん、餌を置いた場合には、収穫働きアリの数が急増し、保守管理、斥候、ゴミ係の働きアリの数は減る。個々に色を塗ったアリをたどると、アリは実際、状況に応じて仕事を切り替えていることがわかった。つまり、通説で言われるのとは違い、個々のアリの目的は確固として定まっているのではなかった。

しかしアリは仕事をみな同じように切り替えているのではないことにもゴードンは気づいた。階層構造が作用しているらしい。収穫働きアリがもっと必要なら、他の働きアリはどれでも、この緊急度の高い仕事に切り替わることができる。ところが、爪楊枝の束を動かさなければならないときには、他のグループは手伝えない。その代わり、若いアリが巣の中から加勢に来て、外の保守管理アリを手伝う。収穫、斥候、ゴミ係は再び必要になるまでただたむろしているだけだ。ゴードンが記述している四種類のアリ――ゴミ係、保守管理、収穫、斥候――は、集団全体の二五パーセントしか占めていないことを忘れないように。それにほとんどの場合、こうしたアリは巣の外縁に追いやられているらしい。巣の奥へ入ることはない。巣の内部のアリは、種子の殻をむき、子どもの面倒を見て、巣の内部を保守する――こちらは外へ出ることはないらしい。確かに、内部の働きアリがゴミをいくらか運び上げることはあるだろうが、一般にはそれをいちばん外側の部屋に置いていて、外の働きアリがそれを持ち出して外に捨てる。バケツリレーのようなものだ。どの時点で見ても、巣にいるアリのおよそ三分の一が、一種の予備役として何もしておらず、巣の中程の階で、たぶんきっかけを待ってぶらぶらしている。

結局、アリは内アリか外アリかで臭いが違うらしい。アリの体を覆う炭化水素のすべすべした層は、日光を浴びる時間が長いと化学変化をして、その臭いが今の担当を表すラベルの役をする（ゴードンが言うには、「大工さんの手にできるたこみたいなものね」）。若い、油分の被膜がついたばかりのアリは巣の中にいて、そこにある雑用をこなしている。さらに成長するにつれて、仕事を切り替えながら上へ外へと移動し、最終的には、巣の中心からは遠く離れた収穫働きアリになる。

ゴードンは、コロニーが若いと、古いコロニーよりもこの種の乱れに対する反応がはるかに強いらしく、突然の混乱や恵みを処理するためにアリの一団を送ることにも気づいた。逆に、古い方の巣は反応が穏やかで、作業の流れ全体をだいたい通常の水準に保つことができる。

ひょっとして古い方のコロニーのアリは大人なのだろうか。そんなことはない。女王が何十年か生きるのに対して、働きアリはせいぜい一年ほどだ。この種の従業員の入れ替わりのせいで、二五年経ったコロニーだからといって、三年経っただけのコロニーと比べて組織的な記憶が多いわけではない。

確かに違っているように見えるのはコロニーの大きさだった。最初の一年でアリは五〇〇匹になる。二年たつと二〇〇〇匹ほど。五年になると数はその五倍の約一万匹に増えている。中にはじわじわと一万二〇〇〇匹に向かうものもあるが、大半は五年で「成人」サイズに達する。

巣の大きさに、巣の性格を変えるほど大きな意味があるのはなぜか。アリどうしのやりとりに関係するにちがいない――すなわち、お互いのやりとりの数だ。ゴードンはそう認識した。一匹の収穫働きアリを考えよう。それは歩き回り、おいしそうな食料を手に入れて、それを持って巣に帰る。巣に帰ると、入り口の中で待っているアリと遭遇し、そちらはおそらく帰ってきたアリを触角で「かぐ」。アリには、自分であるいはお互いにグルーミングするときに、角皮《クチクラ》で覆われた体全体に塗り広げた油分の層があることを思い出そう。アリはこの臭いのある油分で自分たちの集団の構成員を識別し、他の巣のアリと区別する――また油分は現在の担当も示している。巣で待機するアリは餌を持って帰ってくるアリをかぎ分ける。さらに次々とアリが帰ってくる。ある時点で、玄関で待っているアリは、帰ってくる収穫働きアリから、そちらへ行こうと判断するだけの信号を受け取る。

ゴードンはこの理論を確かめるために、アルミの細片を炭化水素と餌の臭いで覆い（収穫働きアリが持ち帰った種子を模倣）、それを巣の前に適切と思われる頻度で置いた。確かにこれによって巣を出て餌を探しに行くアリの数が増えた。炭化水素のみで覆ったアルミでは効果がなかった。餌の臭いだけでもだめだった。両方の手がかりがなければならなかった。ゴードンの実験は、アリが単純で、油分を塗った金属にも騙されることを明らかにした。そのぶんいっそう、ごくわずかな量の情報で動作しているにもかかわらず、その方式はかくも効果的で、反応がよく、ダイナミックだ――知能があるように見える――ということになる。聖書がどう言おうと、アリは賢くなくても、とてつもない成果をあげることができる。

こうした相互作用が、古い方の巣がうまくいっていることの鍵だ。大きな巣を大都市の中心街、小さい巣を小さな町の目抜き通りだと考えよう。都市では、絶えず周囲に他の人々がいて、相互作用する率が非常に高い。のどかな小さな町では、街路を同時に歩いている人々は少なく、相互作用する率もずっと低くなる。大型の巣ではストレス因子が強い反応を誘発することにはなりにくい。反応するアリはすでに、通常業務をしているだけの他のアリからの信号を受けているからだ。しかし小さな集団では、そのストレス因子信号を紛れさせる相互作用は少なく、反応はずっと強くなる。

「巣が大きくなって相互作用の率が高まることが、相互作用からのフィードバックをいくぶん下げる方に作用します。その結果、古い、大きな集団の方が、反応は安定することになる」

アリが従来からある意味で「頭が良い《スマート》」かどうかはともかく、成功した巣から学ぶことは多い。ゴードンは同じ調査地点に毎年やって来る。舗装道路から三〇〇〜四〇〇メートル離れた一帯にあって、ニューメキシコ州との境も近い。一二ヘクタールほどの区域に三〇〇ほどのアリのコロニーがある。長年、この数はほぼ安定している。ゴードンは、コロニーごとに性格が異なることに気づいた――苦境にある場合には、容易に区別できるような性格だった。アカシュウカクアリは、朝早く働く方を好み、暑く乾燥する日中には巣に引きこもる。外にいるアリは脱水で死ぬ危険がある。暑い盛りには、収穫活動を停止するコロニーが多いが、兵隊が配置について、食料と水分の両方のために必要な種子を集めるコロニーもある。

ゴードンは当初、活動するアリが多いコロニーの方が、明らかに怠惰な、暑い日にわざわざ生活の糧を稼ごうとはしないコロニーに勝つと仮定していた。しかしゴードンはアリの成功度を、生殖という、有効性は証明済みの尺度を用いて測定することにした。娘の多いコロニーが、動作が適切なコロニーだと考えられる。ゴードンは試験地域のコロニーからサンプルを抽出し、コロニーどうしの遺伝的近縁度を注意深く図にした。そうしてあまりに活発なコロニーは、ゴードンが思っていたよりも成功していないことがわかった。実際には、暑い日に収穫に出たがらない働きアリが多い女王の方が、子、孫、さらにはひ孫ができることになる。アリゾナ州のような場所では、安全を図ることには見返りがある。確かに、暑すぎる日に種子を取りに出かけるアリは、収集する種子から得られる水分よりも、蒸発で体内から失われる水分の方が多い。これは異論を挟みにくい単純な進化の数学というものだ。

ゴードンは、自分が見ているのは、きわめて基本的な情報の伝達が上位の大きな系を動かす様子だということを承知していた。アリのコロニーに対する行動の様子と胚での細胞の行動の様子とに多くの類似がある可能性も承知していた。アリは化学物質による信号を直近のアリと交換することで連絡するが、神経もそういうことをする。巣にいる収穫働きアリは、戻ってくる収穫働きアリの匂いを何度かかぐまでは探索に出ない。脳にある神経細胞も、受け取る刺激が一定回数になるまでは発火しない場合がある。

暑い盛りにさえ収穫に出る集団――A型集団としておこう――と、屋内にとどまるB型集団について考えてみよう。その性格の違いは大部分、個々のアリの刺激に対する感度――収穫働きアリの場合、自分が収穫に出る気になるまでの他のアリとの遭遇回数――の違いで定まるのかもしれない。その回数が多いと、アリはあまり移動しなくなる。その回数が少なければ、アリは刺激にすぐ反応して飛び出す（神経細胞の行動にも同様のふるまい方が見られる。人が違うと、同種の神経細胞が発火するまでに必要な刺激の回数の多寡があるのかもしれないし、それが集まると、行動のしかたや性格に大きな個人差が生まれるのかもしれない）。

いずれにせよ、こうした複雑な創発系は単純な情報――データのパケット――を送受信した結果だ。神経細胞もアリも生きたネットワークをなす。ゴードンが達したのはアリのネットワークにある収穫面を記述するアルゴリズムだった。もしかすると、このアルゴリズムは他の――生きていないものでも――ネットワークにも役立つのではないかとゴードンは気づき、見通しを得るためにスタンフォード大学の計算機科学者、バラジ・プラバカーに目を向けた。

プラバカーは最初困惑した。「どういうことかはおわかりでしょう。生物学者がやって来て、会いたいと言っている。半分は好奇心、半分は礼儀で会ってみる。大したことになるとは思っていない」とプラバカーは私に言った。

ところがプラバカーは一日考えてみて、実は似たような人工のシステムがあることに気づいた――伝送制御《トランスミッション・コントロール》プロトコル、TCPだ。これはインターネットプロトコル（IP）と合体して、インターネットの基本的な通信言語を務めており、TCP／IPと言えばぴんとくるかもしれない。TCPはインターネットでデータの流れが渋滞しないよう調節するのを助ける――それが結局、アリと同じような動作をしていた。

その基本的な動作はこんな感じになる。ベンが友人のジェリーに大きなデータを送ろうとしているとする。このかさばるものを送るために、ベンはそれを扱いやすいパケットに分けて、それぞれに番号をつけて、一つずつ送り出す。ジェリーは塊をもらうたびにすぐに礼状を送る――パケットを受け取ったという受領証だ。ベンはちょっと心配性で、送ったパケットが届いたという受領証をもらってから次のパケットを送る。これは実に効果的なフィードバックループで、これによって局所的には自己調節的なネットワークができる。ジェリーが受領証をタイミングよく送り返してこなかったら、そこにはいろいろなことがありうるだろう――配達員がジェリーの家まで行けないとか、受領証をベンに送り返すところで手間取っているとか。説明はどうあれ、配達員がメッセージを運んで行き来する能力――要するにネットワークの回線容量――がベンにとっては次のパケットを送るのには小さすぎるということだ。

TCPは、集中型ネットワークとは異なり、スケーラブル〔規模に応じて拡張可能〕なため、インターネットが、少数の研究者がつながる少数のコンピュータから今日のような世界的なネットワークに成長するうえで必須だった。そのことについて考えてみよう。集中方式の下では、ネットワークが大きくなるほど、監視して保守する必要がある接続が増え、必要な計算を絶えずすべて行なわなければならない中央のハブの負荷が増える。しかしTCPのような分散型の、中枢のないネットワークでは、情報を中継しようとしているそれぞれの中継地（ノード）が心配しなければならないのは、局所的な環境——それが直接つながろうとしている接続相手——だけだ。ネットワークがどれほど小さくても、いずれどれほど大きくなろうと、そのことは成り立つ。

するとこの方式は、人々にとっておなじみのことに思えるはずだ。それは収穫働きアリが巣の入り口近くで待機していることによく似ている。どちらの場合にも、戻ってくる速さが、アリにもベンにも、さらに送り続けるかどうかを教えてくれる。コンピュータにインターネットがあるなら、アリ（アント）にはゴードンの言うアンターネットがあるのだ。

生まれて何十年ほどしかないインターネットとは違い、アンターネットはおそらく約一億五〇〇〇万年は続いている。たぶん人類が数十年前にアリを参照するほど賢かったら、研究開発の時間を何年も節約できただろう。

ゴードンはこのことをアリの単一の種を調べることで学習した。人類は考案していないが、アリは一億年以上前から用いているような、いろいろな生物種が用いる巧妙なネットワーク・アルゴリズムが他にあるとしたらどうなるだろう。シュウカクアリの単純なネットワーク規則は何百万年という進化の結果で、気候（とくにそれによる運転コスト）、食料源、捕食、食料源をめぐる競争といった、手近の環境からの圧力に応じたものだ。そうした圧力への対応のしかたが異なれば、まったく別のアルゴリズムに達するかもしれない——私たちにとっても役に立つかもしれない。

ゴードンは、「アリの種の数は一万四〇〇〇ありますが、詳しく調べられているのは五〇ほどです。まだ発見されていなくても使えそうなアルゴリズムがたくさんあると私は思っています。集団で探索する方法とか、活動を調節する方法とか、ネットワークの作り方とか――アリがしているびっくりするようなことすべて――について」と言う。

アカシュウカクアリはゴードンとのつきあいがいちばん長い種だ――それでもまだそこから新しくわかることがある。このアリを調べるようになった頃は、巣がどれだけ続くか、誰も知らなかった。それを調べて二〇年を経てから、ゴードンは、女王アリは一五年ほど生きるにちがいないという結論に至った。一〇年後、その巣はまだ強化されていたのだ。しかし時間とともに、ゴードンは手を広げ、異なる環境にいる様々な種を調べるようになった――そうしてそうした生物の集団的知性は、生態系の個々の圧力に応じて、言うなればいろいろな思考過程を示すこともわかった。

砂漠では、アリは乏しい資源を相手にしているし、競争の量も対処可能な程度だ。つまり、明瞭な刺激が届かなければ、アリは動かず、エネルギーを節約する傾向になるということだ。藪に棲むアリにとっては、気候は穏やかでも、同じ資源を争う他のアリがいるので、逆になり、アリのコロニーは、抑制的な刺激に出会わないかぎり、活動的になるものだ。

メキシコの熱帯雨林にいて、やはりゴードンが授業のない夏に出かけて調べる樹上性のタートルアントについてはそれが言える。こちらの湿度の高い地域では、アリは餌を探すときに焦げてしまうのを心配する必要はなく、また森林の林冠には、手に入りやすいものがたくさんあるらしい。しかし他のアリのコロニーも多く、種も多様で、その多種多様なものが同じ資源を採集しに出てくる。ゴードンは、*Cephalotes gomiodontus*〔「角張った歯のタートルアント」といった意味〕という、頭が目立つタートルアントを調べている。

頭の上に幅広の覆いのようなヘルメットがあるアリだ。このアリは樹木の間で餌を収穫し、林床に下りてくることはめったにない。ゴードンと助手たちは、巣や通り道を調べようとすれば梯子《はしご》を持ち込まなければならなかったし、そういうことをしても、林冠の間にまぎれてまったく見えないものもいる。こうしたアリは、種子を収穫する親戚のアリよりも餌の好みが広い。食べられるものは何でも集める。トカゲや鳥の糞、芋虫の糞、菌類のかけら、地衣類など。ゴードンはそうしたアリが蜜や樹液などを集めるのを見た。そこではタートルアントが通路の途中で巣の仲間と出会い、立ち止まって分け合う。どんな餌に寄ってくるかと言えば、肉団子は有効なこともあるが、卵や魚のようなタンパク質は役に立たない。甘いハイビスカスの蜜に浸した綿には引き寄せられるように見える——ただしいちばん有効な餌は人間の尿らしかった（誰の尿かはわからない）。

シュウカクアリの単一の巣とは違い、タートルアントのコロニーは実際には樹木のうろに複数の巣を作っていて、それはしばしば別の昆虫が掘ってあったものである場合も多い。またそうした巣の出入り口として、枝に空いた小さな穴を用いる。頭の形はそのためにある。別の種のアリがタートルアントの通路をたどってきて開口部に行き当たっても、ヘルメットつきのタートルアントはすぐに体を押し込み、幅広の平らな頭を用いて入り口をふさぐ。ゴードンはこのアリの行動はネットワークセキュリティのお手本になりうると考えている。侵入できない、固定した一枚岩の保護を構築しようとするのではなく、脅威が現れるとそれに応じるダイナミックなシステムということだ。

兵士のように装甲を施しているように見えるかもしれないが、タートルアントはとくに好戦的ではないし、実際には欠点にもなりかねないほど穏やかだ。別の種のアリがタートルアントの餌のありかまでの通路をたどると、その通路は、当の別種のアリがいなくなるまで放棄されて使われない。タートルアントがその通路を築くために、ある木の小枝から、たまたまそれに触れているツタの蔓《つる》に移動し、それからカーブをたどって食料源がありそうな別の木の葉へ行くなどの手間をかけているというのに、放棄してしまうというのは驚きだ。こうした通路は曲がりくねっていて、長さは直線距離の二倍から五倍になることも多い。ある集団では、直線距離が三九・四フィート〔約一二メートル〕の通路でも実際の長さは一六二・四フィート〔約四九・五メートル〕だった。途中には、植生が変わるところが二九か所もある。

こうした通路はただ長いだけではない——弱くもある。葉は食べられるし、小枝は折れるし、風は蔓を吹き飛ばすことがある。ゴードンが二〇〇七年から二〇一一年の雨期に調べた記録では、アリはこれにひるむことはないらしい。その記録には、絡み合った蔓でその場に保持される折れた枝に依存するある通路のことが記されている。

風で枝が押しのけられると、接続は断たれる。枝で押しのけられたときにその木にやってきたアリは、しばらく渡し船を待つ乗客のように、風が収まって枝が戻ってきて、渡れるようになるまでその場で待っていた。

しかしいくら待っても途絶えた道が直らないときもある。するとアリは餌までの新しい道を見つけて構築しなければならない——アリは視力が弱く、混沌とした環境で暮らしているにしては、その仕事が見事にうまい。ゴードンは、新しい通路を作ったり古い通路を「修理」したりする単純な規則がわかれば、人間が何であれもっとレジリエンスのある、こうした突然の予想外の切断にも耐えるネットワークを構築するのに役立つアルゴリズムができるのではないかと考えている。それによって、脳にそのような過程がどう生じるかにも光が当てられる、ともゴードンは言う。

その説明によれば、「途絶があると、アリはすぐにそれを修理したり、時間が経てば、刈り込んで近道になるようにすることもあります。その刈り込みの過程は子どもの脳に見られるシナプスの刈り込みのように見えるんです。それはどんな種類でも、情報が伝わっても切断がつきもののネットワークを設計するのには効果的な方法にもなるでしょう——ケーブル網でも、通信装置でも」

ゴードンは、アリを宇宙に送って、国際宇宙ステーションの宇宙飛行士にペーブメントアント（*Tetramorium caespitum*）という種類のアリが無重量状態で探索パターンをどう変えるかを観察してもらったりもしている。その実験を元に、宇宙ステーションにあるようなきわめて単純な「居住地」を設計した。ただしそれは、紙、発泡スチロール、耐熱ガラスのような地上にふつうにあるものでできている。居住地全体はバインダークリップでまとめられている。世界中の学生がこうした居住地を使って、地元の固有種の集団的探査行動の記録をとり、（その気になれば）結果をスタンフォードの研究チームのところへ送り返す。たぶんこのチームは、世界中の学生の助けによって、様々な生態系にいる種が用いるいろいろな探索アルゴリズムを発見できるようなデータを、アウトソーシングして得ることができる。

「アリを調べれば調べるほど、私たちはまだわかってないなあと思います。でも……確かに新しい考え方を受け入れやすくもなっています。ですからわかっていることの量は問題ではないと思います。むしろ何が起きているかがよく見られるように考える能力が大事だと思うんです」とゴードンは言う。

現時点でゴードンは多くの種を調べていて、私はどの種が好きか聞いてみた。私がした質問の中でもこれがいちばんまごつかせるものだったらしい。

「だってほら、シュウカクアリでずっとやってきたから――あの子たちについてはよく知ってるし、それで私も育ったし」とゴードンは言い、一呼吸置いて「今調べているタートルアントはすごいんですよ。見かけはあんなに変だけど……反応は早くないけど問題解決は早そうっていう、見事な組合せなんだから」と答えた。

そして急いで言う。「好きになれなかった種もあります。アルゼンチンアリとか。ほんとに興味深い種なんだけど、ほんとに好きになれませんね」

「どうしてですか」と私。

「どうしてかなあ。あれは何と言うか――帝国主義者なんですよ」と、少し笑いながら言う。「とてもしつこくて、それには感心するしかありません。でも……侵略するし、地元の種を全滅させるし、だからそのへんには他の種はいなくなるし、自分に割り当てられている分以上に取っているような感じがするんです。あれは欲張りよ」

アルゼンチンアリとヒアリはともにゴードンのお気に入りでないリストに入っているが、それでもゴードンはそれを研究している。何と言っても、侵略的な種は顕著に成功した種でもある。他に適切な言葉がないので言うと、「正しい」ことをしているにちがいないのだ。ゴードンはフロリダ州マイアミ・ビーチで育った。何十年か前、アラバマ州モービルにヒアリがアメリカでの橋頭堡《きょうとうほ》を築き始めていたが、ちょうどその頃だった。その後の何十年か、この押し寄せるアリは少なくとも一四の州とプエルトリコに広がり、南東部から南西部を通ってカリフォルニア州に進出している。ヒアリは攻撃的で、刺す。嚙まれると傷は数日残り、最近になるまで *Solenopsis invictus*（「敗れざる者」の意）という名はうまくつけたように見えていた。

ヒアリは多くの点で、学術的にも魅力ある種だ。ジョージア工科大学のデーヴィッド・フーは、原産地の南米で、アマゾン川の危険な突然の洪水のとき、このアリがお互いにつかまり、両顎をお互いの脚にひっかけ、全体で巨大な球状になり、救命いかだのようになるのを調べた。そこには何らかの内部構造らしきものもあるが、残酷でもある——働きアリはいかだの底面に子を配置する。たぶんそちらの方が浮力があって、いかだ全体が沈まないようになるからだろう。その途中で何匹か溺れても、それまでのことだ。女王が安全でいるかぎり、子は増やせる。フーはこのアリが、いかだ、橋などの構造物を作る様子を支配する単純な規則に——そうした規則で技術者がもっと高機能でダイナミックな材料を設計できそうなところに——関心を抱いている。

フーは機械工学者で、典型的なアリ学者よりは少しアリに冷淡だ。ゴードンはあるとき、フーがオーストラリアで開かれた社会的昆虫の学会にやって来て、集まった科学者に、その物質的な性質を明らかにするために大量のアリが圧迫される（非常に穏やかに、死なないように）のを見せて、たいていが昆虫大好きな生物学者を辟易《へきえき》させたのを記憶している。ゴードンはそのギャップのことを「それは見ていて楽しかった」と言った。

ゴードン自身、ヒアリやアルゼンチンアリが用いる探索パターンのために、そういう帝国主義的なアリに関心があった——アリが密度によってどう変わるかにも。たとえば、ヒアリが密集しているときは、曲がりくねった道をとって、狭い領域を完全に探査する。ところが広い面積に同じコロニーのアリが比較的少ないと、このアリは長い、まっすぐな行列で歩き、徹底的に調べるのではなく、調べる面積を広くする方を選ぶようになる。アリはその行動をどのように調節しているのだろう。読者にも見当がついただろう。仲間に出会って触角が触れる頻度によるのだ。

こうした侵略的な種からも、ゴードンは貴重なことが学べると思っている。また、そうしたアリをあまり過大評価すべきではないとも思っている。外来の昆虫の広がりをめぐる政治的・哲学的紛争の歴史を述べた *The Fire Ant Wars*〔『ヒアリ戦争』〕によれば、人間はおそらくヒアリの台頭のせいにしすぎなのだろう。ミシシッピ州選出のジェームズ・ウィッテン議員は、合衆国農務省を管轄する委員会の委員長を務め、環境保護論者がますます化学物質が他の動物に有毒であることを警告するようになっていた一九六〇年代から七〇年代にかけてさえ、殺虫剤を使い続けるために戦った一人だった（ウィッテンは殺虫剤製造業者と結託していたらしく、明らかに『沈黙の春』という環境保護の古典への反論として書いた著書は、『ニューヨーク・タイムズ』紙によれば、「殺虫剤業界幹部によって構想され支援を得ていた」という）。たとえば、アリに用いられる殺虫剤のマイレックスは、それ以前のヒアリに対して撒かれた化学物質と同様、殺虫剤としては非常に効果的だった——本来の標的に対してだけでなく。それが用いられてから、死んだ鳥や哺乳類が道ばたで見られるようになった。環境保護庁の実験結果では、南東部の検査を受けた人々のうち三分の一以上の脂肪組織にマイレックスが見つかった。

「これは実は発がん物質でした」とゴードンは言った。

皮肉なことに、こうした殺虫剤はヒアリが優勢になる道を調《ととの》えるのに役立った。この薬剤は固有のアリを殺してしまい、ヒアリが自由に占めることができる縄張りを残したのだ。この人間の手伝いがなかったら、この一帯の他の種すべてと競争しなければならないため、ヒアリの数はある程度抑制されていたかもしれない。一九九〇年代にヒアリがカリフォルニア州オレンジ郡に広がったとき、グレイ・デーヴィス知事の下で、別の殺虫剤を撒くべきかどうかの議論があった。どうやら南東部の教訓は定着していなかったらしい。

今やこのカリフォルニア州では、映画『エイリアンVS.プレデター』のアリ版のような対応をしている。ゴードンの説明では、「このカリフォルニア州ではヒアリはアルゼンチンアリと対抗していて、今後どうなるか予断はできません。ヒアリの方が水を必要とします……それで、カリフォルニア州沿岸地帯にあるゴルフコースすべてがヒアリに埋め尽くされて、アルゼンチンアリはそれを囲うように棲み分けるという見通しもあります」

しかし同州の水不足問題の明るい面とも言えることに、ヒアリもアルゼンチンアリも干ばつには弱い。そしてゴードンは外来種に対する抵抗運動を始める固有種を見つけるようになった――北カリフォルニアの固有種、ウィンターアントで、これは攻撃してくるアルゼンチンアリに向かって死亡率七九パーセントという毒液を絞り出す。他にも期待できる地域が見つかりつつある。

「南東部で起きていることで興味深いのは、固有種が実は反攻に出ていることです。ヒアリがいたのにもういないという場所があちこちにあります」と、ゴードンは言った。

アリに基づくアルゴリズムの考え方の先駆者となった研究者の一人はマルコ・ドリゴという、ベルギーのブリュッセル自由大学にいる、イタリア人計算機科学者にしてロボット工学者だった。一九八〇年代の末、ミラノ工科大学の大学院生だった頃、遺伝的アルゴリズムという思想が計算機科学者の間で大いに関心を集めるテーマとなりつつあった。これ自体がバイオインスピレーションによるアイデアで、創発の考え方とも連動するようになった。遺伝的アルゴリズムは、進化を動かす自然淘汰というダーウィン的過程を利用して効果的なコンピュータプログラムを構築しようとする。今日の生活ではコンピュータプログラムは到るところに見られる——科学者が宇宙の地図を描き出すのに使うスーパーコンピュータ、日常使用されるノートパソコン、運転する車、牛乳を保存する冷蔵庫など。こうしたものにあるどのプログラムも、ハッキングや人間の誤操作に弱い。

問題は、個人であれグループであれ、人がこの複雑さを相手にするのは難しいということだ——その点は、コンピュータだけのことではなく、様々な分野について言える。二〇世紀半ば、核分裂やDNAの発見の後、多くの科学者が物理学のような分野の根本的な科学にはもうすることがなくなっていて、残っている仕事はそうした基礎的な教えを応用する新たな方法を見つけることだと論じていた。基礎科学の必要がなくなったという間違った前提は別としても、この考え方には、基礎的な規則がわかればものごとが中間の各段階やその上のスケールでどう動作するかがわかるという前提もあった——あたかもアルファベットという限られた数の文字を覚えれば、どんな単語も、文も、段落も、本も書けるだろうというように。逆に、どんな複雑な系も簡単に分解されて、それを構成する部品に還元されるはずだとも。

ノーベル賞受賞者のフィリップ・ウォレン・アンダーソンは、一九七二年に『サイエンス』誌に掲載された「More Is Different〔多くなると変わる〕」という題の有名な論文で、その前提を粉砕した。

アンダーソンはこう書いた。「構成主義の仮説は、スケールと複雑さという二つの困難にぶつかると成り立たなくなる。素粒子による大きくて複雑な集合体のふるまいは、結局、少数の粒子の特性から単純に推測したのでは理解できない。複雑さの各段階で、まったく新しい特性が現れ、その新たなふるまいを理解するには、他の何と比べても本質的に根本的だと思われる研究を必要とする」。こうした考え方はその後一〇年、二〇年が経つにつれて盛んになった。ジョン・ホランドという計算機科学者で複雑系研究の巨頭は、自然にある複雑性の教えをコンピュータのプログラミングに応用する方法を考え始めた。ホランドはまた、ジョン・フォン・ノイマンやスタニスワフ・ウラムの考え方にも関心を抱くようになった。この二人はいずれもマンハッタン計画の仕事をしていて、ロスアラモス国立研究所にいた。一九四〇年代、「自己複製自動機械《オートマトン》」という、自らの複製——要するに子——を作る命令を持つコンピュータプログラムのアイデアを思いついた。

　ミシガン大学の科学者スコット・ページは、二〇一五年八月に亡くなったホランドへの追悼文の中で、「言い換えると、フォン・ノイマンはＤＮＡのようなものが存在するにちがいないと見た——クリックとワトソンがＤＮＡの構造を発見するより前に」と書いた。

　ホランドの一九七五年の著書『遺伝アルゴリズムの理論』〔嘉数侑昇監訳、森北出版（一九九九）〕は、神経生物学や計算機科学など、広い範囲の分野での考え方に影響を及ぼすことになる。その本で紹介された概念の一つが遺伝的アルゴリズムで、これは自然淘汰を動かす仕組みを人工的にまねたものだ。たとえば、何らかの種のカモがいて、これは藻や実を食べる必要があるのだが、最近の病気のせいで、残っている実は有毒になり、他の植物の種子を食べるのには特殊な形の嘴が必要だとしてみよう。この種類のカモには、

第6章　群れに宿る知

ちょうどよい形の嘴のものもいれば、毒に耐性があるものもないものもいるが、どちらの有利さもないものもいる。毒に耐性もなく、嘴の形も適切でない個体は生殖できるようになる前に死んでしまう。

しかしたい、次世代のカモでは遺伝子が混ざる。毒への耐性と嘴の形の組合せが適切な子の方が生き延びて子をなす比率が高く、以下同様となる。その途上で、カモが遺伝子をやりとりする間に、ランダムな突然変異が起きることがある。それが役に立たない変異なら消えることもあるが、何らかの有利なところをもたらす場合には、残って複製されることになる。

残ったカモが交配し、次世代のカモでは遺伝子が混ざる。

ホランドはこの過程をコンピュータのプログラムに当てはめた。その結果、コンピュータプログラムの一部を変えた何種類かを走らせて、その成果に基づいて評価し、その成果によって「生殖」する可能性を与えるという方式ができた。最も成功したプログラムには六〇パーセントの生殖確率、第二位には三〇パーセントなどのようにする。最下位はたいてい失格になる。残ったプログラムで「交配」し、ランダムに決めた間隔でコードのビットを交換して新たなプログラムを作る。場合によっては、複製過程で「子」のコードに、細胞でも生じることがあるような突然変異を起こすこともある。そうして、望む作業を最も効果的に行なえるほどにプログラムが「進化」するまで続ける。この考え方は今日の計算機科学やロボット工学には広く普及している。念入りに考えた完璧なプログラムを作ろうとするのではなく、「進化」にその仕事をさせるということだ。

一九八〇年代、ドリゴはこの考え方に関心を抱いた。強化機構——プログラムの良いふるまい（この場合はそれが複製される確率を高める）には「報酬」を与え、そうして正のフィードバックを生んで、望ましい結果に達する原動力にする仕組み——があるためだった。

243

ドリゴは「当時は遺伝的アルゴリズムの分野、進化計算機学の分野は花が開くところでした。つまり、自然に着想を得て現実世界の問題を解こうとする何人もの研究者がすでにいる科学の環境があったということです」と言った。

ドリゴは一九八九年に博士課程に進んだ頃、何人かの生物学者の話を聞きに行って、別の強化機構のことを教わった。アリが互いに案内するために通路上に残すフェロモンのことだった。

ドリゴの回想では、「こうした生物学者は、アリが餌のありかと巣の最短距離を、フェロモンだけを使って、環境の地図は何も知らずに、どうやって見つけることができるかを解説していました。そしてそのとき、私は、解きにくい数学の問題を解くのに似たような仕組みが使えるかもしれないというアイデアを思いつきました」

そのような解きにくい問題の一つが「巡回セールスマン問題」だった。それはこんな問題だ。あるセールスマンがネクタイを売って回るルート上にあるXか所の都市を訪れなければならない。同じ都市を訪れることなく、最短距離で回り、出発点に戻って来たい。どのルートを取ればよいか。

実際に最善の答えを求めるには、ばかばかしいほどの計算機の処理能力を必要とする。これは組合せがかかわる問題なので、都市が一つ加わるだけでも計算量は急激に増えていく。五〇都市の問題が一日の計算で解けたとしても、さらに都市を一つ加えるだけで、計算時間は二年になることもありうるとドリゴは言った。

「もう一つ増えて五二都市になると一〇〇〇年［以上］かかるかもしれません。そういうふうに問題の複雑さが急激に増大して、そのため、基本的に、最適解が事実上求められないことになります」という。

しかしアリは最短距離を見つけるのがとても上手で、それを道しるべフェロモンを残すことで行なえる。基本的な考え方はこうだ。餌のありかまでの通路が二つある。一方は短く、他方は長い。アリはランダムに進み、餌を持って帰るときに、長い方をたどってフェロモンを残すこともある。これはつまり、匂いのついた長い方の経路をたどり、どのアリにとっても余分に脚を使うということを意味する。しかしランダムに進んで短い方のルートを見つけ、早く餌を持ち帰るアリもいるだろう。するとそちらをたどるアリの方が多くなる。短い方の経路をたどるアリの方が餌を頻繁に持ち帰るので、全体としてはそちらの方にフェロモンが濃くなり、その通路の匂いの方が、長い方の通路よりも強くなる。フェロモン分子はいずれ蒸発してしまうので、餌を持ち帰るアリによって通路に新たに匂いがつかなければ、匂いは薄れてしまう。

ドリゴは巡回セールスマン問題での都市の点と線の「地図」に沿って這う仮想のアリを使い、若干の修正を加えたアルゴリズムを設計した。アリが本当に好みのルートを見つければ、そこに多くのフェロモンが残される。長いルートだったら、残るフェロモンは少ない。このフェロモンは、自然界よりもずっと早く揮発するようにプログラムすることもできる。これを並行して行なう多くのアリがいれば、巣の周辺で餌を採りに出かけるときにそうなっていることがあるようにアリはまもなく優れた解に収束するだろうとドリゴは言った。それは現実世界にも近い。アリが選んだルートは、ありうる最短のルートではないかもしれない――しかしそれは十分に使えるだろう。アリは必ずしも最善の餌取りルートを見つけるのではなく、並のルートよりも良いルートを見つけるのだ。

ドリゴは言った。「自分が巡回セールスマンで、一〇〇都市を回りたくて、コンピュータで最適ルートを計算するには一〇〇〇年かかることがわかっているなら、最適解は気にしないことです。それは使えません。でも、コンピュータが何分かでまずまずの答えを出せるのなら、その答えで十分だし、これなら使えます。数分ですからね。それなら待てます」

こうして蟻コロニー最適化が生まれた。それ以来、ドリゴらの研究者チームは、餌取り、子の選別など、群れの行動の様々な面から着想を得たアルゴリズムを用いて、様々な現実世界の問題を解いている。パスタ製造のバリラ社と取引関係のある企業のために、どのトラックを使えばいいか、どこへ派遣すればいいか、どの道路を使うか、トラックの積み荷はどうするかを教える経路選択ソフトを考えたこともある。電話会社が、回線が混んでいるとき、あるいは経路の一つが故障しているときに、電話をどうつなぐかを決めるのに使われたこともある。最近では、ユニリーバ社と提携する科学者が、大規模工場での各種作業のスケジュールを組むための、アリに着想を得たシステムを提示した。

ドリゴの成果は八万回ほど引用され、本人は、そのおよそ三分の二は、蟻コロニー最適化に関する成果のぶんだと推定している。しかし最近のドリゴはロボット工学に目を向けている——感知能力には限りがあっても、特定の課題（「この大きいものを動かせ」のような）は監督がなくても完遂できる、昆虫のようなロボットの群れを設計・建造しようというのだ。簡単な仕事ではない——コンピュータのプログラムが相手であるだけでなく、予想のつかない機械的故障も相手にしなければならない——し、それは開発時間を数か月から数年にまで押し上げる。しかしドリゴは、将来、そのようなロボットが海洋を探検し、宇宙を探検し、ビルを建て、救助作業を行ない、家を掃除するための、安価で効果的な道具となると期待する。しかし当面は、その作業はごく初期の段階にある。

いずれにせよ、着想を求めて自然を振り返ることが大事だとドリゴは言う。集団的知性での教えを応用するには、そもそもそうした教えを知らなければならないからだ。計算機科学者と生物学者の協同が鍵だ——しかしその相手は賢く選ぶ必要があるともドリゴは言う。

「工学者と生物学者、誰でも捕まえてきて一緒にやらせればいいというのではありません」とドリゴ。「工学に近い」と感じる生物学者と、「生物学に親しみを感じる工学者と……そうした人々を協同させなければなりません」

ドリゴと共同研究するそのような生物学者、ギー・テロラスは、ドリゴと同じ頃に学界に入ってきて、一九八〇年代には、デボラ・ゴードンのように細胞構造——テロラスの場合には、脳にある細胞——を調べていた。そのための道具がまだほとんどなかった頃だ。しかしマルセイユのプロヴァンス大学で修士号を取ろうとしていたテロラスには幸いなことに、同じ大学に、同じ問題の多くを調べられるようにしてくれる動物、つまりスズメバチを研究する研究者グループがいた。

スズメバチはアリの遠い親戚で、個体としてはやはりほとんど何も考えていない。しかしそれを言うなら、個々の神経細胞だってそれ自体は何も考えていないのだ。神経細胞の集合としての相互作用によって初めて、脳という器官全体から、私たちが「知性」と呼ぶものが得られる。直近の隣どうしでのみ信号を伝えている昆虫を調べることで、テロラスはこうした複雑な系の秘密を調べられるようになる。

技術の不足が集団的知性の研究を刺激したとは、何と皮肉なことかと、私は一瞬思った。当時の科学者が今日のような、現場の細胞のふるまいを記録できるような高度な器具や画像技術を持っていたら、群れの知性について今日のような知識が得られただろうかと。

当時スズメバチの行動を研究するのは、実験室のガラス容器に収められた二〇匹ほどの小さな集団についてでさえ、易しかったわけではない。一日八時間、個々のハチの動きを注意深く観察し、それを当時のまだまだ未熟なコンピュータに入力しなければならなかった。テロラスは自ら、ハチを追跡できるようなソフトウェアを開発しなければならなかった。

「とてもわくわくする時代でしたが、想像してください。当時はマッキントッシュもありませんでした……〔パーソナル〕コンピュータはまだ登場したばかりだったんです」とテロラスは言った。

テロラスはさらに、ドリゴともう一人の共著者エリック・ボナボーとともに群知能についての本を書いた。また群ロボット工学システムについての研究もした。しかし最近は、それほどあからさまに群知能らしくはない動物について調べている。羊の群れや魚群を支配する数学的法則などだ。テロラスはとくに、集団的知性が人間の集団に生じるところに関心を抱き、フランスや日本の学生の大きな集団の行動を調べている——結果はまだ発表されておらず、それについては残念ながらまだあまり教えられないそうだが。

アリ（やミツバチやスズメバチ）は、世界をランダムに動き回り、安定した系を乱すことのあるランダムな環境の揺れに対応しなければならない。いずれも環境やお互いからの正負双方のフィードバックに依存して、判断の誤りの大半を取り除いている。こうした昆虫は、そのために直接連絡をとる必要もない——アリは地面にフェロモンを残し、別のアリは後でその信号を拾うことができる。前章でも述べたように、シロアリは地面に土をひとかけら落とし、他のシロアリが後でやって来て、同じところに土を落とす。「土が積み重なっているところに土を落とせ」という規則に従っている。それは「スティグマジー」と呼ばれる概念で〔stigma（つけられた印）+ ergon（仕事）で、「烙印作用」といった意味合い〕、こうした群れでの通信がうまくいくことの鍵をなしている。

しかし人間の集団では、通信は歪んで伝わることが多い。本格的な言語システムを有することが知られている唯一の種だというのに、私たちは正しい情報だけでなく間違った情報も同じようにすばやく、また広く伝えてしまうらしい。誹謗《ひぼう》中傷であっても、悪い評判が一つあれば、売り出し中のレストランの、イエルプ〔口コミ評価サイト〕での評判がだめになることもある。ハリエット・タブマンやエイブラハム・リンカーンのような歴史上の人物の写真に間違った引用句が付されてメディアに広がり、その氾濫を止めることもできない。それは単にインターネットのなせるわざというのでもない。言語の登場以来、噂は集団にウイルスのように広まってきた（正しい事実のような弱いものでは止められない）。そのような噂は広まるべくして広まる。

そこに人間集団の奇妙なところがある。概算――「この瓶に何個の豆があるか？」など――のようなことをクラウドソーシングに出して、全員の推定を集めると、それがどんなあてずっぽうであっても、平均すると驚くほど正確な判断になる。しかしあてずっぽうを行なう人々どうしで相談させると、最終的な推定は大きく外すことになるとテロラスは言う。

人類には、フェロモンが蒸発するという形でアリがとっているような、間違った情報が広まらないようにする負のフィードバック制御機構があるようには見えない。アリにとっては、間違った情報は永続しない（正しい情報も永続しないが、正しい情報を持ったアリが次々とその経路にフェロモンを落とす間は絶えず復活する）。場合によっては――たぶん、アマゾンのような大規模なネット通販、あるいはイェルプのような商用レビューの場にとっては――こうしたことは、一定の時間の後に揮発する情報的フェロモンのようにレビューを処理できるウェブサイト用アルゴリズムが開発されれば処理できる可能性がある。

人間の集団が通信の調節があまりうまくない理由は他にもあるとテロラスは言う。大きくなりすぎてできなくなったのだ。小さな集団で暮らすアリが、昆虫版の大都市で暮らす種と比べてどうなるかを見てみよう。十何匹もいない巣で暮らすアリでは、個々のアリは認知能力を高度に——大きな眼、大きな脳——発達させる場合が多く、互いに連絡をとるために使える信号のレパートリーが豊富である場合も多い。ところが、一つの巣に二〇〇〇万匹もいそうな巨大なコロニーに暮らしている種を見ると、個々のアリの認知能力は著しく減退している。まったく目が見えない場合も多く、ごくわずかな数の化学信号に依存し、交換するデータもきわめて限られた単純なものだ。

テロラスの説明では、「こちらのアリは情報をフィルタにかけて、小規模のレパートリーの小さな信号に対する正しい応答を育てます。そうしてスケーラビリティの問題を処理するんです。人間にあてはめたいのもそれです。人間の場合は、進化上の、相互作用がどんどん増している時期にあります。インターネットもできました。今やポータブルコンピュータがあり、スマートフォンがあります。私たちはいつも、ますます互いにやりとりをするようになりましたが、問題は、情報をフィルタにかけていないということです」と言う。

それは何とも直観に反する——いったい私たちは情報が多すぎて正しい判断ができないなんてありうるだろうか。確かに私も必要以上の選択肢が詰め込まれている、ごちゃごちゃしたメニューを読んでいると呑み込まれそうに感じるし、選択肢が限られていて、すばやく判断できるときはありがたく思う。それでも、ある意味で、自由な情報の流れに依存する民主社会に暮らしていることには反するように思える。

しかし情報が今より少ないのは必ずしも悪いことではないことを示しそうな例はすでにある。二〇一四年、全国公共ラジオ（NPR）の記者が、エレーン・リッチというメリーランド州の郊外に住む薬剤師のところを訪れた。記者が訪れたときは、たまたまシリアの難民の流れを推定しているところだった（この薬剤師は、北朝鮮が多段式のミサイルを二〇一四年五月一〇日以前に発射するかという問いも考えていた）。

この薬剤師と約三〇〇〇人の有志が、いわゆる群集の知を調べようとする、三人の心理学者と情報当局の専門家が始めた「グッド・ジャッジメント・プロジェクト」という構想に加わっていた。有志が立てる予想は、訓練されたCIAのアナリストを上回る正確さを示すことが多かった――アナリストとは違い、訓練も経験も、情報機関員が利用できるような機密情報もないのに。この薬剤師は実際、インターネットの片隅にある情報を探して回ることもなかったと言った。ただグーグルで検索するだけだった。優れた推測をするとなると、少ない方がよい。リッチの推測は実に正確だった――その推定は三〇〇〇人の予想の中でも上位一パーセントに入る。

心理学者は、この計画が成功したにもかかわらず、これがあらゆる場合に成り立つかどうかは明らかではないと警告している。それでも、この複雑で混乱した世界を渡って行くことは、思うほど複雑ではないという、期待が持てる兆候になっている。

第Ⅳ部　持続可能性

第7章　人工の葉——この世界を動かすクリーンな燃料探し

縦坑《たてこう》を一キロ半ほど下りて地下の採鉱場へ行くと、まったく新しい色合いの闇と出会う。地表では、夜でさえ、地平線のすぐ向こうに太陽があることはわかっている。目の詰まった土の奥にいると、その確信がゆらぎ、消える。

サウスダコタ州の元金鉱の奥深くに、超高純度のキセノンで満たされたタンクがあり、科学者はこれを使ってダークマター〔宇宙の物質の大部分を占めるものと想定されながら「見えない《ダーク》」物質〕探しをすることになっていた。そこでは厚い土と岩の層が、地表に絶えず降り注ぐ放射線から検出装置を遮蔽できた。物理学者が探していた相互作用はきわめて弱く、その読み取りが外部の「雑音」に呑み込まれてしまわないようにすることが何よりも重要だった。

暗い坑道はところどころ強烈な蛍光灯で照らされていた。露出した岩は細かい、むせるような埃に覆われている。そこは暑く、空気はよどんでいる——生命にはまったく適していない。それでも坑道に張り巡らされた鉄路をたどっていると、露出した乾いた土の片隅で小さな緑の光がひらめくのに気づいた。小さな植物で、高さは五センチほど、二枚の丸い白い葉が種子から芽生えたばかりであることを告げている。

この小さな植物が全員――坑道を案内してくれたベテランの鉱山労働者や白いモルタル塗りの実験小屋で過ごしていた科学者――の足を止めた。だぶだぶの作業服、重いブーツ、阿弥陀にかぶったヘルメットという姿の私はまだ何とか膝と肘をついてこの小さな奇跡を撮影することができた（私が写真を撮っている間、実験物理学者の一人が、お尻を上げた私の写真を撮り、後で「後々のために」という詞書きを添えて送ってくれた）。

その皮肉な詞書きは先を予知していた。新聞に記事が載ってからずっと後で、このささやかな瞬間のことが思い浮かんだ。それは植物――この光と空気から糖分をひねり出す生物――のとてつもない粘り強さを物語っているからだ。

植物は独立栄養生物――自分で栄養を作れるということ――という。地球の他のそれほど自己充足していない生物は、生きるために他の生物を食べなければならない。植物を食べる動物もいれば、そういう動物を食べる動物もいるし、動物が死ぬと、その死体を食べる動物もいて、その栄養分は最終的に土に還る。それが成長と死の好循環だが、植物のような独立栄養生物が絶えず新しい燃料を系に注入しないことには、この循環はすぐに崩れてしまう。人がサラダを食べようとステーキを食べようと、行き着くところ、日光の産物を食べていることになる。

信じようと信じまいと、陸上の植物が生命の系統樹に加わったのは、比較的最近になってからだ。今日の緑藻類に似た、光合成を行なう単純な微生物が水中に現れたのは約三五億年前だが、植物が陸上に進出したのは四億五〇〇〇万年前のことにすぎない。私たちが知っているような植物が地球の陸の生態系のほとんどすべてを支える屋台骨となっていることを考えると、このことは衝撃的だと私は思う。光合成する生物は、水中や陸上でも、根本的に大気を変え、温室効果ガスを取り除き、酸素を注入して、最終的には人間など酸素を呼吸する生物に、十分に呼吸できる空気をもたらした。

二〇一二年二月の『ネイチャー・ジオサイエンス』誌の編集者による記事に従えば、植物が変えたのは大気だけではなかった。それは土や海の地球化学的状況も形成し、岩石に閉じ込められているミネラルを分解して、新鮮な栄養分を環境に放出するし、地上の景観も形成してきた。植物が固い大地に根を張る前は、川は境界のはっきりしない幅広い膜にすぎなかった。植物の根が張り巡らされ、川が岸で食い止められて形が定まり、植物が放出した有機物質の堆積物が川の細部の形を変えた。

編集陣は「このような生命の働きがなければ、地球は今日の姿にはなっていないだろう。私たちが知っている生命に必須の地殻、流れる川、化学的サイクルを支えることができる惑星がいくつもあったとしても、地球のように見えるものはなさそうに思える」と書いた。

そしてこう結論する。天文学者が地球に似ていそうな系外惑星を空に探し続けるとしても、残念ながら、一つも見つからないだろう。

「地球の過去を深く探るにつれて、その一見すると元からありそうな環境の特色の多くは比較的遅く現れたもので、生命の進化によってもたらされたことが明らかになる」

私たちが知るかぎり――そして今後知ることになるであろうことからすると――地球のような惑星は一つだけだ。そして私たちは、長い間、いつまでもそこにとどまっている。しかし私たちは、その地球を急速に荒らしてしまう危険を冒している。一〇〇〇年前の人類なら、夜空を見上げてくらくらするほどの無数の星を見ることができただろうし、そのうちのいくつかは生命のいる別の惑星を宿していたかもしれない。今日、星はまばらで、その瞬く天体の多くは実は地球を回る人工衛星だ。星が消えたのではない――私たちの文明が生み出した空気と光の汚染の奥にまぎれて見えなくなったのだ。

しかし最も危険な汚染は、星の光がやすやすとくぐり抜けるものかもしれない。二酸化炭素のような気体は可視光を通すが、温室効果と呼ばれることにも関与している。日光はこうした気体を通過し、地表に当たり、地面に吸収されてから、赤外線（つまり熱放射）として放出される。しかし、その熱エネルギーは地面から宇宙に抜けるのではなく、空気中の二酸化炭素分子に捕らえられ、それが熱を地球に戻す。その結果、地球の温度はこの一世紀で急上昇した。象徴的なあのホッケーのスティック形のグラフがすべてを物語る。一〇〇〇年近く徐々に下がってきた気温が、ほんの一世紀前には、突然急上昇に転じた。

この劇的な気温上昇は南北極の氷を融かしつつある。それによって海水面も上昇している。州知事のリック・スコットが職員に「気候変動」という言葉を使うのを禁じたと伝えられるフロリダ州は、この何世紀かで沿岸の不動産の多くが海面下に沈むのを見るかもしれない。今の温暖化傾向が二〇五〇年まで続くなら、地上の生物種のうち推定四分の一が絶滅する危険がある。

私たちが化石燃料――石油、天然ガス、石炭など、大昔に死んだ生物が元になってできた可燃性のエネルギー源が凝縮したもの――を燃やすとき、何百万年、何千万年もかかって蓄えられた炭素を解放している。その新たに放出された二酸化炭素は温室効果を加速するだけではなく、海に吸収され、そこを酸性化して、骨格や殻を作るために炭酸カルシウムを必要とする生物を殺してしまう。

こんなことを考えよう。約六六〇〇万年前に恐竜を滅ぼした小惑星衝突によってもたらされた絶滅事変は、地球の歴史で最悪というわけではなかった。最大の大量絶滅は、二億五二〇〇万年前、シベリア・トラップ玄武岩を生んだ火山活動で大量の炭素が放出されたことによる、世界中の海の過酷な酸性化によるものだった。世界中の海に六万年にわたって二酸化炭素が浸透し――最後の一万年にはとくにひどい急上昇があって――海洋生物の種のうち九〇パーセント以上を（陸上の生物の三分の二以上とともに）滅ぼし、現在残された化石のみで存在したことが知られているすべての系統を絶滅させることになった。

幸い、従来型の化石燃料の量はある程度限られている――この恐ろしいペルム紀‐三畳紀（P‐T）境界大量絶滅の場合、おそらく二万四〇〇〇兆キログラム程度の炭素が必要だったが、今日の化石燃料で使える炭素は五〇〇〇兆キログラムほどしかない。ただ、P‐T境界大量絶滅事件のときの問題は、海に注入される炭素の量だけではなかった――注入される速さ、とくに最後の一万年の速さが問題だった。海の化学的性質が急速に変化すると、生物がそれに適応する時間がほとんどなく、致命的な結果になった。今日、人間による化学物質の放出は海の酸性度を、そのときの絶滅事変のときとおおよそ同じ速さで上昇させている。

つまり、長持ちする再生可能な燃料――これ以上炭素を空気に放出しない燃料――に達することは、単なる興味深い理論上の問題どころではない。私たちが住める惑星の存続の成否を分ける問題なのだ。

植物がクリーンで再生可能なエネルギーを生み出せることの秘密を知りたいという欲求は、一世紀以上前までさかのぼる――石油危機や、現代世界市場で石油を売買し、支配することを規定する政治的舞台が生じるよりずっと前のことだ。

一九一二年には、ジャコモ・チアミチアンというアルメニア系イタリア人科学者が、ニューヨークで開かれた第八回国際応用化学会議での預言的な講演で、太陽を燃料とするアイデアを表明した。重みのある『サイエンス』誌にも掲載されたこの講演で、チアミチアンはぞっとするような可能性に満ちた未来を唱え、恐ろしい展望の警告を発した。

当時、地球の人口はおよそ一七億のあたりだった——今の七一億の四分の一もない。産業革命は一九世紀にエンジンをフル回転させ、西洋諸国を経済的原動力にした。アフリカ、インド、中国はまだ西洋諸国が利用できる天然資源（や労働力）に満ちているように見えていた。石炭は一八世紀に本格的な産業革命に火をつけていて、薪に代わる主要燃料となっていた。工業化による環境への有害な打撃——地球規模の気温上昇、二酸化炭素放出、海洋酸性化——を私たちが理解するのは、まだ数十年先、二度の世界大戦をはさんだ後のことになる。

しかし、都市から立ち上る煤《すす》は、すでにヨーロッパに跡を残しつつあった（そして、当時の人々は知らなかったが、気候変動が暗い現実になるよりも数十年も前に、アルプスの氷河が黒ずんで融けつつあった）。チアミチアンが生きていた頃は、化石燃料と言えば石炭で、それが産業と輸送の巨大な成長の原動力だった。

当時でさえ、チアミチアンはこの大量の廃棄物を出す燃料にも限りがあることを見て取っていた。掘り出される石炭の量が増えると、その値段は上がった。埋蔵量が少なくなると、鉱業者はさらに深く掘らなければならなかったからだ。貪欲な進歩の速さを、この化学者は見逃さなかった。チアミチアンの「石炭」を「化石燃料」（石油と天然ガスを含む）に置き換えて読めば、今日の再生可能エネルギー研究者と環境科学者が発する暗い警告に無気味なほど似ている。

「現代文明は石炭の娘であります。これは人類に太陽エネルギーを最も濃密な形態で、すなわち、何世紀もかかって蓄積されている形態で提供するからです」とチアミチアンは聴衆に語った。「現代人はそれを、世界を支配するために、ますます熱心に、ますます無思慮な浪費をして使っています。神話にある「ラインの黄金」〔世界を支配できる指輪の材料とされる〕のように、今日の石炭はエネルギーと富の最大の源となっています。地球にはまだ膨大な量の石炭がありますが、それは無尽蔵ではありません。未来の問題が私たちの関心の対象になり始めています」

同じパターンは今日の炭化水素〔石油や天然ガスの成分〕にも言える。石油と天然ガスを掘れば掘るほど、供給量は足りなくなり、掘る費用も高くなる。私たちの石油に基づく経済で、一部の国々は非常に豊かになった。石油の売買は、世界中で政治的同盟と対立を押しつける。チアミチアンが当時見てとった「無思慮な浪費」は今も続いていて、地球生態系に、「第六の絶滅」——六六〇〇万年前の恐竜絶滅をもたらした小惑星衝突を含む、地球上の生物を大規模に滅ぼした五度の大変動に並ぶ事象——と呼ぶ人もいるほどの、未曾有の不可逆的変容を生んでいる。

チアミチアンは「現代生活や文明で使ってよいエネルギーは、化石化した太陽エネルギーだけでしょうか。それが問題です」と問うた。

答えは太陽の無尽蔵のパワーにある、とチアミチアンは信じた。

「大気による熱の吸収などの条件を見込んでさえ、熱帯の小国——たとえばラティウム〔ローマとその周辺からなるイタリア中西部の領域〕ほどの大きさ〔四国をやや上回る程度の広さ〕——に達する太陽エネルギーは、年間では世界中で採掘される石炭の総量によって生み出されるエネルギーと同じです。六〇〇万平方キロあるサハラ砂漠は毎日、石炭六〇億トンに相当する太陽エネルギーを受け取っています」

チアミチアンは、数字は少々異なるものの、今日の太陽エネルギー派が行なっているのと同じ論証をしていた。今日でも、地表面に当たる日光にある一時間あたりのエネルギーは、人類すべてが一年に使うエネルギーを上回る。太陽エネルギーは人類の増え続けるエネルギー需要をすべて満たすことができる――使い方さえわかっていれば。

熱心で活動的な科学者だったチアミチアンは、「講演が終わると、助手が分厚いタオルをかぶせるほどの」勢いで一時間半の講演を行なった――「現代のフットボール選手がへとへとになって試合から引き上げるときのようなものだ」と、一九一三年に講演に出席したある研究者が驚いている。

チアミチアンの家の屋根はいろいろな点でその研究室の核だった――その縁には高い、白鳥の首形のガラス管を並べていて、美しい、整った石筍《せきじゅん》が並んでいるようで、光が当たると、その建物にこの世のものではない雰囲気を与えたにちがいない。たぶんこの研究室がチアミチアンが抱く未来の展望の元になったのだろう。

「乾燥した土地に煙も煙突もない工業社会が芽生える。ガラス管の森が平原に広がり、ガラスの建物があちこちに立つ。その中では、それまでは植物が固く守っていた秘密だった光化学過程が起きる」とチアミチアンは書いた。

その展望は根拠のないことではなかった。太陽で駆動される世界というチアミチアンの大胆な予測より三〇年近く前の一八八三年、アメリカの発明家チャールズ・フリッツは半導体のセレンで作った太陽電池を発売した。フリッツはこの太陽電池が、エジソンが電灯の顧客の家庭用に設置し始めたばかりの石炭火力発電所と勝負になると思ったが、セレンでは性能が不十分で、効率が一パーセントしかなく、そのために行き詰まった（いずれにせよ、歴史はエジソンと張り合っても勝てないことを示している。エジソンは従業員の発明で特許を取り、生まれつつあった映画産業をニュージャージー州から遠いハリウッドに追い払い、電気の天才、ニコラ・テスラ――有名な電気自動車製造会社はこの人物の名をとっている――に対するネガティブ・キャンペーンを成功させるなど、容赦のないビジネスマンだった）。

つまりチアミチアンの展望はあの高層のガラスの建物については正しかったが、それは自身が望んだような理由からではなかった。都市景観の特徴となる摩天楼はエネルギー的にはひどく非効率的で、そうした都市を動かす電気――きれいに見える電力源――は、今でもまだ主として石炭を燃やすことによって生産されている。

植物が固く守っている秘密を解き明かすだけでは、エネルギー新時代を告げるには十分ではない。この展望では、今の欠陥だらけでも安い対抗馬より値段が高くなってしまうのだ。この動きは、良いにつけ悪いにつけ、危機をくぐり抜けることで現れる巨大な進化的変動のようなものだ。何と言っても、哺乳類という、以前はここまでになるとは思われていなかったのに結果的に人類に至った集団が、これほど多様化できるようになった生態系のニッチは、かつて恐竜が占めていたところで、それを空席にしたのは恐竜の大絶滅だった。問題は、次の環境大変動はいつで、それで得をするのは誰で、結局損をするのは誰かということだ。

人工葉を求めるようなその種の危機は、四〇年前の一九七三年から七四年にかけて生じた。アラブ石油輸出国機構（OAPEC）が、一九七三年、アメリカがアラブ・イスラエル戦争（第四次中東戦争）に関与したことに応じて、対米石油輸出禁止を行なったときのことだった。

ガソリンスタンドの長い行列、登録制による配給、一バレル一二ドルという、それ以前の約四倍に上がった石油価格による経済の減速といった事態は、私が話を聞いた太陽エネルギー研究者の大半に共通のトラウマとなっている。それも無理はない。今、研究者人生の盛りにいる人々の多くは、七〇年代初頭にものごころがついた人々なのだ。

しかし禁輸やその後何年か続いた石油危機は、クリーンな燃料を研究する人々にとってはチャンスでもあり、エネルギー研究はかつてないほど多様化することになった。この危機によって、一九七七年に米エネルギー省が設けられることになり、また国立再生可能エネルギー研究所も設立され、水素などクリーンな燃料に突如として研究資金がどっと流れ込んだ。このパニックは、信じがたい予想に基づく決断をいくつかもたらした。それによって自由世界の指導者ジミー・カーターは、私たちが社会として石油依存から脱却しなければならないという思想をとらざるをえなくなったからだ。もちろんこの決断は、地球をこれ以上の損傷から守るといった高尚な理想を動機としていたわけではなく、政治的指導力や経済的安定のためだったが、それでも、前よりも良いアイデアが根ざす土壌にはなった。

再生可能燃料への降ってわいたような関心は長続きしなかった。まもなく禁輸が解かれ、石油価格は安定し、世界は元に戻り始めた。一九八〇年に大統領に選出されたロナルド・レーガンは、カーターがホワイトハウスに設置していたソーラーパネルを撤去した。水素燃料研究資金の大半は途絶え、多くの科学者が他のもっと魅力のある分野へ移っていった。それでもわずかながら、その後の何十年か続いたものもあった。ただ、様々な試みはだんだん二つの陣営にまとまってきた。ソーラーパネルのような、大いに成果のあった技術分野で用いられる半導体を使う人々と、もっと植物内にある自然のシステムに似たシステムで有機分子を用いようとする人々だ。近年では、そうした人々の研究全体が実を結び始めている――つきつけられる技術や実用の面での障害も相変わらず大きいが。

ドイツの電気化学者ハインツ・ゲリシャーは、一九七〇年代の石油危機で火がついた科学者の一人だった。若い頃は、一九三七年、ライプツィヒ大学で化学の勉強を始めたが、第二次世界大戦で学業は中断され、二年間、兵役に就いた。しかしゲリシャーの母はユダヤ人だったので、一九四二年には戦争に参加する「資格がない」とされ、軍を除隊になった。それによってゲリシャーは一九四四年に学位を取ることができたが、その頃は一家にとっては困難な時期で、一九四三年には母が自殺し、翌年には妹が空襲で亡くなった。

ゲリシャーは化学者のカール・フリードリヒ・ボンヘッファーの下で研究をするようになり、支援と刺激を与えられた。ボンヘッファーの一家は根っからの反ナチだった。兄のディートリヒ・ボンヘッファーはルター派の牧師、神学者で、兄のクラウスと、兄弟の姉の夫とともにヒトラー暗殺を企てたとして処刑された。ゲリシャーが除隊の後で学業を続けられたのはカール・ボンヘッファーのおかげでもあった。大学にいたボンヘッファーらが、ゲリシャーのユダヤ人の出自を隠す手伝いをしたと伝えられる。ボンヘッファーはゲリシャーの電気化学への関心にも火をつけた。その結果、半導体や、光で駆動される化学での半導体の役割に関する先駆的研究など、この分野での多くの大業績が生まれることになる。

植物と同様、半導体の電池も光子のエネルギーを電子に移すことによって日光のエネルギーを取り入れるが、似ているのは基本的にそこまでだ。電池がこの仕掛をどうこなすか、基本的なところを述べておこう。ケイ素の結晶格子を考えよう。ケイ素の原子番号は14で、陽子が一四個、電子が一四個ある（中性子も一四個あるが、ここでの説明ではこちらは気にしなくてよい）。こうした電子は、エネルギー準位に応じて、あらかじめ定められているエネルギー帯《バンド》のうちのいずれかに位置を占めることができる。その位置は、最低の準位に二つ、その上の各準位に八つずつある。それでケイ素は最低のエネルギー帯に二つの電子、下から二番めに八つの電子、残りの四つが下から三番めのエネルギー帯の空いたところの半分を占める。最も外側の、最も高いエネルギー帯は価電子帯と呼ばれる。ここでの目的のためには、価電子が肝心だ。これは価電子帯から伝導帯に飛び移ることができて、そこに出ると――電気を流す回路につながれば――エネルギーを利用できるからだ。

しかしジャンプするには、電子は少し余分なエネルギー――「バンドギャップ」、つまり価電子帯《バンド》と伝導帯《バンド》の間にある立ち入り禁止地帯をよじのぼるだけのエネルギー――を必要とする。そのエネルギーは光子によってもたらされる。光は、高校の物理でも思い出していただけるといいのだが、粒子でありかつ波だ。粒子は光子と呼ばれ、これはエネルギーの小さなパケットで、電子にぶつかって持っているエネルギーを電子に移し、伝導帯に達するのに必要な分を与えることができる。伝導帯では、親のような原子からシートベルトを外して離れ、結晶の室内を自由に動き回ることができる。

しかし電流がほしければ、この電子を回路に通さなければならない――電子を流さなければならない。そこで科学者はこれを、ポジティブ‐ネガティブ〔正負〕、つまりp‐n接合と呼ばれるものを使い、ケイ素で行なった。

ケイ素は美しい結晶を作る。ケイ素のいちばん上の価電子帯には四つの電子があることを思い出そう。この電子は共有結合をなす電子だ──別の原子と電子を共有して、合わせて価電子殻に電子が八つそろうようにする。ケイ素はその四つの電子のそれぞれを、他の四つのケイ素原子の電子一つずつにひっかける〔原子をなす電子は二つで対をなしてしかるべきところに収まる〕──その結果、欠陥のない結晶になる。二次元にすると、三目並べの盤のように見える。

しかし欠陥がないと役には立たない。純粋なケイ素の格子では、電子はすべて結合に拘束され、結晶中を動き回れないので、実際の仕事はできない。そこで科学者は結晶に、ケイ素が電気を通すようにするために、いくらか不純物を入れる。ドーピングと呼ばれる処理だ。そこで、太陽電池を作るために、少し違う二種類のケイ素の塊を貼り合わせる。まず、ホウ素でドーピングを施したp型のケイ素。ホウ素には価電子が三つしかないので、結晶格子に空席、つまり「孔《ホール》」ができる。もう一つはn型のケイ素で、こちらはリンでドーピングされる。リンには五つの価電子があるので、結晶で処理するには一つ多すぎる。この場合、リンでドーピングされたケイ素にある余分の電子は、原子内での椅子取りゲームに負けている──価電子帯の八つの席は埋まっている──ので、結晶の中をさまようことになる〔正電荷、つまりホールも「動く」。電子が一個移動してホールに入ると、背後にまたホールが残る。別の電子がそのホールを埋めるべく流れ込み、またホールが残る。そのため、ホールが電子とは反対の方向に動いているように考えることができる。ホールは電子がないだけのことなので、私は混乱しっぱなしになる〕。

p型とn型のケイ素を接合してそれを外部の導線につなぐと、p型ケイ素は導線を通じてn型ケイ素から余分の電子を引き入れる。両側のケイ素がこの交換で落ち着く。空っぽのホールと余分の電子が互いに相手を見つけるからだ。しかしホウ素とリンの原子はまったく喜んでいない――リンは電子を取り戻したいし、ホウ素は望んでもいない余分な電子を押しつけられている。この交換は、電子が一方にのみ渡れる中性の「欠乏層」を生み出す。これが電場を生み出す。

今、日光が電子を伝導帯に放り上げると、そのさまよう電子は、不満なリン原子からの引力を感じて、n型へ引き寄せられる。もちろん、これはホウ素でドーピングされたp型ケイ素の電子が一個足りなくなるということだ。するとそれは外部の導線から電子を取り込み始める――そして電子がn型からp型へ導線を伝わり始め、たとえば電球を通り抜けることによってエネルギーを取り出せる。屋根に取りつけて、家庭の電力網につなぐと、この小さい粒子が家庭の電力になれる。

太陽電池を作るために用いられるのはケイ素だけではない。ガリウム・ヒ素（ヒ化ガリウム）、あるいはテルル化カドミウムを使うものもある。アモルファスケイ素という、結晶構造がないために効率が少し落ちるが、安価に作れるし、薄くて柔軟なパネルに成形しやすいものもある。色素増感太陽電池というのもある。これも効率は悪いが安価な材料でできる（建物の側面に安価にプリントしたり重ねたりできる点でも期待できる。ただ、大量の発電用にするには効率が低すぎるかもしれない）。無機材料を使わず、自然の葉の中で起きる、使える化学物質を作るために光子が電子を押すように仕向ける複雑な電気化学的過程を理解しようとする方向もある。何と言っても、自然は室温で有機化合物を使う同じ技を行なえているが、よくあるソーラーパネルが機能するには、純度の高い（したがって高価な）半導体を必要とするのだ。

アリゾナ州立大学の化学教授で、もっと有機的で本当に葉のような人工システムを築こうという研究をしているデヴェンス・ガストは、「どちらも全体としては同じ仕事をしています。アプローチが違うだけでね。みんな、どれがベストかを明らかにしようとしているんです。これまでのところ、本当に実用的なのは光合成だけで、これは分子システムを使っています」と言う。

この点でガストに反論するのは難しい。自然は非効率的に見えるかもしれないが、これまで堅牢で、長持ちするシステムを発達させていて、劇薬のような、高価な化学物質を必要とすることもないし、加熱あるいは冷却の必要もない。そうかもしれないが、ケイ素などの半導体は、数十年という時間と途方もない金額をかけた競争で得た優位と、今や市場に売り出せる可能性が最も高い技術を得ている。そこで、この章の目的にとっては、主としてその発達に注目することにしよう（いずれにせよ、技術の違いは主として光を集める側にあるらしい。しかるべく水を分解したり、二酸化炭素を還元する触媒があれば、商業的に成り立つ人工光合成を展開する試みは、有機でも無機でも補助できる）。

一九六〇年代、科学者は光発電装置の可能性を探っていたが、それは高価で作りにくかった。p‐n接合を生み出すには、n型の半導体を選んで、その上にp型の原子で薄い膜を慎重にドーピングしなければならない（あるいはp型の半導体にn型原子の薄い層をドーピングしなければならない）。このドーピング用物質が、しかるべき位置より深く台にしみ込んでしまい、接合がだめになることが多いのが問題だった。その処理がやっかいで費用もかかった。ゲリシャーは、固体の半導体（p型でもn型でも）と液体の電極の間に界面を作ることで、問題の難しい作業の多くを削減できることに気づいた。

ニュージャージー州にあるベル研究所の化学工学者だったアダム・ヘラーは、一九八一年の光電気化学電池の開発と進展についての論文に、「ゲリシャーは半導体・液体接合型電池なら、半導体を酸化還元対《レドックス》溶液に浸すとp‐n接合が自然発生的にできるので、電池を簡単に作れることを見て取った」と書いた

（「レドックス対溶液」とは、要するに、還元《レデュース》されるイオンと酸化《オクシダイズ》されるイオンという相補的なイオンでいっぱいの溶液のこと。その組合せから「レドックス」という用語ができた）。

　この分野のある世代に対するゲリシャーの影響は広く深かった。ある同業の科学者は、ゲリシャーの共同研究者の数について、時間の「指数関数的曲線」と表現している。カリフォルニア工科大学（カルテク）――今や人工光合成共同センター（ＪＣＡＰ）が設置されている――で過ごした一九七七／七八年度も例外ではなかった。

　コロラド州ゴールデンにある国立再生可能エネルギー研究所（ＮＲＥＬ）の著名なソーラー燃料研究者、ジョン・ターナーは「私が光電気化学を教わったのはそのときでした」と言う。ターナーは学部学生のときに電池を勉強していて、博士課程では電気化学的測定を行なう技法を研究したが、カルテクでポスドクをしていたときが、そのゲリシャーが客員を務めたときに重なった。「そこで私は、ハインツ・ゲリシャーからこの分野のことを学びました」

　ターナーは、この光電気化学に対して新たに生まれた愛を抱いて、一九七九年、ＮＲＥＬに入った（当時は太陽エネルギー研究所と呼ばれていた）。電気を使って水を分解する、つまり電気分解は、よく知られた現象だった。二本の鉛筆、二本の針金、コップ一杯の水、九ボルトの電池があれば、子どもでも（大人の監督の下で）それを行なうことができる。

　しかし太陽を利用して発電し、水素燃料を作るというアイデアが本格的に動き始めたのは一九七二年、日本の藤嶋昭と本多健一が、『ネイチャー』の論文で、二酸化チタンという、ペンキや日焼けどめに含まれるありふれた成分が光を吸収して水を分解することを明らかにしてからだった（ついでながら、この発見によって藤嶋は二〇〇三年の第一回ハインツ・ゲリシャー賞を受賞した)。二酸化チタンはいくつかの理由——主としてごく狭い範囲の紫外線しか吸収できなかったことなど——で実用にはならなかったが、石油禁輸の前年というタイミングは、『米科学アカデミー紀要』(PNAS)のある論文が「申し分がない《インペカブル》」と呼ぶほどだった。

「それが私も加わるようになった巨大な分野を開いたようなものです」とターナーは言った。

水の分解は、輸送用の燃料をはるかに超える産業的用途がある——水素は食用油の精製や、肥料の材料となるアンモニア製造に用いられる主要な成分で、肥料は地球でさらに三〇億人の人々を養えるようにするとターナーは解説する。その水素も、「水蒸気改質」というもっと安価な方法で得られている。これはメタンガスから水素をはぎ取り、空気中に二酸化炭素を放出する。この過程はクリーンとは言えない。この方法では、水素一キログラムができると二酸化炭素が一一キログラムできる。考えてもいただきたい。毎年、世界中で五〇〇〇万トンを超える水素が生産されていて(うち、合衆国では九〇〇万トン)、それによって放出される二酸化炭素が実際に蓄積されつつあるのだ。

科学者はその水素を、化石燃料から切り取るのではなく、太陽に生産させることによって、この過程をクリーンにしたいと思っていた。その光電気分解という過程には、二段階が含まれる。光子を集めそれを電荷に変換するところと、それからその電荷を使って実際に水を水素と酸素に分解するところだ。この二段階——半導体を使って電荷を一か所に集め、それから電荷を導線《ワイヤ》に通して液体に浸した金属電極に運ぶ——を別々に行なっても、水をクリーンに分解することになるが、それではかなり高価な方式になるとターナーは言った。

「高価な電解槽と高価で昼間しか動作しない光電池を組み合わせたのでは、どれほど高価になるかわかるでしょう」とターナーは言う。

この分野の研究者は、半導体を液に直接浸し、要するにそれに光を集めさせ、その場で水を分解させることも試していた。しかし問題があった。浸した半導体はすぐに腐食して、装置が機能しなくなる。

ターナーはこうした個々の問題を何とか乗り越え、機能する有効な装置を作ることができた。一九九八年、ターナーとオスカル・ハセレフは、日光を捕らえて、記録破りの一二・四パーセントという効率で水素に変換できる、一体型の導線によらない《ワイヤレス》装置を作ったことを発表した。その値は、ソーラーパネルと電解槽を分離した導線型で記録された最高の効率と比べて約二倍で、この記録は二〇一五年までの一七年間破られなかった。

この種の記録が、とくに技術の最先端にある分野について、それほど長い間破られないのは見事なことだが、それを他の人が破るのに二〇年近くかかったというのもすごい――かつ失望する――ことだ。ターナー自身が認めるように、問題点も多いが、主な課題の一つは、一日以上もち（ターナーのものは二〇時間を超えて運転すると相当に劣化した）、大規模に製造できるほど安価な半導体と触媒を見つけることだ（ターナーの場合は白金などの稀少元素を使っていた）。

ターナーはその後この装置の寿命を改善し、実験では一〇〇時間ほど動かし、効率の記録を奪い返す研究をしている。しかし人工光合成を商用化する上では、結局コストが主要な壁となる。水素を生成する装置があまりに高くて石油や天然ガスに対抗できなければ、いくら政治的・環境的必要が差し迫っていても、この切り替えを行なう商業的動機はほとんどない。ターナーは一九八〇年代、原油価格が下がり、一九七〇年代の石油が引き起こしたいくつもの経済的トラウマにもかかわらず、再生可能エネルギー研究のための資金が枯渇し始めたとき、そのコスト優先の動きを自らの目のあたりにした。

ターナーは一九九九年の『サイエンス』で、「合衆国のこうしたリスクへの対応は、心臓疾患のリスクを認識して、ランニングをするようになった――が、喫煙は続ける喫煙者に似ていた」と書いた。

これまでのところ電気化学者は、効率的で経済的に競争力のある装置を作ることにはいくつもの課題が残っているにもかかわらず、まだ水素を信じている。何と言っても、私たちの化石燃料に依存する文明が生まれてわずか三世紀ほどで、地球はすでにその影響に苦しみつつあるのだ。ターナーは何千年ももつエネルギーインフラを求めている。

ハーバード大学の化学者ダニエル・ノセラは、一九七〇年代の石油危機の余波、クリーンエネルギーへの政治的関心の高まり、八〇年代になって結局資金が出なくなったことをよく覚えている。ノセラは多くの同業者が他の研究に転じるのを見た。

「でも私は離れませんでした。他の人たちはそうしました。自分の研究に資金が必要だからです……私は資金が当然いつか戻ってくると思っていましたが」と、ノセラは椅子にもたれて言う。

ノセラは灯りの暗い廊下の端にある角部屋の研究室に座っている。ハーバードのマリンクロット棟で、ものものしい名が煉瓦の表面や太いイオニア様式の柱とよく似合っている。その研究室は大きいが物があまりなく、私は自分の椅子をノセラのデスクの方へ引き寄せて、画面に表示される図がよく見えるようにした。ノセラはオーストラリアで開かれたソーラーパワーの学会から帰ってきたばかりで、おそらく時差ぼけもあっただろうが、授業や講演のあいまに、私に実験室を見せる時間を作ってくれた。

人工葉について何か聞いたことがあれば、おそらくノセラの名も聞いたことがあるだろう。ノセラが世界中の新聞記事の見出しになったのは、二〇一一年、コバルトやリン酸塩（酸素を作る側）とニッケルやモリブデン（水素を作る側）といったレアメタルではない元素でできる比較的安価な触媒を使って、水を酸素と水素に分解できる装置を生み出したことを発表したときだった。太陽がこの装置に当たると、三重に接合した太陽電池によって生成される正の「孔」が陰極に送られ、そこでリン酸コバルトの触媒がそれを使って水分子から電子をはぎとり、酸素分子（O_2）と水素イオン（H^+）にする。電子は反対側の陽極へ送られ、残った水素イオンをニッケル－モリブデン－亜鉛触媒がつなぎあわせて水素ガス（H_2）を作る。

それは見事に小さな装置で、トランプほどの大きさの三重に接合したソーラー・ウェハーが、日の当たるガラスのコップに入った水に浸されるとすぐに、一方の側から酸素のガスの泡、反対側から水素の泡ができ始める。理論的には、酸素は空気中に抜けてよいが、水素は回収されて蓄えられ、後でエンジンで燃やされたり、燃料電池に使われたりする。水素燃料は消費されるとあらためて空気中の酸素と結合する。つまり水だけが放出されるということで、いわゆる温室効果ガスは出ない。

人工葉は、ワイヤレスのソーラー燃料生成装置の最初の試みでもなければ最後でもなかったが、それが業界でも主要メディアでも取り上げられたのは、実にすっきりとしていたからだ。配線の必要もなければ、汚れた水でも動作できる。つまり上水が簡単に使えない田舎の状況でも十分に成り立つということだった。覚えやすい名称も邪魔にはならなかった。

私がノセラと初めて話をしたのは二〇一三年のことで、あちらがニューオリンズのレストランの階段から電話してきているのにも、はっきりとは気づかないままだった。ノセラがアメリカ化学会の全国大会でカブリ財団提携講演をした日の夜で、他のおそらく著名な化学者とのディナーから数分抜けて、締切りを抱えた記者と話そうというのだった。この電話のときは、この分野の草分けとなる二〇〇八年とそれに続く二〇一一年の発表から二年後で、なおも勢いがあり、精力的で、その日の学会でもやはり化学者の集団から喝采を受けたのだろう。私は後で、その夜にノセラが考えていたことの感じをつかもうと、その講演の記録を探した。

MITからハーバードに転じたノセラ自身にとっては、人工葉を作るという研究の旅路は三〇年以上前にさかのぼる。石油危機が沈静化して研究資金が枯渇した後、「エネルギーがなくなって、またどこかへ行きました。私には参加する学会もありませんでした。それじゃあ悲しくないですか」とニューオリンズの学会でノセラは語っていた。「私の友人はみな、有機金属触媒化学者になって、私はただエネルギーにしがみついたようになりました」

ノセラがしがみつこうとしてとった道は、光合成をまねる——いつかそこに戻れるとすれば——など、最終的にはいくつもの分野で使えると自分で思う基礎研究だった。そうした過程の一つ、陽子共役電子移動《プロトン》と呼ばれる過程は、植物が、水を酸化し、陽子を還元して水素にするという、複雑なダンスをこなす様子を理解する鍵だ。光電池は日光を使い、負電荷を持つ電子の形で電流を動かす。しかし植物は、陽子に正電荷を運ばせることによって、その電流を化学的移動に変換することができる——陽子は電子の二〇〇〇倍近くの質量があって動かしにくいというのに。プロトン共役電子移動は、光合成の複雑なダンスがなめらかに進行するために「電子が陽子に話しかける様子」を記述することによって、その過程に見通しをもたらしたとノセラは言う。

一九七二年の本多＝藤嶋効果の発見のおかげもあって、「半導体になって――光を吸収して――水を分解しそうな魔法の素材を誰もが探すようになりました」とノセラは言った。しかし二〇〇一年、ノセラは、酸性水溶液から水素を生成するロジウムに基づく触媒を開発した後でも、そんな物質はおそらく存在しないことに気づいた。たとえば、本当に使えるようになるために触媒に広い範囲の日光を吸収させるのは難しい。また、水を分解するのには一度に電子が四個必要だが、半導体はたいてい、一つずつしか作らない。これも二酸化チタンでは全体としての効率が低いことの理由だ。そこでノセラはその後、日光から電子を生み出すためにはケイ素（実績のある技術）には背を向け、その一方で単独の電子を四個つかめて水の分解を行なえる適切な触媒を探していた。

「魔法の素材を作ることにはならないでしょう。魔法の分子ができないのと同じで。もうそのへんは調べていましたから」とノセラは言った。

ある意味で、その二つの課題を分けるのは、自然の書物の別のページをめくることだったとノセラは言う――植物細胞も光の収穫を行ない、触媒とは別個に電荷を分離する。それでも半導体に基づくソーラー燃料の研究をしている科学者の多くは「人工葉」という言葉は避ける。こうした研究者にとって、開発しようとしている過程は葉のようなものではないからだ。それも無理はない。植物は有機分子を使い、水だらけのほとんど中性の環境にある様々な発電所を通じて電子を送り、その電子に仕事をさせ、最後には水素イオン（単純に「陽子」とも呼ばれる）を、糖という炭素に基づく分子に閉じ込める。これは非効率的で、使えるエネルギーに変換できるのは葉の表面に当たる光の約一パーセントほどしかなく、不安定な過程でもある。この過程は、糖を作らなくても水を直接分解し、自然界で可能なよりもずっと効率の高い、ケイ素などの純度の高い無機素材を必要とするソーラー燃料発生装置とは全然違う。

人工葉は生物学と同じ仕組みを使って動作するのではないことを、ノセラは否定しない。その目標は、動作する装置に葉の機能を翻訳することだ。もちろん、それをうまくやるには、自然がそれを行なう方法を調べなければならない。

「深く深く理解する方法は分子のところにあります。すべて定義できるからです」とノセラは言う。それがわかれば、その教えを無機素材を使って、別の条件で、別の産物のために応用できるのだと。

ノセラは自然とソーラー燃料との間に、自分の研究に役立ったという類似関係を他にもたくさん見ていて、研究室では、光化学系IIという植物の光を吸収して水を酸化する最初の複合体の内部を図解してくれた。それはねじれてもつれたタンパク質のカラー画像だ。青いのたくりはD1タンパク質を表す。それは酸素発生複合体と呼ばれるマンガンを含む化合物を保持している。この複合体は二つの水分子を取り入れて、四つの水素イオンをはぎ取り、二つの酸素が合わさってO_2という中性の酸素ガスにするという難しい仕事を行なう。この過程が「水の酸化」と呼ばれ、容易ではない——実際、複合体をその場に保持するタンパク質に損傷を与える。その点では、半導体のウェハーを使って水を酸化する苦労と違わない——ケイ素が酸化されて錆《さ》びるのだ。しかし植物では、この系はその種の消耗に慣れている。実際には、約三〇分ごとに、マンガン分子を保持する配位体部分が擦り切れたタンパク質を置き換える。

「どの植物でもそうなります」とノセラは言う。

その自己修復過程こそが、ノセラが自分の水を酸化する触媒、つまりリン酸コバルトに見る特性だ。研究者は、この装置に電流を流すと陰極がすでにイオン化して液中を漂うCo^{2+}からさらに電子を引き出し、それをイオン化が進んだCo^{3+}という形にすると考えている。これは液体から押し出されて半導体の表面でリン酸イオンと結びつく。この段階で、電流は別の電子をコバルトから引き出してCo^{4+}にする。この過剰にイオン化した形は水分子から電子をはぎ取ることができ、水素を奪って酸素原子を残し、それが結合してO_2ガスになる。この過程で、コバルトイオンは電子を得て、Co^{2+}になり、表面から離れて液中を漂い、同じ過程があらためて始まる。

二〇〇八年、ノセラと共著者のマシュー・カナン（現スタンフォード大学教授）は、たまたまこの化合物の特性に行き当たった。面白半分に試してみて、それを半導体ウェハーの上に敷けば、表面に緑の層が広がって失敗に終わるものと考えた。ところがチップで酸素の泡ができ始め、触媒を調べてみて、二人は特殊な化合物を手にしていることに気づいた――再使用した後は壊れるが、少しエネルギーを与えてやると、何度も元に戻るのだ。これはノセラにとっては、植物の自己修復するマンガンによる複合体に完璧に対応するものだ。

この発見は決定的だった。水の酸化――電子を引き離し、陽子の群れを漂わせる――は反応の中でも難しく複雑な方にあるものだからだ。ノセラは、水素を生産する側に、別の、それでもやはり安価な、ニッケル、モリブデン、亜鉛でできた触媒を入れて、二〇一一年、自作の人工葉が整った。

ノセラは装置そのものは見せてくれない。このときは二〇一四年の末で、誇張による過熱も、本物の葉を持って背景に太陽が輝くノセラが登場する雑誌の表紙や動画も過去のものになっていた。ノセラの装置が国際的な関心を集め、化学の学会や研究機関で話をするよう誘われる一方、今の技術ではかなえられないような未来についての約束や預言を行なったとして同業者から批判も受けていた。

「自己修復というのは言い換えれば『不安定』ということです」とターナーは言った。「安定しているなら自己修復は必要ありません。不安定だとすれば、その何かは自己修復しない可能性が必ずあります」

忘れてはいけないのは、人工葉は必ずしも実在する最も効率的なソーラー燃料装置ではないということだ。この装置は、ソーラーパネルと電解槽が導線でつながれた有線の構成では四・七パーセントの効率で動作したが、一体化された、もっと葉に似た形ではわずか二・五パーセントの効率だった。ノセラはそれがもっと安くできることを示したが、水分解装置の効率は半導体に縛られている——その性能が上がり製造が安価になるまで、価格は高止まりするだろう（人工葉には三重接合の太陽電池が含まれるが、これは要するに、日光の異なる波長の部分を捕らえるために、光起電力のある半導体を三つ重ねたものだ。それは日光から電気への効率を改善するが、使う材料もおよそ三倍になり、材料の点から見ると、やはり少し高価になる）。

二〇〇八年にノセラが人工葉の技術を商業化するために設立した会社、サン・カタリティクス社は、インドの複合企業タタ社からベンチャー資本の出資を受け、また、最先端技術に資金を提供しようとする国防総省の一部門であるエネルギー高等研究企画局からも資金を得ている。しかし先端とはよく切れるもののことで出血することも多く、サン・カタリティクス社は二〇一四年の半ば、私が訪れるほんの何か月か前に、製品化に至ったものもなく、ロッキード・マーティン社に売却された。同社は当時、劇的に方向を変え、短期的には到達しやすそうなフロー電池による蓄電池の開発に集中していた。

「ベンチャーキャピタルは、こういうばかげたことで動くんですよね」と、見ている画面に向かって手を向けながら言う。「コンピュータとか、アプリとか。それは低資本型です——人を地下室に閉じ込めてソフトを書かせるのにはそんなにお金は要りません。でもエネルギーの世界は資本をつぎこまないといけません。それに大手のエネルギー企業がありますしね――それと張り合うことになります」

ノセラが言いたいのはこういうことだ。人工葉が効率面で大飛躍を遂げて、費用が炭化水素燃料に対抗できるほど下がっても、大規模に水素燃料を蓄える優れた手段がない。水素は周期表で最も軽い元素で、それが作るガスは極端に圧縮しなければならず、それにはまったく新しい貯蔵技術とエネルギーインフラが必要になる。疑いの余地なく老朽化している私たちのエネルギーインフラは、一世紀半の間に構築されてきたもので、新しい電力網をいっぺんに築くなど、経済的にできないことだ（自分で自分用の水素を作ればいいではないかと思われるなら、それは良い質問だ。誰もが水素発生装置と燃料電池電解槽を家庭に持つのは経済的に成り立つかもしれないし成り立たないかもしれないが、いずれにせよ、受け継いでいる遺産のおかげで問題が生じる。トーマス・エジソンによる最初の石炭火力発電所が集中的な電力を安価で便利にして以来、私たちは送電網と一体になっているのだ）。

「私は本当に自分で開発したモデルが正しいものだと考えています」とノセラは言った。「つまり、研究をして展望を持って本当に物事を変えるためにこの世界にいるのなら、欲は後回しにしなければならないということです。私には、三〇人の人材と一億一〇〇〇万ドルはありませんから」

ノセラはまだ自分の水素を生産する人工葉の技術が途上国の役に立つものと思っている。そちらでは既存の送電網が少ないか、まったくないかなので、独立したエネルギー源があれば、途上国の人々の暮らしは、昼が長くなり、子どもは勉強ができて大人は貧困から脱出する仕事ができるようになるというように、劇的に改善できるだろう。合衆国では、おいそれとはできそうにない。そこでノセラはハーバードのワイス応用生物学エンジニアリング研究所の研究者と組んで、水素〔何らかの人工葉で作ったものを考えている〕を遺伝子組換え細菌に与えて、従来型の液体燃料としても、バイオプラスチックの前駆体〔目的のものを作るための前段階となる物質〕としても使えるアルコールの一種、イソプロパノールを作らせるシステムを設計している。既存の光電池技術と組み合わせると、この装置は約一〇パーセントの効率に達する。ノセラはそれを生体工学的葉と呼ぶ。

「私はただ世界が水素を燃料として使うようになることを願っているだけですが、世間を納得させることができません」と、ノセラは私に言う。「今のエネルギーインフラに合わせるために、もっとややこしいものにせざるをえません」

カルテクのキャンパスはロサンゼルスの北東都心〔パサデナ〕にあり、青緑色に煙るサンガブリエル山脈を背後に控えている。二〇一五年の早春のこと、まだ樹木のうちには南カリフォルニア干ばつの影響が残っているように見えるものがあるが、草に覆われたキャンパスを抜ける歩道に影を落とす緑の樹冠も多い。パサデナはロサンゼルスの都心よりも照りつける日差しが少し強いようなので、この影にはほっとする。

ハリー・グレイ研究室の学部学生だったネーザン・ルイスが構内を歩いていて、自分が用意したロジウム錯体のサンプルを、その中にある原子の物理的・化学的特性を分析しようと磁気核共鳴装置（MRI）がある棟に持って行っていたのも、そのような日差しの強い日だった。試験管の半分はポケットに安全に収められていたが、残り半分が突き出て日光にさらされていた。それを取り出すと、太陽に当たっていた半分が青から黄色に変わり、ガスを生成しているのがわかった――そのガスは水素だった。ルイスは私とキャンパスを歩きながら、「あれはすごかった」と、偶然の発見のことを言う。「あれはカルテクではまさしく最初のソーラー燃料への進出で、七〇年代の石油危機の頃でしたよ。楽しい時代だった」

ロジウムそのものはその後あまり反響はなかった――この金属は結局、触媒としては十分ではなかった――が、アイデアの種子は根づいた。ルイスは、他のこと（電子的な鼻など）を研究して過ごした後の二〇〇〇年代の半ば、自分のチームを保養地に集め、そこで自分たちの研究の次の方向について議論した。ハワイへ家族で休暇――毎年の旅行――に出かけたのもその頃で、一三歳の息子が、前の年に訪れたのと同じ海岸でサンゴが白くなっているのはなぜかと尋ねた。ルイスはできるかぎりの説明をした。私たちが空気中に放出している二酸化炭素が海にたまって「海が炭酸水に」なって、酸性の住みにくいところになっていると。

「それは止められるの？」と息子は聞いた。

「誰かが方法を見つけないとだめだ」とルイスが言うと、

息子は「ふうん、どうしてお父さんが見つけないの？」と尋ねた。

保養地にいる間、研究者チームはできそうな装置の概略を描いた。平らなパネルではなく、半導体のマイクロワイヤを二列に並べたものが描かれた――細長い、ミニチュアの森のようなものができた。要はこういうことだった。光がガリウム・ヒ素、ケイ素など、半導体で自由電子を生成したとたん、電子はその素材をはるばる戻り、電流を発生するための導線に達しなければならない――危険な旅路だ。電子が正の

「孔」と再結合する時間ができて、必要な電流を生むほどの導線には達しないからだ。しかしマイクロワイヤを作れば、細長くても電子が触媒に達するのに進む必要がある距離は短い——針の細い直径分——半導体が光を吸収する面ができる。電気化学的問題の幾何学的な解だ。

「そのアイデアを得た理由はバイオインスピレーションがらみでした——光を長い距離にわたって吸収できて、しかも励起した状態をはるばる戻すのではなく、横方向に短距離移動する、ポプラの木のようなものを私たちは求めていたんです」とルイスは言った。「太陽電池が高価にならざるをえない理由もそれで、光を吸収するにはある程度の太さが必要ですが、すると励起した電子がやってきた道をはるばる戻らないと、導線に届きません。純度が下がったら、途中で熱が発生して失われます」

森が縦方向に伸びて、光を吸収するものすべてを収容しているように、このマイクロワイヤは相当に高いところに表面領域があり、平らな面よりも光をよく取り込むものとして使えるだろう。そして、ルイスがそのことを、私たちが話したときに知っていたかどうか定かではないが、結局、マイクロワイヤは本人が思っていたよりもポプラに似ていた。ポプラは白い樹皮の下に、縦方向全体に、薄い光合成をする層があって、それを使って光を吸収し、葉が落ちた厳しい冬の何か月かの燃料を生み出すのだ。

そこから、NSF（米国立科学財団）が資金を出す、ソーラー燃料化学技術革新センター（CCIソーラー）が生まれた。それは、エネルギー省が資金を出す、二〇一〇年に設立された人工光合成共同センター（JCAP）の基礎の役目を果たした。JCAPはエネルギー省から五年にわたって約一億二二〇〇万ドルを受け取り、カルテクに本部を置き、ローレンス・バークレー国立研究所に衛星施設を持ち、カリフォルニア州の他のいくつかの大学所属の個々の研究者も何人かいる。目標は単純だが野心的だった。日光を使って、安く、安定して燃料を生産できる、実際に動く装置を生み出すことだ。ルイスの考えでは、その頃までの人工光合成についての理解の進み具合は、どれも微々たるものだった。あちらで特定の触媒、こちらで半導体の飛躍があっても、それが大きなシステムに統合されなければ使えない。ＪＣＡＰはそのシステムの建造に乗り出した。「何から何まで」とルイスは言った。

ルイスは私をＪＣＡＰが入っているヨルゲンセン棟へ連れて行ってくれた――正面が巨大なガラスでできた白い建物で、日差しがたっぷり入ってくる。簡素な屋内は未来的な感じがする。壁、床、天井、階段はすべて白で、あの大きなガラス窓から入る光をすべて反射している。透明な耐熱ガラスが金属の手すりを支えているように見え、半分吹き抜けになった間取りは、二階を歩いている人々に、下のロビーで行なわれていることがすべて見えるようになっている。この場所は、ルイスとある共同研究者が設計したもので、私が見た化学棟の暗く狭い廊下や閉ざされた実験室とはずいぶん違って見えた。

階段を上がりながらルイスは、「ええ、私はこの実験室をすべてワンフロアにしたかったんですが、そうするための広さがありませんでした。いろいろな研究がすべて交流するようにしたかったからです。その種のことはできました。一階には大会議室があって……食べるものもあります」と言う。

私たちは、実験室の入り口前の壁に取りつけられた箱に取りやすいように入れられていた透明な安全ゴーグルを着けた。中に入ると、各実験室は大型の科学器具の一団を保持しているという点で、わかりやすい外見になってくる。中には奇妙にもなじみがあるように見えるものもある。それには理由がある。そうしたハイテク器具のいくつかは、改造したインクジェットプリンタで、インクが実験用の化学物質に置き換わっている。

「これで気になるいろいろな元素でできたいろいろなインクを撒くと、それぞれの斑点がこれはと思う異なる色の集合、いろいろなインクの集合になっていて、それを焼きつけて酸化物を作ります」と、部屋でぶんぶん言っている機械ごしに言う。

プリントされたドットが何列も並ぶ大きなスライドを取り上げる。それはきれいだとも言える――それぞれのドットの色合いが異なり、小さな色指定のパレットのようで、いろいろな化学組成を示すそれぞれの色調がある。

「きれいですよ。一八〇〇か所あって、どの一つも二〇〇〇種類の成分があります」とルイスは私に言う。「お昼までに一〇〇万の化合物をプリントできます」

これは要するに処理量の大きな施設で、そこでソーラー燃料装置にとって理想的な性質のある適切な材料を探している。そしてこのプリンタは、各種の大量のテストにかけられる性質を持った化学物質を生産するために用いられる少なくとも三種類の方法の一つにすぎない。電流を計るために小さな電線によって調べられ、構造を明らかにするためにX線を照射され、化合物がどれだけの光を反射し（これは良くない）、どれだけの光を通す（光が中の半導体に届くのでこちらは良い）かを測定するスキャン用ロボットにかけられる。

化学物質の一部はデザインされる――しかじかの化合物の化学的特性が、中にある元素について知られていることを踏まえるとどうなるかを研究者が予測する――が、一部はランダムで予想外だ。いずれにせよルイスは、最終目標の触媒があるなら、それが見つかると予想する。

「私たちが発見したものの どれも、まだ最初に考えてデザインしたものほどのことはしていません」とルイスは言った。「けれども私たちはそれほど有能でもないので、きっと事態は変わるでしょう」

ルイスは、完全なシステムにするために必要とする五つの基本的事項を挙げる。水の酸化用の酵素が一つ、もう一つはできた水素イオン（第一の反応で残った陽子）を水素ガスにするための酵素。それから一つは青い波長の光を捕捉し、もう一つは赤い光を捕捉するためのあわせて二種類の半導体。通すべきイオンを選んで通しつつ、二つの部分を仕切る膜（たとえば、光陰極で発生した陽子だけを通せる膜で、これによって陽子を光陽極側へ送り、そこで電子を捕らえて水素ガスになるようにする）だ。

「何かの魔法の触媒や魔法の光吸収体があれば飛躍があって何から何までうまくいくというのとは違います。この類のことをたくさん手に入れなければならないし、それが全部、同時に一緒に動かなければなりません。航空機を組み立てるようなものです――エンジンが手に入ったからといって、空を飛ぶ飛行機が手に入ったわけではないでしょ」とルイスは言った。「翼もいるし、デザインもいるし、空力に適ってないといけないし、離陸させないといけない――他にいくらでもあります。こうした見方をすると、そういう使える部分はまだ何も手には入っていませんでした。マイクロワイヤを作る方法もなかったし、それを太陽に向ける方法もなかったし、膜もなかったし、触媒もできていなかった――部品それぞれもなかったんですから、それをまとめて動かすなんてとてもとても」

それに加えて、反応は中性の溶液では起きない。化学的機構が動作するには、酸性か塩基性か、いずれかでなければならない。それは実際、ノセラのワイヤレス「人工葉」についてルイスが抱く大きな問題点だ――中性の水で反応を行なうというアイデアは長い間実現しなかった。水を分解するという動作が、半導体表面付近の水のｐＨを変えるからだ。酸化側で陽子を解放すると、局所的に酸性度が高まる。還元側でそれを水素ガスに変換して陽子がなくなると、水は塩基性になる。

「触媒は中性で機能するように考えられていて、長い間中性にとどまれる系はありません」と、ルイスは言い、それは「新入生の化学《フレッシュマン・ケミストリー》」だと言った。「維持できる系を作る唯一の方法で、一〇〇年の電気分解研究からわかっていることは、局所的に強酸性か、局所的に強塩基性かで動かすことです」(これに対してノセラは、強酸性あるいは強塩基性の溶液は腐食性で、持続可能な装置を作る最善の方法は中性の状況で動作させることだと論じる)

光陰電極と光陽電極の間の膜ができることもこの設計の鍵だとルイスは言う。できた気体が化合してはいけない。化合すると爆発する。「人工葉」についてルイスはこんな大問題も抱えている――触媒で覆った面から泡となって出てくる二つの気体を安全に分離しておくわかりやすい方法がなかったのだ。

ルイスはJCAPの試みについて「私たちはそれを人工葉と呼んだことはありません」と言った。「それは業界用語のようなもので、結構なことですが、実際には葉ではありませんし、生きた系でもありません。緑色もしていませんし、二酸化炭素を取り込んで糖を作るわけでもありません。ソーラー燃料発生装置です。鳥が航空機のようには見えないくらい、これは葉っぱには見えません」

JCAPとCCIソーラーの間で、最近、まったく新しい触媒の一族が発見されたとルイスは言う。水を水素に還元するのに優れていて、安い、すぐに使える元素で作られるものだ。

「私たちはそれを受け狙いの記者発表ではなく、査読ありの学術誌で発表することにしました」とも言う――私の眼には、ノセラが行なったような『サイエンス』などの雑誌での発表についてのメディアの関心のことを言っているように見えた。「そうすることもできましたが、しませんでした」

JCAPは、他の科学者が作った触媒の長期的持続性を検査する試験施設も持っている。持ち込まれる触媒のほとんどは、きわめて性能が貧弱だという。「コバルトでもですか」と、私は暗にノセラの触媒の一つを匂わせて尋ねた。

「一日でだめになります。コバルトにはもう見込みはありません」とルイスは言う。「あの実演を見られたんでしょうが、つまりその――一日では誰が欲しがるでしょうね」

ルイスとノセラが私と交わした会話でお互いのことを名指しで言うことはまずないし、ソーラー燃料の未来について共著で何かを書いたことさえないが、お互いの研究のことを言う様子からすると、二人が目と目を合わせたことはない感じがする。変わった兄弟の争いのようだ。ルイスは学部のときにはハリー・グレイの下で勉強し、ノセラは大学院生のときそこにいた（同じ時期ではないが）。どちらも自分の人工光合成への関心をかき立ててくれたのはグレイだと言う。

別のソーラー燃料研究者は私に「二人は『学問的兄弟』と言われますが……二人はほとんどあらゆる点で意見が合いません」と言った。

ＪＣＡＰは酸性、塩基性両方でソーラー燃料発生装置を作ろうとしてきた。結局どちらの方式が最善か、まだはっきりしないからだ。それぞれに長所がある。たとえば、塩基性方式には、安価に使える触媒がいくつかある。しかし光陰極では、ケイ素は酸性で安定する。ルイスは、ＪＣＡＰでは塩基性での装置を作るのに必要な先の五項目はすべて得られたと考えているという。酸性の方では一つ足りない。

私が訪ねてから数か月後、カルテクはＪＣＡＰの科学者が実際に、報道発表で言われる「人工葉」を作ったと発表した――塩基性で（この場合は水酸化カリウム溶液で）水を分解できる効率一〇・五パーセントの装置だった。ジョン・ターナーの記録に迫り、連続四〇時間持たせるという偉業だ。この装置の性能は、八〇時間ほどで劣化し始める（その後一〇〇時間動作させたと、ルイスは一年後に教えてくれた）。

このチームは正しい方向に向かっているのかもしれない。しかし私がＪＣＡＰを訪れた頃、このエネルギー拠点が結んでいた五年間の契約が切れ、その間の進捗や研究の目的がエネルギー省の審査にかけられていた。ＪＣＡＰの大きなセールスポイントは、ソーラー燃料生成装置を、問題に対して異なる見方で作業する異なる研究者を一つ屋根の下に集め、最初から最後まで開発するのを使命としているところだった。今では資金はおよそ半分に削減されることになっていて、構成員も五年の任期を確保できないだろう。その時点で、カルテクのＪＣＡＰの下で、約一三〇人がソーラー燃料の仕事をしていたが、その数も減らさなければならないとルイスは言った。しかしセンターとは別に、カルテクではさらに約一〇〇人の研究者がソーラー燃料の研究をしているとも言う。ソーラー燃料研究は続く——たぶんこれまでのような協同ではないだろうが。

「すべてを考えあわせると、それこそがＪＣＡＰが行なって、私たちが維持したいと思っている、独特の部分でした」とルイスは言った。「でも予算がカットされて、どれだけ維持できるか、わかりません」

それに加えて、センターは新たな、もっと難しい指示を受けた。水素生成装置の設計から、二酸化炭素を固定して炭化水素燃料にする装置への切替えだ。そのような液体燃料を生産することには当然利点もある——ノセラが指摘するように、それなら簡単に従来の車や既存のエネルギーインフラで貯蔵できる——が、はるかに難しい仕事でもある。使える燃料を作るためには、ものすごく多くの電子と陽子を並べなければならないからだ。

「それが最適の方法かどうかについては議論がありますが、そういうことになるでしょう」とルイスは言った。当面、計画は両方を追求することになる。何と言っても、炭素、水素、酸素から分子を作ることになるとすれば、水素の作り方は知っていなければならないだろう。

私たちが実験室を出る前、ルイスは言った。「まだ終わってない仕事があるんですよ。間違いありません。仕事はまだ終わってないんです」

ペイトン・ヤン（楊培東）の研究室には一本の木を描いた大きな絵がある。幅のある樹冠の下に枝が誘うように伸びている。書棚や受賞の楯が並ぶ棚にはさまれて、奇抜な、目を引くメインの装飾になっている。

カリフォルニア大学バークレー校の化学者であるヤンは「娘が描いたんです」と言う。「本当は半分ですけど。半分は妻で、半分が娘です」

美しい、明らかに愛情のこもった絵で、私は宝石のような色合いに見とれた。しかしその絵は、ヤンの研究の方向を考えると、科学的にも見事にふさわしいように映った。ヤンは「合成葉」装置を作った。これは基本的に二つの過程――無機物の半導体と生きて呼吸する細菌――を合体させたものだ。

ヤンが二〇一五年、ナノワイヤ、フォトニクス、ソーラー燃料の研究に対して、マッカーサー天才助成金を与えられたとき、私はすぐにしまったと思った。他の研究者から、ヤンがこの分野で話を聞くべき重要人物だということは言われていたのだが、私は取材を先延ばしにしていたのだ。今や他のマスコミからも目を向けられ、新聞やらテレビやらのインタビューもあって、私の本のために話をしてもらう時間などないだろう。驚いたことに（ほっとしたことに）、ヤンは大学へ研究室を見に来てください、研究についてお話ししますと招いてくれた。

「葉っぱで起きていることをまねして、自然の光合成から学びたければ、少なくとも葉っぱで起きていることを理解する必要があります。葉っぱでは二つの触媒サイクルがあります――一つは水の酸化、もう一つはCO_2の固定です。それが自然の光合成で起きている基本的な化学的過程です。だから同じことをする無機材料を作りたいと思うなら、要するにその化学や物理も似ているはずです」

最近、液体（あるいは炭化水素）燃料に転じたばかりのJCAPのノセラとは違い、ヤンは数年前から、液体燃料を生成する基礎科学の研究をしている。ヤンは最初からソーラー燃料を生成しようと計画していたわけではなかった。一九九九年、ナノワイヤ――細い針のような結晶で、人の毛髪一本の約一〇〇〇分の一という細さ――を作るための方法を改良する研究をしようとバークレーに就職した。物理学の法則は、そうした規模では根本的に変わってくる。量子効果があって、材料のふるまいが変わってくるのだ。ナノワイヤは小さくて、光の波長よりも小さいものも作れる――それによって、ナノワイヤは個々の光子を通す回路にもなり、平たい、かさばる物質の形をした半導体よりも効率がはるかに高くなる。ヤンは、基礎科学の水準からナノワイヤに関心を抱き、その特性を調べ、広い範囲の分野に応用する可能性を調べようとした。ナノワイヤが太陽電池の光を取り込む能力に及ぼす影響を調べ、ナノワイヤで超小型光子発射レーザーを作り、廃熱を吸い出してそれを電気に戻せる装置を組み立てた（私たちが変換するエネルギーの大部分は――発電所であれ、体内であれ――実際には、途中で熱となって散逸する。それを取り戻してその電気をシステムに戻せたらと想像してみよう――発電所ははるかに効率的になり、車のエンジンから出る熱を使ってラジオなどの電子機器の電源にできる。小規模には、自分の体温を使って携帯電話などパーソナルな機器に充電できる）。

ヤンが本格的にソーラー燃料の舞台に立たされることになったのは、元米エネルギー省長官で、当時ローレンス・バークレー国立研究所の所長だったスティーヴン・チューが、炭素のない燃料を生み出す目的でヘリオス・プロジェクトを興したときだった。ヤンはまもなく、半導体側の動作は差し迫ったエネルギー問題を処理するのには十分ではないことを認識した。そこで自身の研究室を二つの部分に分けざるをえなくなる。一つは半導体のナノワイヤ研究で、もう一つはその表面をコートする触媒の研究だった。自分のグループにいた三五人ほどの研究者のうち、約半分はナノワイヤの研究、あとの半分は酵素の研究をしているとヤンは私に言う。実験室のドアを開けるとき、鍵がじゃらじゃら鳴った。

実験台は、郵便料金の秤《はかり》のような四、五枚の加熱用プレートで縁取られている。それぞれの上には丈のあるペトリ皿が乗っていて、透明な溶剤で満たされている。ヤンは二つの並んだドアを指す。それで合成葉の二つの主要な機能の研究が便利に分かれている。光を電気に変えることと、その電気を利用して二酸化炭素を（優れた触媒で）分解することだ。一方の部屋のランプを指して、「これが光源です。隣が暗い方です。そちらには光がありません。ただただ電気化学をするだけです」。いろいろな触媒が二酸化炭素をいろいろな産物に換えられるとヤンは説明する。

もう一方の部屋にはレーザー実験室があってその窓は黒いゴミ袋と緑のテープで注意深く覆われている――レーザー光線が何かの拍子に逸れた場合に備えての予防措置だ。こちらには冷却器があって、材料の温度を一〇ケルビン、つまり絶対零度の一〇度上まで下げられるともヤンは言う。

「なぜそんなことをするんですか」と私は尋ねる。こうした材料は室温で動作すべきなのではありませんかと。

ヤンは「温度に左右される特性を調べることによって、物理的特性の理解が進みます」と言う。こうしたナノワイヤが極端な状況下でどうふるまうかを理解してこそ、ナノワイヤが実際にどういうものかがわかるのだと（長年の友人の性格を調べるために、自動車旅行の様子を見るようなものだ。車が故障したときパニックにならないか。相手が同じ曲を八回連続で再生したとき、私はどう反応するか）。

そこでヤンは私に、研究室の世間の関心をつかんだ部分を見せてくれる。バイオ実験室で、そこでチームがナノワイヤと細菌を組み合わせることによって、二酸化炭素を酢酸、ブタノール、さらにはポリマーにする。

「ここには培養器、培養菌、培地があって、そこで細菌が生きています」と装置を指しながらヤンが説明する。「あれは電極を入れた装置で、培養液です。それからこれも太陽シミュレーター」と、ガラスをこつこつと叩きながら説明を進める。

光が入ってきて、二酸化炭素が近くのタンクから水に泡を立てながら送り込まれる。*Sporomusa ovata* という名の細菌が半導体のナノワイヤに着けられ、日光でエネルギーを与えられた電子を捕らえ、それを使って二酸化炭素を還元して酢酸塩にする。他の多岐にわたる炭素化合物の材料として使える、多機能の小さな分子だ。それから遺伝子組換えをした大腸菌に酢酸塩が与えられると、大腸菌はそれを取り込んで様々な産物にする。アモルファジエン（抗マラリア剤の前駆体）、ブタノール（液体燃料として用いられる）、ポリヒドロキシブチレート（ＰＨＢと呼ばれる、生物分解可能な高分子で、プラスチック製品に用いることができる）など。

ナノワイヤはこの過程の、光を吸収する方の半分と触媒の方の半分の両方にとって鍵を握っているとヤンは言う。ナノワイヤは奇妙な量子的特性と組み合わさって、なめらかな表面ほどには反射せず、パネルの表面から跳ね返る光子もそれほど多くない。余分の表面積によって、将来的に光を捕らえる量も増える──細菌に与える電子を収穫する土地を増やすことによって、触媒反応の面積も増える。その余分の表面積が不可欠だ。ふつうの光電池によるソーラーパネルによって発生した電荷が別のところの電解槽に送られるシステムとは違い、土地を広げて設置するパネルを増やすというオプションはないからだ。光電気化学電池では、半導体は液体で満たされた小部屋の中に埋め込まれ、大きくなる余地はない。おまけに、理想的には、貴重な土地を占有してしまうことになるから、パネルを広げたくもないだろう。ナノワイヤなら、最小限度の空間で最大効率の装置ができるはずだ。

この研究は原理を実証することになった。実用的応用となると、この技術にはまだまだ先がある。このナノワイヤの太陽エネルギー変換効率は〇・三八パーセント。反応の大腸菌部分はもっと有望で、変換率はブタノールで二六パーセント、PHBでは五二パーセントある。そしてヤンは、最終的には、二酸化炭素を還元してそれを人間にとって役に立つものにする作業を細菌に依存したくはないと思っている。研究者が水を酸化するための触媒を設計できて、水素を還元できたなら、二酸化炭素についてもできるはずだ。残念ながら、言うは易く行なうは難し、二酸化炭素分子は分かれたがらない。

ヤンは「二酸化炭素は安定した分子で、それを分けるのは──とても難しいんですよ」と言う。

そしてCO_2分子を切ってしまえば、それぞれの原子が相手を探す。その新しくできた単独の炭素原子は、何個でもつながり、酸素や水素ともつながって、いろいろな化学物質を生み出す──必ずしもヤンが作ろうとしているものではないが。問題の一部として、二酸化炭素分子が還元されると、おそらく最終産物に達するには、いくつかの中間段階を経なければならないことがある——微調整された酵素がある生きた細胞には易しいが、単独の触媒には容易ではないという、ジャグリングのような作用だ。結局、二酸化炭素を温室効果ガスから使える産物にまで持って行くには、たぶん複数の触媒を開発する必要があるのだろう。「このシステム全体で今いちばん弱いリンクといえば、二酸化炭素触媒です」とヤンは言う。

しかしその後、ヤンらのチームは前進を見た。二〇一五年に『米科学アカデミー紀要』に掲載された論文は、このチームが太陽から燃料（この場合メタン）への変換率を、一〇パーセントにまで上げたことを明らかにした——以前の成果と比べると約二五倍の効率だ。『サイエンス』誌に掲載された二〇一六年の論文は、チームが非光合成細菌を「訓練」して、光合成も、光を採集する半導体ナノ粒子を独力で作ることもできるようにしたことを明らかにした。システムのコストを下げる役に立ちうる方策だった。

ヤンはここでの至上命題を理解している——そして緊急に答えを見つけなければならないことも。専門的に言えば、水素は炭化水素よりもクリーンだ——消費されても酸素と結合して廃棄物は水だけ。しかしソーラー炭化水素を作ることには一つ、大きな利点がある。それを作るとき、二酸化炭素、つまり地球温暖化の大部分に関与する温室効果ガスを空気中から取り除くのだ。結局それを燃やすのだとしても、「炭素中立《カーボンニュートラル》」な燃料を作ったことにはなる——燃料が循環して、余分のCO_2を大気にもたらさない。そして、燃料ではなく生物分解性プラスチック製品を作るのであれば、炭素が空気中にたまったり、海をますます酸性化するのではなく、土中に残るようにする。ヤンの合成葉は二つの問題を一度に解決する機会を社会にもたらす。何兆ドルもかかりそうな水素関連インフラを構築しなくてもよい燃料を生み出すこと、同時に環境への打撃を減らすこと。

ヤンは化石燃料を引き合いにして、「これ以上、地下から掘り出す必要」がなくなると言う。「ですからこれが必ず今後機能するようにもっと努める必要があります」

しかし科学者は急いで産物を開発しようとはしない。いずれにせよ、変化はすぐには来ないのだ。「私たちはまだ一〇〇年は地下資源を掘ることになるでしょう」とヤンは私に言う。それでも、研究室で足を組んで腰掛けて、落ち着いていられるらしい。

先生は意外に落ち着いていますね、という私の感想に、「みんなせっかちすぎると思います」と答える。私は最近のJCAPの変化について尋ねる。聞いてみると、ヤンはバークレーのJCAP事業の初代の指揮者だったが、二年でその地位を去って、科学研究を行なう方に専念した。センターが最近、もっと歯ごたえのある問題に集中するようになったという変化は、ヤンには有望に見える。「考え方としては賢明で、だいぶ落ち着いています」とヤンは言う。「基本的に私の考え方にも沿っています。CO_2の触媒に集中しているし、科学に集中しています」

ヤンは自身で二つの企業を設立している。成功している方のアルファベット・エナジー社のための研究は一〇年かかった。それを（廃熱を回収してそれを使えるエネルギーに戻す）製品にして市場に出すのにはさらに六年かかる。それでもたいていの基準からすれば実に早いのだという。

「基礎科学から技術へ進めることがどれほど難しいか、私は知っています」とヤンは言う。JCAPの最初の具体化は、「いわゆる『試作機』を作ることをあせりすぎました。私の哲学は、科学がわかっていないなら、技術もないということです」とヤンは私に言う。

これが、二酸化炭素の還元がとりわけて理解しにくい反応であっても、それに注目し続ける理由だ。ヤンにとって、水素の還元と水の酸化は基本的に解かれた問題だ——今後はその処理を仕上げて改善し、装置に組み込む仕事をすればよい。基礎科学の面からは、炭素還元の理解はまだ地図のない領域で、工程表に期日を入れることはできない。

ヤンは言う。「科学的発見は計画できません。科学的発見が計画できるなら、それは発見ではないということです」と。

第8章　生態系としての都市——さらに持続可能な社会にする

南カリフォルニア・エジソン・エネルギー教育センターは、北にサンガブリエル山地、西にはサンタフェ・ダム公園を控える、アーウィンデール市街の低層オフィスビルにある。建物の東にはアズーサ市との境界や、セメックス社砂利処理施設の掘り返された土と岩の荒れ地の光景がある。

アーウィンデールには、いくつかの紫がかった緑の山の頂以外には美しいものはないなと、私は空っぽの鉄道と駐車場を車で通過しながら思う。町の名がついた大通りに沿っては家はない。ガソリンスタンドやコンビニさえない。二〇一〇年の国勢調査によれば人口一四二二人のこの町は、住宅地というよりは工業地といった感じで、近年では、フイフォン・フード社のシラチャー・チリソース工場が香辛料の匂いを空気中に撒き散らしているとされ、住民が目の痛みや喘息《ぜんそく》を訴えるという長年の苦情でいちばん知られているかもしれない。

要するにアーウィンデールは、都市の未来や都市をデザインする際の自然の役割について知るにはそぐわないところに見える。それでも私はここへ来て、数百人の出席者とともに会議室に押し込められている。座席が足りないので、私は壁にもたれていなければならなかった。この会は、第一回バイオミミクリーLA会議で、コンサルティング会社のヴァーディカル・グループが後援し、ロサンゼルス市庁の代表や、ニューヨークから飛行機でやって来た、テラピン・ブライトグリーン社のクリス・ガーヴィンのようなコンサルタント連も顔を出していた。合衆国グリーンビルディング協会も出席していて、次回の二〇一六年グリーンビルド博覧会が、一五年の歴史で初めてロサンゼルスで行なわれることを発表した。

将来的には、都市は住むところとしては最も「グリーン」なところになるだろう。そしていろいろな点で、すでにそうなっている。マンハッタンのアスファルトの街路や高層ビルが並ぶ都市のシルエットは、一見すると、ニューヨーク郊外の葉の茂るタリータウンやオンタリオ湖に面するロチェスター郊外の起伏のある農地と比べて、とくに「グリーン」な人間の居住地という印象は生まないかもしれない。しかしこの三者の中では、コンクリートとガラスの都市が最も環境に優しい人間の居住地ということになってもおかしくはない。

それは都市が、インフラ、エネルギー、人的資本など、資源の利用効率がはるかに良くなりうるからだ。都市人は密集した住宅、マンション、アパートで暮らすことが多く、そのぶんエネルギーが節約される。職場まで歩いたり、自転車に乗ったり、地下鉄を利用したりする場合が多く、車を運転する人々でも、田舎の環境にいる人々よりも運転する量ははるかに少ない。夏には「ヒートアイランド」効果を避けるためにエアコンの設定が少し強めになるかもしれないが、冬にはその余熱のおかげでガスの使用量が抑えられる。

この資源の集中は都市をますます魅力ある選択肢のひとつにする。世界人口の半分以上は都市区域に住んでいて、二〇五〇年には六六パーセントにまで上昇すると見られている。途上国では、これから人口が増大し、人口移動が多くなる。中国などでは建設が過剰になり、住む人もないまま都市が生み出される。しかし確かに、来たるべき人口移動への備えは中国の方がインドよりもできているように見える。一九五〇年には、中国の人口のうち、都市に住んでいたのは一三パーセントで、インドの都市居住者の一七パーセントよりも相当に少なかった。しかしマッキンゼー・グローバル研究所によれば、一九五〇年から二〇〇五年にかけて、中国の都市化率は四一パーセントになり、インドの二九パーセントをはるかに上回る。

もちろん、都市は完璧だと言いたいのではない。一人あたりの炭素排出量《カーボンフットプリント》のような測定値以外のところを見ると、都市が環境に優しいかどうかの見え方はもっと複雑になる。都市によっても善し悪しがある。中でも、住民が仕事場へどれだけの頻度でどれだけの距離、車を運転しなければならないか、公共交通機関の状況、健康な食品が近くにあるか、利用できる住居のタイプがどうかによる（集合住宅の方が戸建てよりもずっとエネルギーの効率は良い。たとえば集合住宅なら、熱が各戸の四方の壁から出て行く分が少ないからだ）。

加えてまずいことに、都市生活は地元の環境の範囲を超えたところで成り立っている。都市で食べられる食料はよそで育てられ、都市での生産のためにはまた別の地域のエネルギーや水が使われるが、そのコストは、研究者が環境的な収支を計算するときには考慮されていないことが多い。飲料水もそうで、自前の水源から引くのではなく、何百キロも離れた川から引いてくる。その点で都市はとことんもらいっぱなしになっている。

とはいえ、多くの都市が、既存の、老朽化する、非効率的なインフラという現実をやりくりしているのは言うまでもない。いっぺんに入れ替えるほどの予算もない。そういうわけで、バイオインスピレーションをシステム全体に応用したいという関心が大いに生じるのは、先進諸国の都市ではなく、発展途上国の都市という場合もある。

　そうした場所に、大規模に環境を作り直すチャンスを見ている組織もある。セントルイスに本社がある建設都市計画企業ＨＯＫもその一つだ。同社は、一九九〇年代に合衆国グリーンビルディング協会が生み出した最初のＬＥＥＤ（Leadership in Energy and Environmental Design〔「エネルギー・環境デザインの先導」といった意味〕の略語）評価方式を開発するのを助けた。いわゆる「構築環境《ビルト・エンヴァイロンメント》」を持続可能にすることが、長年、同社の中心的な使命だったし、自然に着想を得て、それとともに動作するデザインを組み込むことは、用いられる道具の一つにすぎないと、ＨＯＫアジア太平洋本部の企画部長クリス・ファニンは言う。

「よくお客様から、『ところで、持続可能性の話はどうなっているんですか』と言われることも多いですよ。そこで私どもは『むしろ、その話はすんでいるということですね。他に選択肢はないんですよ』と言うんです」とファニンは私に言った。それは仕事の一部にすぎない。とくに大規模な都市計画事業という、都市全体を作り替えるチャンスのある場面となると。

「私たちの見方では、私たちが企業として構築環境に及ぼす影響は相当のものです」ともファニンは言った。「自分の仕事の潜在的影響を見るとき、それに伴う責任は、当の事業や顧客よりも深いところに生じます。そのことは真剣に考えなければなりません」

　ムンバイから南東へ四時間ほど、サヒャドリ山脈の湖の多い高地に建設中の「私立都市」、ラバサを取り上げよう。インドの都市人口は今後何十年かで激増することになり、マッキンゼーによれば、二〇〇八年の三億四〇〇〇万人から、二〇三〇年には五億九〇〇〇万に急上昇すると見積もられている。その需要に応えるために、インドは毎年七億〜九億平米の床面積を増やす必要があるだろう。二〇五〇年には、インドの都市人口はさらに四億四〇〇〇万人増える。国連の報告によれば、中国の増加は二億九二〇〇万人でしかない。今の大都市は、すでに圧力でひずみつつある。ムンバイの人口密度は平方キロあたり二万一〇〇〇人近くになり、これはニューヨーク市の二倍を超える。

ヒンドゥスタン建設会社が建設中のラバサはCEOのアジト・グラブチャンドが考えたもので、民間資金でバジ・パサルカル貯水池の堤に、まったく新しい都市を造ろうとしていた。最終的にラバサを構成する五つの街区は、一九世紀のイギリスの植民者が平地の暑さとせわしなさから逃れるために建設した町にちなんで、独立インド最初の「夏季駐在地《ヒルステーション》」と呼ばれている。

HOKは新都市の基幹計画を設計するコンペに、ジャニン・ベニュスが創立に加わり、当時はバイオミミクリー・ギルドという名だったコンサルティング企業と組んで、山岳都市をできるだけ環境に優しくするという意図を訴えて勝った。両者は手がかりを自然から得ようと、既存の生態系――あるいは少なくとも、この地域の斜面が恒常的な焼き畑農業で森林が失われる前の、かつて存在した生態系――を調べた。モンスーンの雨水が流れる夏季には、土が流されて露出した斜面を下り、重大な侵食を起こしている。その雨水の急流が続くのはほんの何か月かだけで、一年のうち残りの期間は乾燥したままだ。

チームは地元の環境を調べ、荒れ地の斜面がかつて動植物の豊かな多様性に満ちていて、世界の生物学的ホットスポットの中でも最もホットな〔生物多様性の程度が高いのに、人類による破壊が進んでいるという意味〕八か所の一つとされる西ガーツ山脈の他の領域と同じく、落葉樹の森で覆われていたことに気づいた。このような生態系は、そこで暮らす生物に様々なサービスを提供している――雨水をため、濾過《ろか》し、気候を修正し、極端な気象現象を和らげ、新しい土を生み出し、養分を循環させるなどのことだ。こうした系に意図はない――生態系はサービス満点の生物学的ホテルというようなものではない。第5章で述べたシロアリ塚が、シロアリが単純な規則に――互いに競合もしながら――従った結果だったのと同じく、生態系は創発《エマージェント》系で、多くのいろいろな動物がそれぞれの目標を追求してできた産物だ。おしっこをする猿は、自分が腰掛けている樹木に肥料を施していると思っているわけではない。時間をかけて生じた関係も、つねに流動している関係もある。それでも、生き残る動物が現にいる環境での圧力に慣れているのと同様に、種どうしの変化する関係のおかげで時間をかけて創発する生態系は、何らかの恒常性――比較的安定した状況――を達成している。しかしそれを調節するのは、当の生態系の中にあって、絶えず競争したり協同したりして限られた資源を利用する、生きたエージェントだけだ。

たぶん理想的な世界では、ルパート・ソアーが述べていたような、都市の必要な構成要素や機能のそれぞれをエージェントのように取り扱い、それを解き放ってどんな系が創発するかを見るコンピュータ・シミュレーションを作ることができるだろう。そうでなければ、そうした生態系のサービスを取り込む次善の策は、鳥瞰《ちょうかん》的な見方をとることだ。それが、バイオミミクリー・ギルド（現「バイオミミクリー3・8」）の人々が住み着いて、いろいろな生態系が実際に達成している機能はどんなものかを見たり、それがどう行なわれているかを分析したりしている空間らしい。そうした特定の過程は土地の環境に合わされている――したがって、そうした過程を模倣する人工的な系を生み出すのが、そうするための最も賢明な方法で、周囲の環境にとっても最善になるだろうと考えられる。

ロサンゼルス学会のとき、バイオミミクリー3・8の生物学者で設計立案を行なうジェイミー・ドワイヤーは、現地にかつて存在した落葉樹林の林冠から引き出した例を示した。当初は、森は水をできるかぎり最後の一滴までため込んでいたにちがいないと考えられていた。林冠は雨を捕らえ、雨は斜面を流れ去るのではなく、地中にしみ込むことになるというわけだ。当然、チームが作る建物はいずれも、それと同じように雨水を捕らえるように設計できるだろう。

ドワイヤーは聴衆に、「水をすべて集めて、［それを］利用して、地下水に戻すことが、できる最善のことだと考えられていました……ところが、この生態系はこう機能しているはずだというのを見ると、降水量のうち二〇〜三〇パーセントは、実は蒸発や植物の蒸散によって、ただ空中に戻るだけだということがわかりました。そうでなかったら、実際にこの地域の気候が変化します」と語った。

これはチームにとって驚きだった――何と言っても、それはただの無駄のように見えたからだ。しかしそれだけの水を放出することが、もっと大きく見た環境の健康には必須だった。

「モンスーンの嵐が来ていて、空気が乾燥していたら、勢いを失い、蒸気を使い果たしてあまり内陸までは行きません」とドワイヤーは説明する。モンスーンが山に当たると水分を放出し、それより東の土地には水が回らなくなる。しかしドワイヤーは、樹木による空気中の余分の湿度があれば、「モンスーンの嵐はさらに奥へ入れます。要するに複雑ということはおわかりでしょうが、雨が内陸の奥まで続いて届くとなると、そういう細かいことが全部収まるところに収まっていないといけないんです」とも言う。

そこでHOKの計画は、最終的には一〇〇万本におよぶ樹木を植林して、森林が失われた土地の約七〇パーセントを覆えるようにすることになる。それとともに、細長い葉先で雨水を整流して集めやすくするバンヤンの木の葉を屋根にしていた建物用の屋根瓦を設計することにもなる。樹木の主根と循環に似た貯水槽を備えた建物も、シュウカクアリ塚の溝のついたダムをまねた、雨期に過剰な水を処理して流れを変えられるような排水設備も設計する。こうしたことはラバサ計画によって広められる新機軸のごく一部だが、それはＨＯＫに、アメリカ景観設計《ランドスケープアーキテクト》協会賞など、いくつかの賞をもたらしている。

しかしラバサは何から何までめでたしめでたしというわけではない――少なくともまだそうなってはいない。ラバサ・コーポレーションは新規株式公開を行なう直前の二〇一〇年、国の環境森林相による建設差し止め命令を受ける事態に見舞われた。命令とその後に生じた法的な争いは、事業を少なくとも三年遅らせ、ヒンドゥスタン建設会社の株価を二〇一〇年一月八日の七八・九ルピーから二〇一六年三月二三日の一九・八五ルピーまで下げるのに一役買ったとグラブチャンドは言っている（インド・ルピー自体がドルに対して大きく値を下げていることを考えると、価格はもっと下落したことになる）。斜面の伐採が多すぎるという非難とともに、事業には地元住民からの贈収賄、土地収奪の訴え（報道によれば、ブルドーザーがやって来て家を壊すことになるまで自分のいる土地が売られているとは思いもよらなかった人々もいたという）や、不正経理スキャンダルの噂もつきまとった。ラバサ開発にかかわった政治家や企業の代表者は、こうした風聞を公式に強く否定した。

ラバサは二〇二一年までには完成するとされていた。ラバサを構成する五つの町の一つダスベはまだ一部しか建設されていない。ＨＯＫのファニンは二〇一六年の末、ダスベの第一期は建設されたと私に言ったが、「第一期」がどういうことかは直接には明らかにしなかった。町を訪れた報道各社の記者からインタビューされた、人もまばらな地域で働く従業員は、ここが落ち着いたら、よそで家族を養うと言っていた。ラバサが最終的に完成すればそのとき、それが本当に未来の都市の雛形になるかどうかがわかるだろう。当面、その地はイギリスの『ガーディアン』紙のある記事の言う、「変わった週末の逃避先」に見える——ともあれ利用できる人にとっては。

だからといって、都市の規模では、本当に興味深くてさほど心配のない事業がないというのではない。たとえば、ワシントン州のピュージェット湾では、コンサルティング企業チームが、シアトルのものすごい降水量を、近くの森林がしているように処理する物質を建物の正面や歩道に組み込もうとしている（構想としては——ラバサ事業の話からおなじみに思えそうな、森林と同じように適切な量の水を空気に戻したり、建物を、茸のように雨水をためておいて後で蒸発させるような材料で縁どったりといったことがある）。要するに、豪雨のときに、水がしみ込まない道から汚れだけを拾った、雨水流出《ランオフ》という形で都市のインフラを圧迫するだけの水を減らそうということだ。この事業はまだ計画段階で、このアイデアがどれほどうまくいくかがわかるのにはまだ何年かを必要とする。

持続可能な生活の未来は、私たちが都市を、ミクロからマクロまで、あらゆる水準で自然な過程に合わせてふるまうように作り直すことにかかっている——たとえば、機能を高め、環境にもさらに優しいものにするような材料を作るといったことだ。建物内の資源をもっと賢く利用したり、都市全体のために機能を高めたインフラを設計したりすることによって。しかしそのためには大きく足を踏み出さなければならないし、お役所仕事という障害も多い。良かれ悪しかれ、持続可能性の面での重要な新機軸の中には、都市のレベルではなく、企業内部で生まれるものもある。だからこそ、自然に着想を得た設計に関心を抱く政府機関は、まず企業内部で生まれるような新機軸を育てようとしているらしい。ニューヨーク州エネルギー研究開発公社（ＮＹＳＥＲＤＡ《ナイサーダ》）を考えてみよう。ここは最近、産業界内にバイオミミクリーを奨励することを狙った五年計画をまとめた。

ＮＹＳＥＲＤＡ計画を利用した企業経営者の一人、ボブ・ベクトールドは、若いエンジニアとして、環境熱にとりつかれた。ベクトールドは再生可能エネルギーの先行採用者《アーリーアダプター》だった——一九七〇年代の末、ニューヨーク州ウェブスターにあった自宅の納屋で機械工具製作を始め、一九八〇年には三六ヘクタールの農地に最初の風力発電機を設置した。まもなく地熱暖房装置も備えた。自宅をカーボンニュートラルに近づけることが一種の強迫観念となった——一九九〇年代になると、自分で設立してまもない会社、ハーベック・プラスチックス社にそれを応用することに思考が向かうのは避けられなかった。

ベクトールドは穏やかな話し方で、ディック・ヴァン・ダイクが髭を生やしたような感じだった。高さが二五メートルもあろうかという、車で通りかかった人がスピードを落として見上げるような巨大な風力発電機を立てさせてくれるよう近隣の人々を説得できたのも当然に思える。しかしベクトールドが教えてくれたところでは、環境に優しい企業を興すというアイデアは、銀行にも顧客にも売り込みにくいことだったという。

「動き始めて事業にしようとするとき、私は最初にとんでもない間違いをしました。私個人の生活と同じ熱意で商売上の取引をしようとしていたんです」とベクトールドは回想した。「私は最初、そうとは気づかずに、燃え尽きたヒッピーやサンダル履きの自然愛好家みたいになって、自分の信用を落としていました。私が語っていたのはすべて、自分好みの理由だけでした——私の子どもやその子どもの未来だとか、フリーエネルギーの驚異の可能性とか、そういったことです。まあ、それじゃあうまくいかないということを苦労して学びました」

ベクトールドは失望して、数か月は身を隠し、農地に引きこもって、商売に加わってくれそうな人々に何を語るかを考え直した。そこで認識したのは、鍵は感情や環境ではないということだった——経済だったのだ。

一九九〇年代末から二〇〇〇年代初めには、売り込みの口上を磨き上げていた。「話を聞いてくれる人には、資源をもっと効率的に利用することに私が見てとった様々なチャンスの経済についてだけ話しました」という。これはうまくいくようだった。二〇〇一年には、自社製風力発電機第一号——二五〇キロワットの機械——を準備した。四二万五〇〇〇ドルの投資は八年で回収できた。一〇年後、二三〇万ドルの八五〇キロワットのタービンが続いた。現地に建設された熱併給火力発電所と組み合わせると、こうしたシステムで、自社の全エネルギー使用量の五〇～六〇パーセント分になった。複合エネルギー発電所も建設し、再生可能エネルギーの形でのカーボンオフセット分を送電網から買って、残りの部分の埋め合わせをする。

ベクトールドは、「当時、私たちは大口のエネルギー利用者だったので、自分のエネルギーは自分で責任を持つようにしました」と、自分のプラスチック会社について語った。「私たちは試して実行したいと思いました。それも、まだ『持続可能性《サステナビリティ》』という言葉がなかった当時でしたが、もっと持続可能な形でそうしたかったんです」

二〇〇〇年代半ば、NYSERDAが後援して、コンサルティング企業で環境に優しい製品設計・建築に注目するテラピン・ブライトグリーン社が行なうバイオミミクリーに関する研究会に、ベクトールドは参加した。

そこでベニュスの本やテラピンが発表するアイデアに関心を抱いた――ゾウの耳が放熱器として機能すること、シロアリが塚の温度を調節することなどだ（シロアリは実際には、スコット・ターナーの研究が明らかにしているように温度調節はしないが、バイオミミクリー業界では独自に広まったアイデアになっている）。ベクトールドは、自然の設計を自身の会社に応用できそうな方法について考えながら、研究会を後にした。何と言っても、ベクトールドはすべての時間と手間を、自分が使うエネルギーのほとんどを「クリーン」にすることにかけた――しかし、自然の解決策を用いて自社の生産過程をもっと効率的にできたらどうだろう――そうして時間、エネルギー、費用を節約できたら。

テラピン社のエンジニア、キャス・スミスは、「それでベクトールドは『こんなことを耳にしたんですが、私は古いエンジニアで、〈バイオミミクリー〉と言われてもそれをどう進めればいいのかさっぱりわかりません、その手順を教えてくれませんか』みたいなことを言うんです」と言った。

NYSERDAからの補助金によって、ベクトールドとテラピン社は、自然の解決策をハーベック社の生産過程に使う方法を検討するようになった。鍵は問題点を探すことだとスミスは言った――問題がないのなら、自然から得た解決策を応用しようとしても意味はない。そして、ハーベックのエンジニアは当の問題があるとは考えていなかったが、余分にエネルギーを使わなければならない射出成形過程には、確かに見るべきところがあった。たとえばプラスチック冷却過程を考えよう。同社は熱い液体ポリマーを金属の型に射出して、型の壁に組み込まれた水路を流れる冷水を使って固めることによって、高度に特化したプラスチック部品を造っている。冷水がプラスチックの熱を奪って運び去る。この過程は数秒で終わるが、何万も作るとなると、それだけの時間がかかる。時間を節約しようとして、完全に冷える前に部品を取り出したら、形が崩れることになりやすい。

「プラスチックと、注入と、滞留時間で考えていました」とスミスは言った。「それは先方にとってはその産業固有の話です。だから私たちは問題を少し抽象化して、言語を変えて言いました。『つまり実は熱伝導の問題にすぎませんね』」

この単純化と翻訳は、バイオインスピレーションによる思考の鍵となるとスミスは言った。固有に見える問題が実はもっと一般的な問題――自然がおそらく様々な形で取り組んできたもの――から出てくることを示さなければならない。

この識見を手に、スミスたちは科学文献をかき分け、いろいろな生物が熱伝導をどうこなすかを見る。哺乳類の肺、シロアリの塚、血管網（ゾウの耳にあるような）、葉脈など、いくつかの例をチームに持ち寄る。肺とシロアリの塚は除外される。その過程には空気が必要で、水よりもはるかに密度が低いので、真に効果的な冷却剤になるには通常の気圧では十分な分子を運べないからだ。

その後、葉に落ち着き、単子葉型と双子葉型のどちらが良いかを調べる。単子葉植物の細い葉（イネ科のような）では、葉脈はほとんど互いに並行に走っている。双子葉植物の幅の広い葉では、網状の、絡み合ったネットワークになる傾向にある――チームは自分たちのシステムには、冷却を行なうときの表面積が広いので、そちらの方が良いと見きわめた。

同社は、金属の粉をレーザーで精密に溶接する、３Ｄプリンティングの一種を使って型を作る。それはつまり、型の水路の設計を変えると、時間が少し余計にかかるかもしれないが、最終的には、材料の点では余分なコストがかからないということだった。そしてもちろん、その型ができれば何度でも使えて、鋳型にはめられて冷却されるプラスチック部品すべてについて、貴重な時間が節約できる。

ベクトールドはすでに標準的な「共形《コンフォーマル》」水路を試していた。共形水路は鋳型の輪郭にぴったりとついていて、最善のものは、標準的なものより鋳型の冷却効率が一五パーセントも向上する。しかしスミスらが作った葉のような鋳型はさらに良かった――冷却時間を標準と比べて二一パーセント削減したのだ。エネルギーだけでなく、時間も節約した。外国企業と競争するプラスチック製造業者にとって、製品をできるだけ早く顧客に届けられることは、競争力を高める役に立つ。

しかし私がベクトールドに、顧客は違いに気づいているんですかと尋ねると、不満そうに言った。

「顧客にあまり多くを語って心配させたり怖がらせないよう気をつけなければなりません。このような場合には慎重にいかないと……できたてだからです」

持続可能な方針に夢中になっていることを顧客が知れば、高くついているんじゃないかと心配するかもしれない――環境に優しいことは決算には打撃だという誤解のなせるわざだ。

「こなせるようになったときに顧客に紹介するという微妙な話です」とも言った。

この何年かで似たようなことを考える企業に多く出会ったか、あるいはほぼ独自の戦いだったかと私は尋ねる。

「独自の戦いですね、でも、最近はだいぶましになってきたのはうれしい」。多くの企業が自社の熱併給発電所を研究するために見学を予約していて、ハーベックがウェブサイトや報告書で発表している数字の背後にある詳細を求めたりする。

　プラスチック部品を作るのが仕事のエンジニアが、それほど持続可能性に肩入れするのは意外に思える面もある。しかしベクトールドにすれば、自分が作っているプラスチック部品さえ、潜在的には持続可能だ。まず、ベクトールドは生物分解性ポリマーというアイデアは否定し、それは長持ち、強度など、高品質のプラスチックを有益にする特性をだめにすると論じる。

「家具職人のところへ行って、高級家具を依頼しながら、帰りがけにシロアリを入れておいてくれなどと言えば、わけのわからない、筋が通らない話でしょう」と言う。

　ベクトールドにとって、プラスチックの問題はそれがどこに行き着くかだけでなく、どこから来るかということでもあった。プラスチックは石油や天然ガスの産物からできる。ベクトールドはその代わりに生物由来ポリマーに注目している——たとえばデンプンや植物油から、あるいは微生物の助けによってできるプラスチックだ。業界には、各社製の生物由来プラスチックを試験し、分析すると宣伝さえする。

「たいていの金型業者は、顧客が求めもせず、必要な試験済みのパラメータ設定がついていないなら、そこには触れないものです。それを工場に持ち込んだりはしません」とベクトールドは言う。「私たちは世間にその素材を送るよう勧めています……。材料を一袋もらって、全体を処理して特別に成形した部品にして、部品を成形するときに使いたいと思っている特性を明らかにしたうえで、できた部品を、その作業をするための試験パラメータと一緒に送り返します」

　この使命にも、ベクトールドは競争上の利点を見ている。

「世間のためにパラメータを明らかにするのは利他的で時間の無駄と言われるかもしれませんが、そうではありません。私たちにはそれができることをみんなに知ってもらえるからです」

私はベクトールドに、バイオプラスチックには、コーンから作るエタノールと同じ問題があるかもしれませんよねと尋ねる。つまり、環境に優しいと言われた石油によらない代替製品が農産品の利用を必要とし、食糧供給に食い込み、しかも相当な量の温室効果ガスを生み出すので、実際には環境に負荷をかけるのではないかと尋ねる。

「どこにでも反対する人はいるものです」とベクトールドは言いつつ、私たちはプラスチックを将来もっとクリーンにする方法を見つけるかもしれなくて、その技術はまだ得られていないだけだと言う。「今あるものを利用して次の水準に進めばいいんです」とも。

プラスチックの目的については、ベクトールドは、生物分解プラスチックを作るのには意味がないと論じる――プラスチックの質に影響するからだけではなく、そういうプラスチックは結局のところ捨てられることが前提だからでもある。ベクトールドにとって、それは価値を放棄するようなものだ。

「今日のゴミ捨て場にあるポリマーはどれも再利用できます」とベクトールドは言う。「すべての破片を原油に戻すことができます」

私たちが今、かくも簡単にプラスチックを捨てる唯一の理由は、石油がまだかなり安いからだ。もっと石油を求めて掘って、新しいプラスチックを作った方が、今、ゴミ捨て場にある既存のプラスチックを掘り出すよりも安上がりなのだ。しかし石油が少なくなると（近年の価格は原則に反しているようだが、原則的には高くなると考えられている）、その計算は変わることになるだろう。

「すでに専門的には正しいのですが、いずれ最終的に正しくなるでしょう。ゴミ捨て場が未来の資源でいっぱいであることが。人々が捨ててしまったプラスチック廃棄物のすべてを含みます」とベクトールドは言う。

着想を求めて自然を参照することには、ベクトールドがしたように、複雑な過程を改善する方法を見ようとするところがある。他方、自分の建物がそれが収まる生態系の一部であることを認識することでもある。しかし都市の人々は、それがどういうことか、まずわかっていない。私が在住するロサンゼルスを取り上げよう。そこにある地下水は四〇〇万の人口のうち一二パーセント分にしかならない。三四パーセントはLA水道を通じて東シエラネバダ山地から引かれ、四五パーセントはベイデルタから、八パーセントはコロラド川からで、再利用されるのは一パーセントにすぎない。

もちろん、ネオノワール映画の古典『チャイナタウン』を見たり話を聞いたりしたことがある人なら、LAとサンフェルナンド峡谷が自然の限界を超えて成長できるようにする水の大部分をLAが調達したときの様子に、うさんくささを感じたことがあるだろう。ロサンゼルス上水路を築いたウィリアム・マルホランドと、市長を一期務めたフレデリック・イートンは、二〇世紀初頭に裏工作をして、東シエラネバダ山脈に囲まれ、かつてはカリフォルニアのスイスと呼ばれたオーウェンズ峡谷から長さ三六〇キロのパイプラインを築いた。イートンの仲間（『ロサンゼルス・タイムズ』紙社主、ハリソン・グレイ・オーティス将軍や、その義理の息子ハリー・チャンドラーなど）が、サンフェルナンド峡谷の、じきに値が上がる土地の買い取りを画策し、マルホランドは自分が採取しようとする水の量を過小に伝えることでオーウェンズ峡谷の農民を騙した。オーティスは新聞に不安をあおる記事を載せて、渇きをいやすための上水道を築かなかったらロサンゼルス市民は水不足に陥ると警告した。

『タイムズ』は、この都市の貯水率が危険なほど低いと言い、ロサンゼルスは水不足になりつつあると公然と警告した、腹黒いウィリアム・マルホランドの言葉を引いた」と、デニス・マクドゥーガルは、著書の『特権階級の息子――オーティス＝チャンドラーと『ロサンゼルス・タイムズ』王朝の興亡』に書いた。「『タイムズ』はマルホランドが配下の労働者に、誰も気づかない真夜中過ぎに市の貯水池から水を太平洋に流すよう密かに命じていたことを報じなかった」

そういう無駄づかいはすべて、マルホランドによるらしい。そのマルホランドは、一九一三年、オーウェンズ峡谷の水がとうとうサンフェルナンド貯水池に届いたときに集まった群衆に向かって、「向こうから来てくれました――使ってください」と言った。

結局、ほぼサンフェルナンド結社の強欲によって、マルホランドはオーウェンズ峡谷の水を基本的にすべて取ることにして、峡谷は干上がり、オーウェンズ湖はほこり混じりの塩の平原になった。今日そこに暮らす人々は、喘息など呼吸器系の病気の元になる、ひどい砂嵐を相手にしなければならない。

借りた〔盗んだ〕水があっても、つけは回ってくる。ロサンゼルスは五年前から水不足で、私がこれを書いているときでさえ、住民と記者は同様に、前々から約束されていたエルニーニョによる大雨が南カリフォルニアを避けて通っているように見えるのはなぜかと問うている。ロサンゼルス市水道電力局は立派なことに、水使用量を、人口が今よりも一〇〇万少ない約四〇年前とほぼ同じ水準にとどめてきた。それは、一九六九年には一日一人あたり一八九ガロン〔七一五リットル〕だったのを二〇一四年には一三一ガロン〔四九六リットル〕にしている住民の功績でもある。

それでも、うち続くロサンゼルスの水不足は——気候変動を前にさらに極端になろうとする中——社会が環境にある資源の限界を超えて生きようとするときにどうなるかを教える役目はしている。その場合、バイオインスピレーションとは、その限界内で資源をもっと賢く使って暮らすことを学ぶことでもある。

国連経済社会局によれば、物理的な水不足は一二億の人々に影響し、さらに一六億が慢性的な水不足に直面する（水はあるかもしれないが、それを人々に届けるインフラがない）地域に暮らしているという。人口が増え続けると、水需要の圧力も高まる——とくに水使用量の増え方は人口の増え方の二倍あるらしいことを踏まえると。それでも構築環境は、そこに届く水を、自然の環境がするように、供給を補給し浄化するようには扱えない。コンクリートは、雨水が土にしみ込んで地下水を補給したり、その途中できれいにしたりするのを妨害する。それどころか、豪雨の水は水がしみ込まない表面にたまり、都市環境に重大な洪水問題をもたらす（私もそのことを証言できる。ちょっとしたにわか雨でも、私の住むあたりは洪水地帯になり、幅一メートルもない川の濁り水が、歩道にまで広がる）。ロサンゼルスでの二五ミリの降雨は、一〇〇億ガロン以上（四〇〇万立方メートル近く）の雨水流出を生み、それがどっと雨水管渠《かんきょ》を通って海へ流れる。貴重な水資源を、排水路全体を通して文字どおり流し去っているのだ。

都市はもっと自然な形で天然資源を使うことを考えているか、疑問に思っているところで、環境保護局の第三区水保全部門次長のドミニク・リュケンホフが司会をする二つのセミナーに遭遇した。

どちらのセミナーもバイオインスピレーションによる新機軸にかかわるものだった。水問題と取り組むために自然を利用することに焦点を当てたものと、構築環境をもっと良くするデザインのために自然から学ぶことに焦点を当てたものの二つだ。

リュケンホフにこうした考え方に対する関心が生じたのは、数十年前、自身がテキサス州オースティンで駆け出しの環境プランナーだった頃のことだった。そこで幸運にもイアン・マクハーグという、『デザイン・ウィズ・ネーチャー』というこの領域の草分けとなる本を一九六九年に書いたランドスケープアーキテクトと出会った。マクハーグはその本で、都市計画の世界に、周囲の自然生態に逆らうのではなく、それとともに動くような設計をすることを求めた。マクハーグはランチの席でリュケンホフに、ウッドランズについて熱を込めて話した。ヒューストンの北約五〇キロのところにある基本計画に沿って開発されたコミュニティで、環境を考えて建設されていた。たとえば、ウッドランズの元の排水の設計は、地下の下水管につながる側溝によるものではなく、地上にあって開いており、森がまだそこにあったら豪雨の水はこんなふうに流れるだろうという様子を模倣していた。後にその地域の下請け開発会社が従来型の排水方式に切り替え、両者を比べることで、元の自然に着想を得た方式の方が、確かに流水を減らす効果がはるかに高いことを示した。

マクハーグの仕事の大部分は、とくに自然界に着想を得たデザインを生み出すことに集中するよりも、自然界と協調したデザインをすることに限られていた。しかしその二つの考え方は共生的な――両者があいまってこそ最善になる――考え方で、両方が、自分とかかわる生きた系についてもっとよく知ることを必要とする。マクハーグの経歴は、そのような形で、自然界に対する感度を増した町や都市を建設する方向へ大きな一歩を踏み出した。

リュケンホフのセミナーによって、私は初めて、設計や工学的問題に対する環境に優しい解決策に達するのを手伝う仕事をする、テラピン・ブライトグリーンのようなコンサルティング会社について知った。

どちらのセミナーでも、テラピンのチームのメンバーが、排水を化学的エネルギーを取り出しながら処理できる浄化槽の製造、低エネルギーの方法を使った水の浄化や濾過、砂漠の昆虫に着想を得た、霧から水を取る網の構築など、水不足の問題に取り組むために自然を利用する様々な会社の様々な方法を紹介した。しかし私の目に留まったのは、テラピン社がかかわったある事業だった。それについては、テラピンと提携するクリス・ガーヴィンがロサンゼルス学会で話していた。

数年前、マンハッタンの街中にある企業が、チェルシーの一街区をまるごと買い取り、自社の環境への打撃を減らすことに充てるための、まっとうだが不明瞭な資金（たぶん年に一〇〇万ドル規模）を持ってテラピンと接触していた。この会社は雨水回収という考え方に関心を抱いていた——建物に落ちる雨を回収できる建物を作ろうというのだ。もちろん、そういう技術はニューヨークのようなところでさえ大いに必要とされる。そこには今なら水は大量にあるが、気候変動のせいで時間とともにだんだん乏しくなるだろう（テラピン社の人々はその会社の名はどうしても教えてくれなかったが、私にはその会社はおそらくグーグルだろうと思える。公開されている情報と、担当者が提示した地図が同社のあるところと合致することによる。グーグル社にもメールでコメントを求めたが回答はなかった）。

それは巨大な建物だったと、テラピン社の提携相手クリス・ガーヴィンはバイオミミクリー学会の出席者に語った——横のものを縦にすると、エンパイアステートビルなみの体積となる。つまり、この会社がどんな水削減戦略に達しても、同社が残す足跡《フットプリント》〔環境に及ぼす影響を表す言葉として用いられる〕に大きく作用する可能性があった。同社は、ビルに降る雨や雪の水を捕らえて利用することでどれだけの水が節約できるかを分析し、そのような改修をビルに加えれば、毎年約五〇〇〇万ガロン〔約一万九〇〇〇立方メートル〕の節約になると計算した。それは見事なことに思えるが、考えてみよう。この会社がトイレ、洗面台、キッチンで使った水を合わせると、毎年五一〇〇万ガロンを使っている――雨水を捕らえて節約できる量の約一〇倍だ。

テラピン社のキャス・スミスは、この雨水回収戦略について、「非常にわかりやすいですね。正しい方法で行なって、うまく設計すればまあすてきだし、きれいに見えます。でも、捕らえられるのがせいぜい五〇〇万で、使うのが一億なら、経済的にはまだ九五〇〇万は引っぱってくることになりますね。その引っぱってきた水の影響も考えないといけません」

確かに考えないといけない影響がある――カリフォルニア州のオーウェンズ峡谷の農民に聞いてみればよい。それに加えて、チームは同社のエネルギー需要で水がどのくらいを占めているかを分析した。合衆国の大半と同様、ニューヨーク市も電力を火力発電所から得ている。その発電所は、現地の水源から得た水を温めて、それで蒸気タービンを回している。水は蒸発すればどこにでも行ける――つまり地元の環境にとっては損になる可能性がある。エネルギー収支から逆算することによって、チームは同社の電気を生産するためだけに、五億ガロン以上が蒸発していると計算した。合計すると年間約五億五六〇〇万ガロンだ。この会社のカフェテリアで食事――肉も菜食者用のものも含めて――を作るのに必要な水の量を分析すると、水の負荷はなんと二〇～五〇億ガロンになった。他のぶんをすべて合わせた分の約一〇倍だ。

会社、近隣、都市全体を一つの生態系のように扱おうというのは、HOKがラバサで行なったような、ただ自然環境を模倣するためにそのサービスを理解するということだけでなく、地元の生態学の真の限界内で暮らす方法を学ぶということでもある。動植物は何百マイル、何千マイルと離れたところから資源を直接持ち込むことはありえない（渡り鳥は自らを別の棲息地に持ち込むが、それでさえ、今日の人間の移動と比べれば比較的段階的な過程で、出現するのに何百万年とかかる行動と経路によっている）。

すべての生物は、人間が足跡《フットプリント》と呼ぶものを残す。キョクアジサシのような鳥は地球を半周することもできる。植物は川の形を変え、海岸線を描き出す。食物連鎖の頂点にいる捕食者はオオカミとアザラシほどに違っていても、他の種が生態系を酷使しないようにして、炭素貯蔵量を調節する助けになっている（炭素を貯蔵する植物が食べつくされないようにすることによって）。しかし「フットプリント」とは問題のある用語でもある。私たちはそれを、元になる足とは別のものと考えるからだ。スコット・ターナーは、生物の体が実は皮膚のところでは終わらないことを明らかにする研究を積んできた。ターナーが研究するシロアリの塚を見るだけでよい。それはシロアリのコロニーそのものの肺のような延長物として動作する。ジェフ・スペディングは研究室で、極微の半透明の橈脚類の雄が、雌の残したフェロモンでいっぱいの流れをたどって急ぐ動画を見せてくれた。その水中の通路は、雌の橈脚類とは別の死んだ物体ではなく、それもまた雌の一部なのだ。生物体と環境との境界は定まらず、いろいろな生物体どうし、さらにいろいろな生態系どうしの境界もやはり流動する。

人類は地元の生態系の境界をはるかに超えたところから資源を引いてくることができるので、生理学的なフットプリントも実際に必要な範囲を超えて広がる（マルホランドがふさわしくも言ったように「向こうから来てくれました——使ってください」）。私たちは、どこかから資源をパイプで運んで来る気候制御のビルを建てることによって、自分たちについても幻想を生み出し、私たちの残すフットプリントは自分が今いる地所だけだという間違った考えの元になる。

テラピン社の仕事は、会社やシステムを周囲の自然環境のように動かすことだけではない。都市が吸い上げる資源の量を考えれば、そんなことは率直に言って無理だろう。目標は、できるかぎり生態学的資源の範囲内に抑えることだ。そうするための第一歩は、この仕事で行なわれたように、顧客に自分たちが使っている資源が本当はどこから来ているかを自覚させることにある。

そこで、マンハッタンのビルの入居者用に食事を作るために毎年何十億ガロンの水が使われるかに目を向ける。料理に最も水を消費する食品は、ほぼ肉で、とくに牛肉だ。「水フットプリント・ネットワーク」側から見ると、一キログラムの牛肉を生産するためにはおよそ一万五四〇〇リットルの水が必要だ。パンなら一キログラムあたり一六〇八リットル、キャベツなら二八〇リットル、米は――膝まで水のある水田で栽培しなければならない――一キログラムあたり一六七〇リットルの水を必要とする。料理として見れば、四分の一ポンド〔約一一〇グラム〕の牛肉のパティは一七五〇リットルの水を要し、それで一人分だ。比較すると、七五〇グラムのマルゲリータ・ピッツァは一二六〇リットルの水で三人前になる。つまり、食物連鎖の弱いつなぎめは肉ということになる。

「みんなに雨水をためて再生利用しましょうと言って納得させることはできるでしょう――おそらく一〇〇万ドルかかるでしょう――それで五〇〇〇万ガロンを削減することになります。すべての窓を、この一〇〇〇万ドル以上かかる本当にクールな窓に変えれば、本当にクールな仕事ができるでしょうに……あるいは肉なしマンデーを実行するだけでも」とガーヴィンは聴衆に言った。

そのためには、基本的に費用はかかりませんが、それでも、他のもっと高価な、環境的には「セクシー」な解決策を組み合わせて実施して節約できるよりも多くの水を節約することになりますとも言った。

「これは顧客との会話を根本的に変えます。こういうことを持ち出すときには、人は賢そうに見えるものですし、実際に顧客に自分が相手にしている系について違った考え方を持たせることになります」と、少し笑みを浮かべて加えた。

これまでのところ、すべては年季の入ったコンサルタントに予想されるものだったが、ここで話は意外な展開になった。

スミスはこんな回想をする。「現地の別のところでは、私たちはやはり水について話していて、こんなことが言われました。『ここの地下室は実に水だらけで、いつも大量の水を汲み出さないといけないんです。どう思われますか』と。そこで私たちは考えました。『ふむ、それは実に興味深い。地下室が水だらけじゃいけません』と」

ワインセラーの少々の湿気の話ではなかった。この会社は、地下室が水であふれないように恒常的に水を汲み出すための排水ポンプを使わなければならず、それで年に四五〇〇万ガロンをただ下水に流していた。忘れてはならないのは、マンハッタンは要するに岩盤でできた島で、水はその中から湧き出すはずがないということだ。

コンサルタントは一日かけてそれについて考え、特異な資源に目を向けた。一六〇九年にヨーロッパ人（つまりヘンリー・ハドソン）が初めてやって来たときとは異なる姿に島を作り替えた、文字どおりの「マンハッタン計画《プロジェクト》」だった。野生動物保護協会の努力ですべての街区の地図ができ、見る人が過去の島と今の状態を比べられるようになった。この企てから、今の建物があるあたりには、大量の流水があることが明らかになった。地下水流が水源らしいとチームは認識した。現地に戻って水を検査して、それが実にきれいなことを発見した。つまり、この会社が水を何百万ガロンも節約しようとしているさなかにも、年に四五〇〇万ガロンもの使える水が、文字どおり、ただ捨てられていたのだ。

この知識を手に、コンサルタントはこのビルに新たな用途のポンプを取りつけることを提案した——冷房や散水に使える水を建物の周囲で集めるために。当面、その水を年間約五〇〇万～一〇〇〇万ガロン使用に供しているが、それを利用するためのインフラを拡張して、もっと使うことを期待している。

「このことは、歴史的に見ることの価値を示しました。まもなくきわめて価値のある見解を出せます」とスミスは言った。

成功する最大規模のバイオインスピレーションによるデザインはそういうふうに見える。しかし、それが本当に成功するには、それを生態系の規模ではなく、真に生産的にするために、もっと小さな過程、さらには材料レベルで応用しなければならない。何と言っても、自然の過程はナノメートル規模からキロメートルの規模まで、あらゆるスケールで動いているのだ。

こうした処理を大小の規模で採用するための標準を定めた会社の一つがインターフェイス社で、ここはミカイル・デーヴィスを送り出してバイオミミクリー学会の方で発表をさせた。デーヴィスが初めてレイ・アンダーソンに会ったのは一九九九年、スタンフォードの学部学生だったときだ。カリフォルニア州オーハイという、スピリチュアル感満点の小さな町で育った、中途半端な生物学専攻学生だったデーヴィスは、一夏を大学で、日光浴をする人間を入れるために海岸の棲息地が片づけられたせいで減りつつある蝶を数えてすごしたこともあった。一〇週のうち七週は霧で蝶は飛べなかった。デーヴィスはすぐに、自分は生物学に向いていないのかもしれないと気づいた。それでも生物学や環境保護への関心はあって、役所か非営利団体に勤めたいと思っていた――実際、卒業して数年はそうした。しかし卒業する直前、スタンフォードでの学会で企業と環境に関する発表をしていたレイ・アンダーソンとベニュスの二人に同じ日に出会っていた。

当時デーヴィスは、自分がアトランタに本社のあるカーペットタイル製造業インターフェイス社のCEOに感心させられようとは思っていなかった。デーヴィスは企業に対する健全な反感を抱いていた。ジョージア州の企業ならなおさらだった――そうした企業の一つが自身の故郷の土地で森林を破壊したあげく、安上がりな事業を求めてメキシコへ移っていった。しかしこの自称「過激な産業人」の話を聞いて目を開かされた。

「初めて『ああ自分も大企業でやりたいと思う仕事ができるんだ――こういう奴がいるんなら』と思いましたよ」と、二〇一一年、同社の回復事業部門の長となったデーヴィスは言った。「その種の人間が存在するとはそれまで思っていませんでした」

インターフェイス社は、タイル式カーペットをデザイン、製造する企業として、表面的には、ベクトールドのプラスチック製造企業ハーベック社と同様、バイオインスピレーションによるデザインや持続可能な事業になりそうにはない。カーペットタイルを考えても、たいていは未来についての大構想とは結びつかない。思いつくのは、ありふれたオフィスとか、仕切られた個室が並ぶ壁くらいなものだろう。もちろんそれがカーペットタイルの要点だ。実用的で功利的な、調節可能な環境を生み出す。企業は部屋をまるごと変える費用を避けられる。タイル式なら汚れた部分だけを取り除いて取り替えることや、床を這う配線を調べることが容易になる。

同社はレイ・アンダーソンが一九七三年に創立した。ジョージア工科大学ではカレッジフットボールの選手で、一九五六年、生産管理工学の学士号を得て卒業し、その後、カーペット業界に進んだ。アンダーソンはイギリスのタイル式カーペットを発見してそのアイデアを合衆国に持ち込むことにした。これはアメリカ人の実用的な感覚に訴えると思ったのだ。一九九〇年代には、インターフェイス社は一〇億ドル企業に育っていて、タイル式カーペットでは世界的に有力な企業となった。

二〇〇三年のカナダのドキュメンタリー映画『ザ・コーポレーション』では、「私は二一年間、私たちが地球から何を得ているか、あるいは地球に何をしているか、そういうことは考えたことがありませんでした」と言っている。変化したのは一九九四年、カリフォルニア州の顧客が発した質問が、本社のアトランタに上げられてきたときのことだった。インターフェイス社は環境のために何をしていますか？「それに対する答えは、『何それ？』でした」とデーヴィスは言った。「そういうことはまだジョージア州の産業界には入ってきていなかったんです」

アンダーソンは当惑して、その質問のことを考えた。同社の研究部門は、顧客からの環境への影響についての問い合わせが増えるのに伴い、この問題を扱う対策チームを編成し、ＣＥＯにチームの初会合で最初の訓示をするよう求めていた。アンダーソンはそれを受けたが、何を言えばいいのかまったくわからなかった。

自身は後に「環境の展望なんてありませんでしたから。そんな話をしたいとは思っていませんでした」と言った。

それでも必死にアイデアを探しまわっていると、ある本がデスクに届いた。ポール・ホーケンの『サステナビリティ革命』〔鶴田栄作訳、ジャパンタイムズ（一九九五）〕だった。その本でホーケンは、企業が地球から略奪し汚染している様子を描いた――さらに、企業がもっと「回復的」な事業を構築できることも。アンダーソンは読んでいるうちに、自分が犯罪者のようだと思い始めた――現在の利益のために、地球の未来、自分の孫のさらにその孫の未来から盗んでいるのだと。それは苦しいひらめきだった――その後の何年か、何度も、そのことを「胸につきつけられた槍」と言っている。

それ以後、アンダーソンは環境を傷つけずに稼ぐ企業を創ろうとすることにした。ホーケンの本を読んだのと同じ年、「ネットゼロ」キャンペーンを始めた――同社のカーボン・フットプリントを削減して、二〇二〇年までに実質的にゼロにするという試みだ。タイル式カーペット業界では、それは容易なことではない。何せ、原材料にも、生産にも、石油は大量に使われる。ベニュスの本に出会ったときは、自然とともに仕事することを自然から学ぶというアイデアが肝に銘じられた。

タイル式カーペットについては、なかなか処理できない問題が一つある。カーペットの一片が交換されると、周囲の使い古したものよりも新しく見えるので、交換したことがすぐにわかってしまうということだ。単色の場合にはとくに、また模様が一様でも（白黒の市松模様など）問題になる。新しいタイルと古いタイルの違いはやはりはっきりわかる。これは美観の問題だが、もっと大きな財務上の問題にもつながっていた。この業界には無駄が多いのだ。色は完璧にそろっていないといけないので、製造後、一部が少し色落ちしているというだけで、一式が廃棄されることもある。カーペットタイルはどうしても交換が必要になるので、同社はそのときに備えて、余分のタイルを大量に買っておくことを推奨する。

そこで同社は、バイオミミクリー作業チームのために、アトランタ郊外の森林地域に何人かの従業員を野外調査に出した。

「カーペットのデザイナーを全員、森に送り出しましたが、そのときはみんなまったくばかげていると思っていました」とデーヴィスは言った。「初めの頃にはよくあることでした――ジョージアの本社の連中は、『なんとまあ、今度は何をやらされるんだ？』みたいに思っていました」

しかし林床に散らばる乾いた葉を踏みしめているうちに、デザイナーはあるパターン、あるいはむしろパターンのなさに気づいた。様々な色合いの赤や茶色や黄色があたりに散乱している。一様な色も固定された枠線もない――ランダムだが、それでも一体になっていて、目に優しく流れていた。この、エントロピーに着想を得たデザインというアイデアは、建設や、同じ商品を複数売るのが商売のインターフェイス社のような製造業者にはなじみがなかった。その製品が標準から外れれば、規格外とみなされる。つまり廃棄される。しかし同社のデザイナーが林床のランダムな模様に基づいてデザインした新しいパターンは、エントロピーの概念を取り入れていた。この目にも優しいデザインは、見た目もきれいだということで商売になっただけではない。どの方向にも置けて、厳密に色をそろえなくても交換でき、余分のタイルを備蓄しておかなくてよいということでもあった。何やかやで、この変更により、設置のための無駄が約六一パーセント減った。

インターフェイス社は、別の扱いにくい問題にも取り組むことにした。タイルを床に貼るために使う接着剤のことで、それを取り除く作業は面倒だし、床を傷める危険もあった。同社は、ミッション・ゼロに向かう広い試みの一環として使用済みカーペットの再生利用を始めることになり、そうなると、この点がのっぴきならない問題であることを認識するようになった。

「私たちはカーペットをはがしますが、それは床にくっついていて、接着剤で覆われていて、VOCも大量にありました」とデーヴィスは言った。VOCとは、揮発性有機化合物《ヴォラティル・オーガニック・コンパウンド》のことで、室内の空気の質を悪化させる可能性がある。「臭いカーペットができるのは実は大部分、接着剤の作用です――カーペットそのものではありません」

こうした臭いが出る、健康にも床にも悪い接着剤を使わずにカーペットを貼るにはどうすればよいだろう。デザイナーは自然がものをくっつけるときにどうするかを調べてみた。まず、ヤモリが足の裏の極微の毛を使って、粘着性の接着剤も使わずに壁に貼りつく様子からわかったことに関心を向けた――ナノメートルの規模で原子を引き合わせるように作用するファンデルワールス力を使っていたのだ。しかしこの技術は、カーペットの裏に施せるところまでは開発されなかった。そのときデザイナーは気づいた。なぜ自分たちは重力に逆らう方法を考えたのだろう。代わりに重力にやってもらえばいいじゃないか。そこでカーペットタイルが互いにはまるようにする方法に集中し、最終的に、ポストイットサイズのプラスチックの正方形を開発した。これは四枚のタイルの四隅を保持するために再利用可能な接着剤を使い、床を傷める、臭いのする接着剤を使わなくてもいいようにした（プラスチックの正方形は、タックタイルと呼ばれ、これも再生利用できる）。何やかやで、その環境への打撃は、従来の接着剤方式に比べて九〇パーセント小さくなった。

あれやこれやの新機軸は、多くが自然に着想を得たもので、同社の環境への打撃を減らす助けにもなった。一九九六年以来、同社の単位あたり温室効果ガス排出量は七三パーセント減り、単位あたり水使用量は八七パーセント下がった。それでも決算も着実に向上している。

「私たちはバイオミミクリーで大いに稼ぎました」とデーヴィスは言った。

アンダーソンは、アメリカの企業は不道徳な生き方をしていて、自分や世界の救済のために方向を変える必要があるという事実について、終末の預言者の役割から目をそらさず、他の会社にも道徳的な道に向かうよう説く。「将来、私のような人間は監獄行きでしょう」と、一九九九年駐英アメリカ大使館に集まった経営者たちに語り、そうして間接的に今の企業的関心の先頭に立つ人々を告発した。

アンダーソンがあちこちを回り、語り、環境の伝道師を務めている間も、会社をただの道徳的なお手本にするのではなく、儲かる会社——環境と収支決算は相容れないと信じられていることとは断固として間違っていて、良いことをすることによって成績も上げられることを証明する会社——にもするよう努めた。

ベクトールドのハーベック社のように、アンダーソンの会社は他の会社のお手本の役を務めることになる。忘れてはならないのは、カーペット産業はきわめて石油集約的だということだ——ナイロンの生地や裏地は化石燃料から作られるし、そうした燃料を使えるポリマーにするのにも多くのエネルギーを必要とする。つまり、インターフェイス社のような企業がそうした変身を行なえるなら、どんな会社でもできると考えられている。インターフェイス社は納入業者にもぬけぬけと影響力を行使し、自分たちの要求に適うところを優遇してきた。

「アメとムチですよ」と皮肉な言い方でデーヴィスは言った。「持続可能性でがんばらないと、仕事をなくすんです。私たちが望む方向へ一歩ずつでも［踏み出すことを］すれば、仕事がもらえます」

それが能力の高い持続可能性を生むとデーヴィスは説明する。再生利用材料が五パーセントの製品を作りますと言う織物メーカーがあり、その上を行って二〇パーセントを再生利用するものの、色が限定されるというところもある。さらに二五パーセントで色の選択肢も広いというところも出てくるかもしれない(デーヴィスは一〇〇パーセント再生品を達成した納入業者がインターフェイス社の仕事を大量に得ていますよとも言う)。

その種の圧力が、「ネットワークス」という事業に結実した。インターフェイス社に織物を供給する会社は地中から石油を採らず、貧しい漁師に金を出して、廃棄するナイロンの漁網を買い取る。海中に捨てられると、サンゴや魚やイルカを殺すことになるからだ。こうして漁師は収入の道を多様化して、しかも地元の環境をきれいにする助けにもなり、網は再処理されてインターフェイス社のカーペットに用いられる。これはまだ小規模だが成長中の事業だ。フィリピンやカメルーンの漁師が、毎月約三・五トンの漁網を回収して売っている。

この構想を続けるのは必ずしも易しくはないとデーヴィスは言った。デーヴィスらは、同社の決算に直接関与する人々と絶えず交渉をしている。最近の例。カーペット用生地のナイロンの糸は、白いプラスチックを仕入れ、スパゲティ製造器のような小さな孔がついた装置に通して押し出し、そのうえで、白いプラスチックを望む色合いに染めて作る。これは理想的ではない。こうすると、いずれ色が落ちてしまい、交換しなければならないからだ。もっと良い方法は、すでに着色されたプラスチックを仕入れて、それを生地にすることだろう――しみ込んだ色が落ちることはない。しかしこの第二の方法は、高価でもある。「資材購入担当者が何か月か口もきいてくれないこともありますよ」とデーヴィスは笑いながら言う。

しばしば(いつもではないが)、一歩引いて、生産過程全体を検討すれば、持続可能になる方が、収支的にも意味があることがある。この場合、原材料は少し高くなるが、染色のための容器がなくてすみ、排水処理装置が要らなくなり、生地を染める装置も取り除ける――操業の費用を相当に削減できるのだ。「無理に変えようとしなくてもいいというのではありません……ただ、私たちにとってはその方が易しいということです」とデーヴィスは言う。「それでも主張はしなければなりません――とくに費用が増える場合には」

インターフェイス社のモデルには根本的な弱点がある。すべての会社にレイ・アンダーソンがいるわけではないということだ――実際には少なすぎる。しかしアンダーソンは、最初の「エントロピー」カーペットタイルのデザイナーとなったデーヴィッド・オーキーや、懐疑的な元生物学者、ミカイル・デーヴィスなど、出会った人々に火をともす。そして、他の大企業がインターフェイス社とは違ってこの大義に参入するようには見えない中、多く――ウォルマートやユニリーバのような大企業を含め――は、アンダーソンが示した例のおかげもあって、正しい購入判断を行なうようになりつつある。その場合には、供給《サプライ》の流れ《チェーン》の上流下流双方の企業群全体が後に続く。

「それがレイの遺産でした」とデーヴィスは言った。

アンダーソンは二年近くがんと戦った後、二〇一一年に亡くなった。しかし会社は二〇二〇年までに真に持続可能な企業に達するという構想を追い続けている。同社が炭素についても水についても、ゼロ・フットプリントになれるかどうかははっきりしない。二〇二〇年代は急速に近づいていて、その目標はいくらか調整が必要になるかもしれない。それでも、そもそもの初めから、二〇二〇年でも、「ミッション・ゼロ」でも、そこで構想が終わるわけでもなかった。

「私たちがする必要のあること……インターフェイス社を回復的企業にするために必要なことを知りた

い」と、アンダーソンは一九九四年の対策チーム発足時の演説で言った。「私たちが地球から奪った以上のものを戻すため、地球を傷つけないだけでなく、良いことをするためです。どうやって、私たちが作って売るカーペットの生地一平方ヤードごとに世界をもっと良くするか」

アンダーソンは自分の会社を環境にマイナスの影響を与えるものから差し引きゼロに、さらに最終的にはプラスの影響を与えるものにしたいと思っていた。会社による影響を最小限にするだけではなく、自然環境に貢献するところにしたかった。このアイデアは、都市のいわゆる構築環境の中でも、都市住民やデザイナーはあたりまえだと思っている、いくつものサービス――水や豊かな土やエネルギー源を浄化して供給するなど――を提供しているのは生態系だという、この何十年かで明らかになった認識と関係している。そうしたサービスを知らずに、湿地を埋め立てて駐車場にするなどして捨ててしまうのではなく、新しい方向の考え方によって、構築環境はそうした生態系のサービスを模倣すべきだということがわかる。都市をとりまく自然環境と同様に多くの自然の価値をもたらすのだ。私は建物を樹木のように――雨水を捕らえて蓄え、様々な生物に住まいを提供する建物に――したいと思っていたミック・ピアースのことを思い出す。

インターフェイス社はすでに、企業持続可能性の次の段階へ第一歩を踏み出しつつある。「森としての工場」と呼ばれる計画は、オーストラリアのニューサウスウェールズにある今は砂漠の工業団地に目を向けて、そこにインターフェイス社の工場の一つを設置し、かつてそこで育っていた自然環境から着想を得ている。バイオミミクリー3・8社のコンサルタントは、近くの自然な棲息地を調べて、この森がかつてリバーフラット・ユーカリ林だったことを明らかにしている。次の段階は、システムがどう機能するかを調べ、この地域の工場が達すべき基準として使うことだ。リバーフラット・ユーカリ林でのサービスには何があるだろう。いくつか挙げるだけでも、授粉、炭素除去、貯水と浄水、汚染物質の解毒、堆積物保持、土地改良、資源再利用などがある。そうしたことのそれぞれをどれだけうまく行なうかを分析して測定すれば、そうしたサービスのうちどれが、工場の建物や設備に組み込めるかも決まるだろう。

「授粉のようなことがどうすれば実現するんですか」と私は尋ねる。

「私もすべて知っているわけではありません」とデーヴィスは言う。水の保持のような、建物に雨水を捕らえる装置を組み込まなければならない処置もある。そうした装置は近隣のゴミ捨て場から出るメタンガスを燃やして動力にすることもあるだろうし、それによって排出された二酸化炭素を、人工の石灰岩にする方法が明らかになるかもしれない。海の生物が海水から炭素を引き出して、自分たちの殻にするときのように。

しかしこれもまだ計画段階だとデーヴィスは言う。「それは試験段階で、私たちがしていることは何かはそもそもわからないんです」

私がロサンゼルスでのバイオミミクリー学会に出たのはたまたまちょうどいいタイミングだった――私はテラピン社のクリス・ガーヴィンにニューヨークでインタビューしたが、そのときガーヴィンは（たぶん私のきりのない質問を避けようとして）自分は二日したら、その学会で講演するためにＬＡへ行くと行った。自らバイオミミクリーの実践者だと言う人々の社会は小さく、ロサンゼルスではなおのこと小さい。講演する人々の中に、イラリア・マッツォレーニがいた。この人もほんの何週間か前に、ジェフ・スペディングとの航空機の設計に関する共同研究について話を聞いたところだった。マッツォレーニは南カリフォルニア建築大学で教えていて、マーク・ブランバーグの、動物が体内の温度を調節する様子を取り上げた著書*Body Heat*〔『体熱』〕を読み、自然から着想を得ることへの関心が高まった。要するに、その体温調節は建物がするとされていることでもあった。快適な内部温度を維持し、変動を狭い許容範囲内に保つこと。そのことについて考えるほど、生きた体は建築家にとって、うってつけの着想の元だと思うようになった。植物の表面や動物の皮膚は、建物の輪郭を定めて外部から保護する壁のように、器官を保護する――しかも感知、化学的通信（フェロモン）、外部環境との物質交換などの機能も可能にする。人間では、皮膚は太陽によってビタミンDも生産する。植物では、表面が光を取り込んで糖を作る。なぜ建物の、建築家流に言えば「被覆《エンベロープ》」はそれほど多くの機能に最適化されていないのか。

スコット・ターナーなどがナミビアで、シロアリの塚の壁を、内部と外部を隔てるバリアというより、内外の界面として扱っていることを見た後だったので、その考え方はなじみのあることに思える。マッツォレーニはその考え方に基づいて、自分や学生が自然と設計に関する研究会（後にこれについての本を共著で書いた）で展開した概念から膨らませ、同じ基調に基づくいくつかのリフを描いた。たとえばホッキョクグマ。マッツォレーニは設計を考える前に、まずその体の構造を分析した。マッツォレーニのウェブサイトのあるページは、ホッキョクグマの外側の層について述べている。透明な毛は紫外線を黒い皮膚まで通す。白いウールのような毛皮は熱を体に近いところに閉じ込める。皮膚は太陽からの熱を最大限に吸収する。マッツォレーニは、ターナーなら、ホッキョクグマの延長された生物体と呼びそうなものからも着想を得ている――母熊が子熊とともにこもるために掘る巣だ。これを元にした建築のデザインでは、一部は雪の下にある楕円形の部屋で、太陽のエネルギーをできるだけ捕らえるように角度がついていて、表面から突き出る巨大なガラス管（ホッキョクグマの透明な毛をまねている）を使って光を集めるのを補助する。

他にも、技術開発会社グルマク社で持続可能性コンサルタントを務めるニコル・アイル、バイオミミクリーLAの創立者、コリン・マンハム、ゲンスラー社の快適《ホスピタリティ》インテリア部長、ロレーン・フランシスや、レジリエンスの概念――山火事がずっと自然の循環の一部をなしてきた南カリフォルニアのような場所では注目すべきことだ――に関心を抱く、グリーンビルディング協会LA支部のヘザー・ジョイ・ローゼンバーグも発表をした。基調講演は、国際生きた未来《リビングフューチャー》協会という、従来よりも持続可能な建物、地域、製品を育てるのを目標とする非政府組織のCEOを務めるアマンダ・スタージョンによって行なわれた。

スタージョンは、イングランドの労働者階級だった元ボクサーの祖父について話す。祖父は間に合わせの小さな温室を造り、そこをスイートピーなど、良い匂いのする花でいっぱいにしていた。幼かったスタージョンは、それで自然への愛が目覚めた。スタージョンが何件かの建築の仕事を進めるとき、注目しているのはバイオミミクリーではなく、「生命愛《バイオフィリア》」――高名な生物学者E・O・ウィルソンが、「他の生命と連携しようとする衝動」として広めた言葉――だ。話の目玉になった建物は、厳密には自然に着想を得たものではないが、自然を招き入れている――建物の中央は屋根がなく、そこに樹木を取り入れていたり、正面を斜面に建てて、たっぷりの樹木に覆わせて建物がほとんど見えなくなっているのもそうだろう。

もちろんバイオフィリアは話の一面だ――自然を愛し、それに囲まれていたいなら、そのぶん、自然の教訓にも耳を傾けることになるだろう。それでもバイオフィリアは、これまでの章のために話を聞いた科学者やエンジニアと比べると、私にはまったく違うトーン、まったく異なる考え方のように映る。もっと直接にバイオミミクリーを取り上げる発表者の多くも、子ども時代の自然体験を長く話していて、このバイオフィリアの傾向がこだましているようだ。マッツォレーニはさらに先へ進んで、留学コースを設けた。それに選ばれると、マッツォレーニの出身地であるイタリアアルプスの小さな村で一夏を過ごし、周囲の自然の系につながり、そこから着想を得ることになる。はたから見ると、ほとんど宗教のような啓示のことを語る人もいる。

そうした講演には、私にはこじつけの感じがしてくる部分がある。イエス様ならどうするでしょう的な、「自然はどのようにオフィスを設計するか」のような問いが含まれる（私なら自然はそんなことはしないと答えるだろう）。宗教には物語が必要で、物語は時として事実を圧倒する。

講演をした複数の人が、シロアリの塚やサメの肌のようなバイオインスピレーションによるデザインの「成功した」例に言及するが、そうした建物や製品を支える科学には、まだ間違いがあったり異論があったりすることには触れない。不完全な科学に基づいて何かが動くとすれば素晴らしいことだ。しかし科学が変わり、構図がもっと細かくなってくると、物語だけでなく、科学を振り返り続けることが重要になる——科学には比較的素養のない人々に向かって話すときでも。呑み込みにくければ、生物学的なモデルが正確だと考えられている別の例を選ぼう。この種の論議は、しばしば間違って、しかじかの機能の動作のしかたを私たちが知っていることになってしまうからだ。自然の動き方についての不完全な理解を売り出し続ければ、科学の停滞を招く危険もある。私たちがシロアリの塚が実際にどういう動作をしているかは本当には知らなかったことに誰かが気づく前に、何年が経過しているだろう。神話は強力で、そのために科学者が優れた研究に目を向けないこともある。

ホッキョクグマの例をとると、透明な毛が紫外線を光ファイバーのように体表まで通すという考え方は、一九九八年に否定されたが、その神話はなお続いている。それが滅びないほど、語り続ける人々が、科学者にも、非科学者にもいるのだ。

自然は完璧ではない。私たちの理解もそうだ。しかし生物模倣《バイオミミクリー》に関して流布する説話の多くは、いずれかが完璧であることを前提にするらしい。私が話を聞いた科学者の多くが立ち止まることになる問題点もそれだ。「生物着想《バイオインスパイアード》デザイン」という言葉の方を選ぶらしい人が（すべてではなくても）いる理由もそれかもしれない。

カリフォルニア大学バークレー校の研究者で、私も研究室を訪ねてゴキブリや脚のついたロボットについての研究の話を聞いたロバート・フルのことを考えよう。フルは最初警戒していて、私の目のつけどころを尋ね、それから――リトマス試験紙でもあるかのように――ベニュスによる引用を読むよう求めた。コンピュータ画面で見せられた文章を書き取ることはしなかったが、何度も引用されるおなじみの、こんな感じのところだった。「地球に存在した生物種のうち九九パーセントは絶滅している。残っている一パーセントが最善のことをした種である」

「まあまあの考えだと思いますが、ただ……」

「まったくの間違いです」と、私が言い終える前にフルは言う。

私は続けて、「言えるのは自然が必ずしも完全ではなくて、最善ではなくて、ただ今のところそれで間に合っているということだけですね」

自然の最適化されていない例がほしければ、あらためてホッキョクグマを見ればよい。エイリアンが縮小しっぱなしの北極圏の氷を訪れて、この毛むくじゃらの四つ足の動物を見たら、この動物が泳ぎに優れているとは想像もしないというのに賭けてもよい。またエイリアンが泳ぐ動物をゼロからデザインするとしたら、間違いなく四つ足にはしないだろう。

私のお気に入りの例の一つは、「WTF, Evolution?〔いったい何、進化くん?〕」というブログで、これは名前のない語り手が、擬人化された進化に、コブガモの嘴の上に意味不明の黒いこぶをつけることにしたのはなぜかとか、雌雄同体のヒラムシに「ペニスフェンス」をつけて、お互いに差し込もうとしても自分に差すことがないようにしたのはなぜかといったことを尋ねる。いつも自分の創造物を熱愛する進化は、本当に納得できる答えを出すことはない。おそらくそんな答えはないからだろう。怒った語り手は、「もういいよ、おまえは酔っ払ってるんだ」と決めつける(そのブログは本になって、「わかりにくいデザインの理論」という副題がついている〔マラ・グランバム『進化くん』早川いくを訳、飛鳥新社(二〇一六)〕)。

私の言い方は下手くそだったが、補足した考えの方は、フルの気持ちを少し和らげたように思う。それでもフルは、私に向けられた問題について、いろいろな形で説明を続けた。

「流布していることの多くにはそういう考え方があります。でも進化はそんなふうには働いていませんから、デザインの問題全体が、説明したり理解したりしにくくなります。あなたは正しい言葉が身についていると思いますが、これはそうは言っていません」と、画面に映った文を指して、フルは言った。「もちろん、進化には目的はありません。間に合うかどうかで最適かどうかではないんです」

多くの科学者はそこに危険を見る。科学よりも物語に依拠することで、結局はデザインや応用が貧しくなるし、誇張による災いを招くことにもなる。伝えられることが研究のように感じられず、宗教のように感じられるとき、科学者は落ち着かなくなり始める。とはいえ、自然に優しい、自然に着想を得た答えを熱心に支持する人々の中には、レイ・アンダーソンのような、一種の神秘体験をしたような人々もいる。

　このときの学会でも、サンフランシスコのアーバン・ファブリック社で持続可能性のコンサルティング業務の統括主幹をしているカイル・ピケットが質疑応答の時間にマイクに向かったとき、宗教が顔を出した。ピケットは大西洋岸北西部で育ち、「非常に保守的なキリスト教徒の家庭で育てられた」という。

「基礎レベルのデベロッパーと話をしていると、『人は地球を支配するようになる』といった話になることがあります」とピケットは言った。「そうした業者と私が始める話は、そうした人々に、世界中の大宗教では世話役《スチュワード》という位置が基本的な性質であることを教え込むようなことになる場合があります」

　ピケットは同様の難問を相手にしたことがある人は他にいるかどうかを知ろうとした。ミカイル・デーヴィスが最初にマイクを握った。

「私どもはジョージア州に本社がありますので、福音派のキリスト教徒がたくさんおられます――その多くが最も熱心に持続可能性を支持しておられます。人々が、それぞれこのことを理解する余地を残さなければなりません。業者の場合は、聖書の一節を、自身の利益の根拠にするために解釈するのはよくやることです」とも言って、聴衆の笑いを誘った。「私どものところでは、ある牧師さんがリサイクルラインの一つを運営されていて、その方が、『支配』とされる言葉は実は『世話』と訳した方が適切だとおっしゃいます」

「それが実は肝心なところで、ジョージア州での営業の中での強みでもあります。そうした人々が私たちの持続可能性の使命を自分の精神性に組み込んでいます」と、デーヴィスは続けた。「つまり、こうとばかり進む必要はないのです……私は、人々がそれぞれのバイオミミクリーや持続可能性につながることにオープンでなければならないと思います。あの見事な生物が神によって創造されたとおっしゃりたいならけっこう。中でも最高のデザイナーのまねをしましょう。私はそれで十分です。本当の答えは知りません」

デーヴィスが会の終了後に出席者と話しているときに指摘したことは他にもあった。デーヴィスは、カーペットの添加剤でカレラ社を創立したブレント・コンスタンツと組むかもしれないと言う。ここは空気中から二酸化炭素を引き出すセメントを製造する――サンゴが炭酸カルシウムの殻を作るために、水中から炭素を引き出すのと同じように。これは、セメントは構築環境を上にも横にも広げるときにあたりまえに用いられ、一トンを生産するのに約一トンの二酸化炭素を生み出すような汚れた産業の一つであることを考えると、形勢を一変させるような技術になるかもしれない。成功する技術というのは、ときとして、「それがバイオミミクリーであることを私たちが忘れるほど成熟」しているとデーヴィスは言う。

あるいは、自然に着想を得たデザイン思考に「改宗」する必要がなくなったとき、また、見通しを求めて生物学を参照することが身について、あれっと二度見をしないようになったとき、材料から都市計画まですべてのことに用いられるとき、それがたぶん、私たちの築く未来がもっと良くなっているという兆しになるのだろう。

エピローグ

　この本の仕事には最初、そこで自分が言おうとしていることはよくわかっていると思ってとりかかった。バイオミミクリーとかバイオインスピレーションといった言葉の意味を自分は理解していると思っていた。私はバイオインスピレーションによるデザインと言えるためのおおよその規則が特定できるんじゃないかとさえ思っていた。振り返ってみると、自分はそうしたことを、無知なるがゆえの自信で考えていたことがわかったが、それにしても、その確信には自分でも啞然とする。

　生物に着想を得たデザインは、P・W・アンダーソンが「集中的《インテンシブ》」研究と「拡張的《エクステンシブ》」研究と呼んだものが完璧に交差するところにある。集中的研究とは、特定の主題を、すべての面を本当に理解するまで詳細に調べることを意味する。拡張的研究とは、その研究から導かれることや応用を広く見渡すことだ。得られた見解を別の分野に持ち込むのでも、わかったことを利用する装置を組み立てるのでも。生物に着想を得た工学は、そうした様々な思考の方向の中心の結び目にある――しかしその交差は、研究者それぞれのいる科学の分野や、すでに手にしている知識の深さによって、絶えず変化している。

研究者の数も、研究の方向の数も多いので、それについて語れる時間や紙幅があればいいのだが。ハーバード大学で超小型のロボットミツバチを開発して、そんな小ささでの飛行という難問を解明しつつある、ロバート・ウッドのような研究者もいる。オックスフォード大学でタカにカメラを装着して、その飛行経路を撮影させたり、ハエを3D映画館に固定して、その体がシミュレーションされた環境での変化にどう反応するかを観察したりするグラハム・テイラーもいる。その研究は、将来のドローン用ソフトウェアの改善につながりうるだろう——それを、ハエの飛行を制御する脳の神経細胞のように、単純、安価、レジリエントにすることにもなりうるだろう。ハーバート・ウェイトのような、何十年もかけてイガイのねばねばの基本特性を分析して、そこでわかったことを、二〇二〇年代には市場規模が五〇〇億ドルを超えるとされる接着剤市場で他の人々が使えるようにする人々もいる。ブリガム・アンド・ウィメンズ病院で、いくつかの医療機器の着想を得るために、いろいろな生物に目を向けてきたジェフリー・カープもいる。そうした人々の話をするには、本をもう一冊書かなければならない。

私が本書の各章を伝え、書いているとき、ずっと、登場人物とテーマとの両面で驚きの重なりあいに遭遇した。群知能に関する章では、マルコ・ドリゴの群ロボット工学の研究について少し述べた——少し前の、非車輪型ロボットに関する章でも触れたアイデアだ。イラリア・マッツォレーニは、最初はジェフ・スペディングの鳥のような飛行機のことで知った人物だが、この人には、都市の未来に関するバイオミミクリー学会でひょっこり出くわした。バイオインスピレーションによるデザインに関心を抱く人々は考える幅が広がって、大きくばらけた領域に共通の原理を探していることが多い。

カリフォルニア大学バークレー校のロバート・フルは、私が二〇一六年の初めに訪れたとき、こんなことを言った。「この世界はとんでもなく爆発的に成長しています。バイオインスピレーションとバイオミメティクスの学会の理事会があったところです。〔学術誌、学会、刊行数が〕二倍になる速さは、この分野への関心が高まる速さの尺度ですが、二年から三年になっています。他の活発な分野でも、大方の平均は一〇年余りかかります。それほど、事態が変化する速さが本当にとんでもないことになっています。ですから、科学やデザインで本当の前進が何か――それから何がそうでないか――を実際に仕分けしようとすることが大事になるんです」と。

しかし最後の章で述べたように、リスクもある。幅が広くなりすぎて、自然の事物から堅実な工学的教えを引き出せるほど深まらないということだ。深まったとしても、それを唱える人々は、社会（と将来の出資者）をがっかりさせるリスクを抱えている。そういう不安が、フルのような科学者の頭には大きくのしかかっている。

「誇張などしていると、企業、研究資金提供機関に受け入れられにくくなるという懸念もありますし、私たちは本当にそれを心配しています」ともフルは言う。

現場の幅広い分野の科学者やコンサルタント――さらにそうした人々がバイオミミクリーやバイオインスピレーションを構成するものについて抱いている、てんでばらばらなアイデア――を見てくると、私もそれに同意せざるをえない。私には、それはこの分野が進展する中での少々脆弱な点のように思える。基本的な科学的理解がそろう前に、人々は応用を求めるというところだ。拡張的研究は集中的研究よりも見栄えがする。集中的研究は難しく、段階的で、多くの博士課程を修了した研究者が学界から離れることになる。私は博士号とは別の道に進んだ人々にいろいろなところで出会った。一人はかつての上司だし、サンタモニカでサーフィンをしているときに会った人もいる。集中的研究は辛いかもしれないが、文句なしに必要なことだ。それによって、成果の応用についてもっと広く考えるようになる堅固な基礎が得られるのだから。

しかし自然の系とその応用の可能性とをマッチングさせるのも難しい。テラピン社のようなコンサルティング企業が溝を埋めようと乗り出しているとはいえ。そのため、ジョージア工科大学の計算機科学者アショク・ゴエルは、自然の系の根底にある原理を特定し、類推によってそれを解決が必要な問題とマッチングすることができる、人工知能で動くシステムを作ろうとしている。このシステムはまだ研究中だが、ゴエルはそれによってバイオインスピレーションによる技術革新が未曾有の速さで進められることを願っている。

この過程を加速する方法は他にもあるとフルは言う。科学にもっと多様性をもたらすことだ。人種や民族も多様性のうちだが、それだけを言っているのではない。社会経済的地位や生い立ち（都市で育ったか農村で育ったかなど）、身につけている技能——つまり、各人に特異な視点を与える成長期の経験のことでもある。あらゆる形での多様性が、科学のイノベーションに不可欠なのだ。フルはかつてバイオインスピレーションのコンテストを行なったことがあるし、今はこのテーマの授業をして、最高点を取るチームの記録を非公式にとってきた。

「この点でデータはありませんが、それは最も多様なチームでしたとは言えます——ずばぬけていました」とフルは言った。「それが創造性にもたらす利点は膨大です。公共教育の支援が大きくなるのを私たちが支援できればね」

　これは私にもよくわかる。何と言っても、世界の見方を変えて、誰も考えなかったつながりをつけやすくなるのだ。世界を見る目がいろいろと違っていれば。

謝辞

このような本は、多くの人々の——とくに、本書に登場する、時間とエネルギーと何より忍耐力を割いていただいた方々の——度量の大きさによるところが大きい。すべての方々に十分にお礼を言うことができないのが残念だが。まずは、まぎわにナミビア行きを申し込んだ私を割り込ませてくれて、私の多くの（何度も聞くこともある）質問を冷静にさばいてくれたスコット・ターナーとルパート・ソアーに心からのお礼を申し上げたい。私が調査を行なった最初で、とてもためになる調査になった。ジンバブエでミック・ピアースが親切に迎えてくれて、時間を割いてその成果を見せてくださったことや、私が忘れたカメラをリサ・マルゴネリが送り返してくれたことにも感謝。エリック・ネルソンなしにはこの本は存在しなかった。こちらにも心から感謝する。スワティ・パンディはかぎりない支援をしてくれた。チョコレートとやる気の両面で。いつも耳を傾けてくれたシャキアと、いつもあれこれ尋ねてくれた両親にも感謝する。

訳者あとがき

本書は、Amina Khan, *Adapt: How humans are tapping into nature's secrets to design and build a better future*（St. Martin's Press, 2017）を翻訳したものです（文中、〔　〕で括った部分は訳者による補足です。また、参考文献の訳文は、邦訳の有無にかかわらず、とくに断りがないかぎり、訳者による私訳です）。著者のアミーナ・カーンは『ロサンゼルス・タイムズ』紙の科学担当記者で、火星の探査、ダークマター探しなど、そのときどきの最先端の話題を取り上げて記事を書く、女性サイエンスライターです。

最新の宇宙論から工学、さらには健康問題と、幅広い分野のトピックにインスパイアされて記事を書く著者が、一書になるほどまとまって追ったのが、「生物に着想を得た《バイオインスパイアード》」技術の可能性を探る工学者、その可能性を支える科学的原理を探る科学者の現場です。原題の Adapt は、生物が adapt するなら環境に「適応する」ということですが、本書は人間の技術側から見た話ですので、生物や自然の様々な特徴を、人間の必要に「合わせ」、技術を生物の構造や行動に「合わせる」という意味の方が主になっています。原書

（ハードカバー版）副題の「いかにして人間は自然の秘密を利用してよりよい未来をデザインし、構築するか」も、その、人間の技術の側から見たadaptであることの宣言と言えるでしょう。そういう視点から、著者はコウイカの迷彩（軍服やファッション）、ナマコやイカの硬軟接続（体に優しいインプラント）、ヒトや類人猿の脚（足元が悪いところで活動するロボット）、鳥の飛行とクジラの泳ぎ（効率の良い飛行機や風力発電機の翼）、シロアリの塚（建物の空調や群集知の発生）、葉（化石燃料に代わるエネルギー生産）、自然の水循環（未来の都市構想）といった分野の理念やおもしろさを紹介しつつ、様々な研究者の様々な仕事場へ出かけて行って、技術が開発される現場をルポします。

その様々な現場をつなぐ共通の概念が、「バイオミミクリー」や「バイオインスピレーション」ということになります。いずれもほぼ同じ意味で使われますし、カタカナがわずらわしければ、どちらも「生物模倣」と読み替えて読んでいただいてもいいのですが、最後にちらりとその違い（少なくとも言葉の選び方に込められる意識の違い）に触れられます。最先端の、最新流行の技術開発の現場を追いながら、合理的な懐疑の目も向ける、サイエンスの現場をよく知る著者ならではの、仕掛けというと大げさではありましょうが、目のつけどころと言えそうです。

今しがた、「技術が開発される現場」と書きました。開発された成果の便利な技術を利用し、また待望する私たちからすれば、そこが肝心なところでしょう。その生物模倣のアイデアで、こんなことができる、あんなことができる、そういう約束があればこそ、私たちはそれをありがたく受け取り、それを「科学の恩恵」と言って称えたりするわけです。

ところが、本書が語るのは、恩恵となる可能性と同時に、その実現がいかに難しいかということです。

未来の技術を競うコンテストの主催者が、実はこの技術の開発はまだまだ先が長いよということを見せるためのものだと言っていたり、おもしろそうな生物の仕組みがあっても、それを何に使えばいいかがわからなかったり、開発しても効率や現にあるシステムとの整合性などの面でなかなか使い物にならなかったり……ある意味で本書は生物模倣が開くバラ色の未来を描くより、失敗を描いているとさえ言えるほどです。

その失敗、と言って悪ければ、遅々としてはかどらない現実の一端を担うのが、他ならぬ科学者です。先ほど「科学の恩恵」と書きました。たいてい、科学は人々や社会の役に立つものをもたらすものと思われているようですが、実はそれが大きな誤解です。科学はそうなる理由や原理を知ろうとするもので、それが役に立つかどうかは目的ではないのです。もちろん科学が見いだした理屈や原理を、技術者が応用して、役に立つものもできるのですが、科学者は必ずしもそれを目指して科学をしているわけではありません。むしろ人間的な基準で「役に立つ」とか「より良い」とか「適応している」というふうに見る価値判断は、科学には邪魔になるもので、応用しようとする工学者・技術者が何か具体的な「物」をつくろうとするのを横目に、科学者は原理的理解をしようと、役に立つかどうかとは無関係のモデルを作ろうとしています。

本書が注目するのは、むしろ、この科学者の側の「現場」です。科学はそもそもわかりにくいし（だからわかろうとして調べる）、目先の利が見えにくいものなのです。著者がただ最先端のアイデアやその（目先の）恩恵の可能性を紹介するのではなく、科学のわかりにくさ（科学者本人にとっても、恩恵を待ち受ける人々にとっても）に目を向け、むしろそこが肝心だし、おもしろいところだよ、という科学者の考え方と、そこに対する著者の共感のしかたに訳者は共感します。この本はイノベーションを素材として取り上げながら、そこに埋もれてそれといっしょくたにされがちな科学を浮かび上がらせようとしています（原書の英国版の副題は「私たちは自然の奇妙な発明からどう学べるか（How we can learn from nature's strangest inventions）」という、著者が本書に込めた意図を鮮明にした形になっています）。本書に取り上げられるおもしろいアイデアに目をみはりつつ、片方で取り上げられる科学者の、社会的現実には冷めた目を向けつつ、原理的理解（それがなければ応用も難しい）を求める熱さにも目を向けていただきたいと思います。

本書に出てくる話の中でも訳者がいちばん印象に残る話は、「備えをするために想像力を使う」という話（第2章）です。思いも寄らないことが起こりうるから、それを想定して対策を考えるという研究グループの話です。目先の利益を考えて実現を急いでいてはできないことです。原理を考え、原理的にありうることを考え、その先を考えるのは、ある意味では無駄で贅沢なこととも言えますが、そういう無駄や贅沢もしないと見えないことがあるということですし、すぐに答えや結果が出ないけれど、あちこちに種子が播《ま》かれている、あるいはその種子を見つけようとする現場こそ、本書の主題です。

なお、本書に登場する研究者はほとんどが現役で、学界からも一般社会からも注目されていますので、現状やその後の展開も、自ら広く発信したり、メディアに紹介されたりしています。索引には研究者名の原綴りも添えましたので、ウェブを検索してさらに覗いてみていただければと思います。

本書の翻訳は、作品社編集部の渡辺和貴氏のお誘いで担当することになりました。技術と科学の関係をあらためて浮かび上がらせる本の仕事にかかわれて、ありがたく思います。また氏には、いつものように、本に仕上げるための作業をしてもらいました。これにもお礼を申します。装幀は岡孝治氏に担当していただきました。記して感謝いたします。

二〇一八年四月

訳者識

生物模倣——自然界に学ぶイノベーションの現場から

2018年5月30日　初版第1刷発行
2018年8月15日　初版第2刷発行

著者 アミーナ・カーン
訳者 松浦俊輔

発行者 和田 肇
発行所 株式会社作品社
〒102-0072　東京都千代田区飯田橋 2-7-4
電話 03-3262-9753
ファクス 03-3262-9757
振替口座 00160-3-27183
ウェブサイト http://www.sakuhinsha.com

装幀 岡 孝治
カバー写真 © Daimond Shutter/Shutterstock.com
© Napong Suttivilai/Shutterstock.com
本文組版 大友哲郎
印刷・製本 シナノ印刷株式会社

ISBN978-4-86182-691-7　C0040　Printed in Japan

© Shakir Ghazi

著者｜アミーナ・カーン（Amina Khan）
アメリカ合衆国『ロサンゼルス・タイムズ』紙のサイエンスライター。NASA 火星探査計画やダークマター（宇宙暗黒物質）の探索から、本書のテーマである生物模倣技術まで幅広い分野をカバーしている。

訳者｜松浦俊輔（まつうら・しゅんすけ）
翻訳家。名古屋学芸大学非常勤講師。おもな訳書に、L・フィッシャー『群れはなぜ同じ方向を目指すのか？――群知能と意思決定の科学』（白揚社）、G・グラフィン＆S・オルソン『アナーキー進化論』（柏書房）、P・G・フォーコウスキー『微生物が地球をつくった――生命 40 億年史の主人公』（青土社）ほか多数。

索引

あ行

アオウミガメ　turtles, green sea　127
アカシュウカクアリ　red harvester ants　221, 225, 229, 233
アダムズ、ダグラス　Adams, Douglas　5
雨水　rainwater　303–306, 317, 319–320
アリ　ants　128, 171, 180, 185, 217, 218–240, 244–248
　コロニー　ant colonies　219–223, 225, 227, 229–230, 233–234, 239, 250
　女王アリ　queen ants　218, 222, 233
蟻コロニー最適化　ant-colony optimization　246
アルゴリズム　algorithms　105, 181–182, 187, 199, 230, 232, 236, 249
　遺伝的アルゴリズム　genetic algorithm　241–242
アルゼンチンアリ　Argentine ants　237–238, 240
アルファベット・エナジー社　Alphabet Energy　296
アンダーソン、フィリップ・ウォレン　Anderson, Philip Warren　241–242, 343
アンダーソン、レイ　Anderson, Ray　324–327, 330, 332–333, 340
イオン結合　ionic bonds　57–58
イカ　squids　18, 20–22, 47, 66–69
　嘴　beaks　66–69
イギウギグ（米国アラスカ州）　Igiugig, Alaska　154
イーストゲート・センター　Eastgate Center　161–162, 164, 168–169, 172–173, 189, 203–204, 208–211, 213–214
イソプロパノール　isopropanol　281
『遺伝アルゴリズムの理論』（ホランド）　Adaptation in Natural and Artificial Systems (Holland)　242
遺伝子　genes　45, 224, 243
イルカ　dolphins　5, 12, 140–143
インターネット　Internet　231–232, 249–251
インターフェイス社　Interface, Inc.　324–328, 330–333
インピーダンス　impedance　96–97
インプラント、外科的　surgical implants　53, 60, 65–68
ウェイ、ティモシー　Wei, Timothy　142
ウェイト、ハーブ　Waite, Herbert　68, 344
ウェダー、クリストフ　Weder, Christoph　59–61, 66, 70, 76

ヴォーカンソン、ジャック・ド　Vaucanson, Jacques de　97
宇宙　space　83–86, 104, 118, 236
ウニ　sea urchin　55
エアコン　air conditioners　162–164, 169, 194
エジプト　Egypt　108–109
エージェント・ベース・システム　agent-based systems　186
エネルギーインフラ　energy infrastructure　280–281
エネルギー省（米）　Department of Energy, U.S.　264, 283, 289, 292
『延長された表現型』（ドーキンス）　Extended Phenotype (Dawkins)　172
煙突効果　stack effect　164, 168, 204–206
オオキノコシロアリ、ナタール　Macrotermes natalensis　167
オオキノコシロアリ、ミハエルセン　Macrotermes michaelseni　169
オケソン、スザンヌ　Åkesson, Susanne　127
オッコ、サム　Ocko, Sam　175, 178, 200–203
オートマトン　automata　97–98
オプシン　opsins　45, 47–49
泳ぎ　swimming　140–143, 146–147, 152
温度調節　temperature regulation　162, 167–169

か行

ガーヴィン、クリス　Garvin, Chris　300, 319, 322, 334
ガスト、デヴェンス　Gust, Devens　268–269
火星　Mars　83–85, 104
仮足　pseudopods　216
カーター、ジミー　Carter, Jimmy　264
過程　processes　184, 198–199, 207–208, 213–214
価電子　valence electrons　266–267
カナン、マシュー　Kanan, Matthew　278
カパドナ、ジェフリー　Capadona, Jeffrey　60–61, 63, 65–69
カーペット（タイル式）　carpet tile　325–333
ガラガラヘビ　sidewinder　111–115
ガラス遷移温度　glass transition temperature　65
ガリブ、モルテザ　Gharib, Morteza　149–151
カルマンチ、シシル　Karumanchi, Sisir　86, 102
カレラ社　Calera, Inc.　341
義肢　prosthetics　53, 67
吸熱材　heat sinks　209–210
境界層　boundary layer　132–133, 136, 146

強化機構　reinforcement mechanism　243–244
共有結合　covalent bonds　57–58, 267
魚群　fish, schools of　152
『銀河ヒッチハイク・ガイド』（アダムズ）　The Hitchhiker's Guide to the Galaxy (Adams)　5
キング、ハンター　King, Hunter　175, 178, 200–203
筋腱接合部　muscle-tendon junction　74
筋肉　muscles　99–100
グッド・ジャッジメント・プロジェクト　Good Judgment Project　261
クラウドソーシング　crowd-sourcing　249
クラゲ　jellyfish　150–151
クラマー、マックス　Kramer, Max　141
グリーンな居住地　green habitats　300
グレイ、ジェームズ　Gray, James　140–141, 143
グレイ、ハリー　Gray, Harry　281, 288
軍　military　15–18, 48–49, 125, 156
ケイ素　silicon　266–269, 276–277
結晶　crystal　266–268
結節　tubercles　146–147, 155
ケネディ、ブレット　Kennedy, Brett　86–91, 95, 117
ゲリシャー、ハインツ　Gerischer, Heinz　265, 269–270
建設　construction　198–200, 213–214
建築　architecture　162–164, 335–336
建築家　architects　186–187, 198, 213
顕微鏡　microscope technology　33–35
コウイカ　cuttlefish　18–47
　催眠術　hypnotism　36, 41
　変装　disguise templates　29
　迷彩　camouflage　22, 25–33, 40–41, 47
光化学系II　Photosystem II　277
航空機　airplanes　129–130, 133, 136, 139
光合成　photosynthesis　256–257, 275, 283
光子　photons　265–266, 268, 271, 291
合成葉　synthetic leaf　290, 292, 295
航跡　wakes　124–127, 151–152
構築環境　built environments　302, 317, 333
交通網　transportation networks　216
硬軟移行　hard-to-soft transition　53, 77

ゴエル、アショク　Goel, Ashok　346
ゴキブリ　cockroaches　118–120
国際宇宙ステーション　International Space Station　236
骨片　ossicles　55–56
ゴードン、デボラ　Gordon, Deborah　218–221, 223–230, 232–240
ゴマフアザラシ　harbor seal　126–127
ゴミ捨て場　landfills　314
ゴールドマン、ダン　Goldman, Daniel　109–116, 120
コンスタンツ、ブレント　Constantz, Brent　341

さ行

災害現場　disaster zones　86, 90, 93
細菌　bacteria　281, 290, 293–295
『サステナビリティ革命』（ホーケン）　The Ecology of Commerce (Hawken)　327
殺虫剤　pesticides　239
ザトウクジラ　humpback whale　144–148, 155
サメの卵　shark egg　6
サン・カタリティクス社　Sun Catalytix　279
サンゴ　coral　282, 341
酸性化（海洋）　ocean acidification　258–260, 295
サンドフィッシュ　sandfish　109
色素分子　pigment molecules　24
色素胞　chromatophores　33–35, 37–39, 45
　白色素胞　leucophores　36–38
　虹色素胞　iridophores　35–38
資源の限界　resource limits　317
自己修復材料　self-repairing materials　57, 59, 277–279
持続可能性　sustainability　302, 307, 313, 330, 340
湿度調節　moisture regulation　190, 193–194
シャトルワース、ケン　Shuttleworth, Ken　163
車輪　wheels　85–86
宗教　religion　337, 339–340
集団的知性　collective intelligence　217, 233, 247
重力　gravity　131
巡回セールスマン問題　Traveling Salesman problem　244–245
触媒　catalysts　272, 274–278, 282–288, 292–295
シロアリ　termites　161–214, 248
　女王シロアリ　queen termites　192

巣　nests of　166–168, 171, 175–177, 183, 185, 189–191
シロアリ塚　termite mounds　162, 164, 165–207, 310, 321, 335
トンネル　tunnel of　166, 168–170, 176–177, 185–186, 196–197
シロアリタケ　Termitomyces　190
進化　evolution　241, 243, 339
『進化くん』（ブログ）　WTF, Evolution (blog)　339
神経細胞　neurons　224, 230, 247
人口 population　163, 260, 301–303, 317
人工知能　artificial intelligence　94, 180, 346
人工葉　artificial leaf　263, 274–280, 286–288
心臓（クラゲと）　hearts, jellyfish and　151
ジンバブエ　Zimbabwe　161, 203, 206, 210
水酸基　hydroxyl groups　62–63
水蒸気改質　steam reforming　271
水素　hydrogen　62–64, 271–273, 274–278, 280–281, 286–287, 289–290, 294–295
水素結合　hydrogen bonds　58–59, 62, 65
垂直軸風力タービン　vertical-axis wind turbines　152–155
推力　thrust　131
水力発電　electricity, hydrokinetic　154
スズメバチ　wasps　247–248
スタージョン、アマンダ　Sturgeon, Amanda　336
スティグマジー　stigmergy　248
砂　sand　108–114
スーパーオーガニズム（超個体）　superorganisms　105, 171
スペディング、ジェフリー　Spedding, Geoffrey　10, 123–132, 134–139, 321
スミス、キャス　Smith, Cas　310–312, 320, 323–324
制御生物システム　Controlled Biological Systems　72–74
生態系　ecosystems　233, 303–305, 320–321, 333
生体工学的葉　bionic leaf　281
生体流体　bio-fluids　124
石炭　coal　258, 260–263
石油　oil　258, 261, 263–265, 272–273, 313–314, 330–331
接着剤　glue　328–329, 344
絶滅　extinction　258–259
第六の絶滅　Sixth Extinction　261
P-T 境界大量絶滅　Permo-Triassic Boundary mass extinction　259
セルロース　cellulose　62, 177, 189
ナノ結晶質セルロース　nanocrystalline cellulose　62

前進運動　forward motion　131
センフト、スティーヴン　Senft, Stephen　24, 33–34, 36–37
ソアー、ルパート　Soar, Rupert　172–174, 178–183, 188, 191–194, 195–201, 204, 213–214, 304
創発　emergence　187, 225, 241, 304
ソチャ、ジョン　Socha, John　157
ソフトウェア　software　97, 99–100, 115
ソーラー燃料　solar fuels　274, 276–277, 279, 288–289, 290–291

た行

太陽電池　solar cells　262, 267–268, 274
タイラー、ダスティン　Tyler, Dustin　60, 66
ダーウィン、チャールズ　Darwin, Charles　20
タコ　octopuses　18, 20–22, 28, 44, 47
タコール、サリータ　Thakoor, Sarita　105
タートルアント　arboreal turtle ants　233–235
ターナー、ジョン　Turner, John　270–273, 279, 288
ターナー、スコット　Turner, Scott　164–167, 169–178, 187, 188–195, 199–200, 202–203, 204, 208–210, 213, 310, 321, 335
ダビリ、ジョン　Dabiri, John　149–156
タマサボテン　barrel cactus　208
タンク、ジョセフ　Tank, Joseph　137–139
チアミチアン、ジャコモ　Ciamician, Giacomo　260–263
地球　Earth　256–259
　温暖化　global warming　258, 295
チュー、スティーヴン　Chu, Steven　292
聴性脳幹インプラント　auditory brainstem implants　78
直列伸縮性アクチュエータ　series elastic actuator　96–97, 99–100
チョセット、ハウィー　Choset, Howie　106–109, 111–112, 114–115
通信　communication　93–94, 249–250
土　soil　174–176
抵抗力　drag　131, 133, 136, 140–141
デーヴィス、ミカイル　Davis, Mikhail　324–326, 328–332, 334, 340–341
デカルト、ルネ　Descartes, René　97
『デザイン・ウィズ・ネーチャー』（マクハーグ）　Design with Nature (McHarg)　318
テラダイナミクス（土砂力学）　terradynamics　110
テラピン・ブライトグリーン　Terrapin Bright Green　300, 310, 318–320, 322, 334,

346
テロラス、ギー　Theraulaz, Guy　247–250
電子　electrons　57–58, 266–268, 274–276, 278, 282–283, 289, 293–294
東京の鉄道網　Tokyo rail system　216
頭足類　20–22, 47–48
トガリコウイカ　mourning cuttlefish (Sepia plangon)　40
ドーキンス、リチャード　Dawkins, Richard　172
独立栄養生物　autotrophic life forms　256
都市　cities　299–304, 307, 317–318, 333
トビヘビ　flying snakes　156–158
ドーピング（半導体の）　doping, silicon　267–269
トラの縞　tiger stripes　29–30
鳥　birds　128–129, 131, 134–136
ドリゴ、マルコ　Dorigo, Marco　240, 243–248
トロッター、ジョン　Trotter, John　70, 73–77
ドローン　drones　138–139, 148, 344
ドワイヤー、ジェイミー　Dwyer, Jamie　305

な行

ナノワイヤ　nanowires　290–294
ナマコ　sea cucumbers　51–57, 59, 61–62, 66, 68–69, 74–77
ナミビア　Namibia　168, 170, 174
軟体動物　mollusks　21
二酸化炭素　carbon dioxide　170–171, 203, 258–259, 260, 271, 292–296
二酸化チタン　titanium dioxide　270–271, 276
ニッチ　niches　148, 263
ニューヨーク　New York City　319–320
人間　humans　5–7, 88–90, 97–100, 171, 249–250
『ネイチャー・ジオサイエンス』誌　Nature Geoscience (journal)　257
熱サイフォン流　thermosiphon flow　168
熱伝導　heat transfer　311
ネットワークス（事業）　NetWorks　331
粘菌　slime mold　215–218
脳外科手術　brain surgery　78
ノセラ、ダン　Nocera, Daniel　273–281, 286–289

は行

肺　lungs　171–172

胚　embryos　220–221
バイオフィリア（生命愛）　biophilia　336–337
バイオミミクリー・ギルド社　Biomimicry Guild　303–304
バイオミミクリーLA学会　Biomimicry LA conference　300, 305, 324, 334
バイオミミクリー3.8社　Biomimicry 3.8　304–305, 333
ハイセン、ヨアヒム　Huyssen, Joachim　130–131, 134–136
パーカー、ケヴィン・「キット」　Parker, Kevin “Kit”　15–19, 33–34, 39–40, 42
『バグズ・ライフ』（映画）　A Bug’s Life (film)　116
ハセレフ、オスカル　Khaselev, Oscar　272
バーデュニアス、ポール　Bardunias, Paul　174–175, 178–186, 191–192, 213
バード、キャスリン　Bard, Kathryn　108–109
バーナード、マイク　Barnard, Mike　152
ハーベック・プラスチック社　Harbec Plastics Inc.　308, 310, 312, 325, 330
半導体　semiconductors　262, 265, 268–269, 271–272, 276–279, 282–283, 286, 290–295
ハンロン、ロジャー　Hanlon, Roger　18–20, 26–29, 31, 35–36, 42–50
ピアース、ミック　Pearce, Mick　162, 164, 172, 203–214
ヒアリ　fire ants　237–240
光電気分解　photoelectrolysis　271
非共有結合　non-covalent bonds　58–59
『ビーグル号航海記』（ダーウィン）　The Voyage of the Beagle (Darwin)　20
ピケット、カイル　Pickett, Kyle　340
ピッチ（傾き）　pitch (tilt)　133–134
ヒトデ　starfish　54–55
尾翼　tailplanes　133–134
フー、イヴリン　Hu, Evelyn　18–19, 34, 39
フー、デーヴィッド　Hu, David　238
ファッション　fashion　40–42, 49
ファニン、クリス　Fannin, Chris　302, 306
ファンガス・コーム　fungus combs　177, 188–194
ファンデルワールス力　van der Waals force　117, 329
フィッシュ、フランク　Fish, Frank　139, 141–148, 155
フィードバック　feedback　99–100, 119, 198, 231, 243, 248–249
フィブリル　fibrils　56, 61, 64, 69
風洞　wind tunnel　135–137
風力発電所　wind farms　147, 152–154, 308–309
笛吹き人形　Flute Player (historical robot)　97
フォン・ノイマン、ジョン　von Neumman, John　242

福島第一原発事故　Fukushima nuclear explosion　91
藤嶋昭　Fujishima Akira　270–271, 276
フットプリント　footprint　301, 319, 321
ブラウン、カラム　Brown, Culum　40
プラット、ジル　Pratt, Gill　91–100
プラバカー、アラティ　Prabhakar, Arati　73
プラバカー、バラジ　Prabhakar, Balaji　230–231
ブランバーグ、マーク　Blumberg, Mark　335
フリッツ、チャールズ　Fritts, Charles　262
フル、ロバート　Full, Robert　110, 116–121, 338–339, 345–346
ブレシュ、ケンドラ　Buresch, Kendra　22–28, 32–33
プロトン共役電子移動　proton-coupled electron transfer　275
ベクトールド、ボブ　Bechtold, Bob　308–310, 312–315, 325, 330
ページ、スコット　Page, Scott　242
ベニュス、ジャニン　Benyus, Janine　9, 303, 310, 325, 327, 338
ヘラー、アダム　Heller, Adam　269
ペーブメントアント　pavement ants (Tetramorium caespitum)　236
ペン、ジフェン　Peng Jifeng　154
ホイヤー、アート　Heuer, Arthur　59, 70–76
ホエールパワー社　WhalePower　147–148
ホーケン、ポール　Hawken, Paul　327
歩行様式　gait　111, 113, 119–120
捕食者　predators, ocean　29–31, 44–45, 55
ホッキョクグマ　polar bears　335–336, 338
ボナボー、エリック　Bonabeau, Eric　248
ポプラ　aspen trees　283
ホランド、ジョン　Holland, John　242–243
ポリペダル研究室　PolyPEDAL lab　110
ホン、デニス　Hong, Dennis　90–91, 96
本多健一　Honda, Kenichi　270, 276
ボンヘッファー、カール・フリードリヒ　Bonhöffer, Karl Friedrich　265

ま行

マイクロワイヤ　microwires　282–283
マクハーグ、イアン　McHarg, Ian　318
マッカーサー天才助成金　MacArthur genius grant　46, 149, 155, 290
マッツォレーニ、イラリア　Mazzoleni, Ilaria　136, 334–335, 337, 344
摩天楼　skyscrapers　162–163

マハデヴァン、ラクシュミナラヤン　Mahadevan, Lakshminarayan　178
マーフィ、ロビン　Murphy, Robin　107
マラスコ、ポール　Marasco, Paul　67–68
マルヴィ、ハミドレザ　Marvi, Hamidreza　112
マルチカム（迷彩）　MultiCam　17–18
マルホランド、ウィリアム　Mulholland, William　315–316
道しるべフェロモン　pheromone trails, ant　245
迎え角　angle of attack　132–133, 137–138, 146–147, 155
ムルクジッチ、ミラン　Mrksich, Milan　76
メストラル、ジョルジュ・ド　Mestral, George de　7
メートガー、リディア　Mäthger, Lydia　45
メンデルソン、ジョー　Mendelson, Joe　113
面ファスナー　Velcro　7
モジホコリ　Physarum polycephalum　215

や行

ヤモリ　gecko　10, 73, 117, 329
ヤン・ペイトン（楊培東）　Yang Peidong　290–297
誘起流　induced flow　168
溶剤　solvents　64
揚力　lift　131–139

ら行

ライト兄弟　Wright brothers　7, 128–129, 134
ラバサ（インド）　Lavasa, India　302–303, 306–307
リッチ、エレーン　Rich, Elaine　251
リバーフラット・ユーカリ林　river-flat eucalypt forest　333–334
リフレクチン　reflectin　35–36, 38
粒子画像流速測定法　particle image velocimetry　142
流体化床　fluidized bed　113
流体力学の学会　fluid dynamics conference　124, 128, 156
リュケンホフ、ドミニク　Lueckenhoff, Dominique　317–318
リュッシャー、マルティン　Luscher, Martin　167–169
リリエンタール、オットー　Lilienthal, Otto　129, 139
リン酸コバルト　274, 277
林床　forest floor　328
ルイス、ネーザン　Lewis, Nathan　281–290
ルドルフ、アラン　Rudolph, Alan　72–76

レーガン、ロナルド　Reagan, Ronald　264
レドックス対溶液　redox couple solution　269–270
ロジウム　rhodium　276, 281–282
ロジャーズ、ジョン　Rogers, John　45–49
ローバー（探査車）　rovers　83–85, 88–89, 94, 104, 106
ローワン、スチュアート　Rowan, Stuart　57–60, 69–70, 76–78
ロバーツ、スティーヴン　Roberts, Steven　45
ロボシミアン　RoboSimian　87, 89–91
ロボット　robots　86–121, 187, 246
　ヘビ形ロボット　snake robots　90–91, 106–108, 111–112, 115

わ行

ワイヤレス　wireless　274, 286
惑星　planets　85–86, 104–105, 257
ワニ　alligators and crocodiles　44

アルファベット

BEES（生物模倣探査技術システム）　BEES　105
CHIMP（ロボット）　CHIMP　101
CRAM（ロボット）　CRAM　119
DARPA（国防高等研究計画局）　DARPA　18, 71–73, 75, 77, 92, 94
DARPA ロボット工学チャレンジ（DRC）　DARPA Robotics Challenge (DRC)　87, 90–95, 100–103, 120
DNA（二重らせん）　DNA double helix　58, 241–242
DSRC（国防科学研究委員会）　DSRC　71–73
HOK 社　HOK firm　302–303, 305–306
JCAP（人工光合成共同センター）　JCAP　270, 283–284, 287–289, 296
JPL（ジェット推進研究所）　JPL　84–87, 90, 92, 104, 117
MBL（海洋生物学研究所）　MBL　18–19
NASA（米航空宇宙局）　NASA　83–84, 86, 94, 104–105
NYSERDA（ニューヨーク州エネルギー研究開発公社）　NYSERDA　308–310
p-n 接合　positive-negative junction (p-n junction)　266–269
Rhex（ロボット）　Rhex (robot)　118
TCP（伝送制御プロトコル）　TCP　231–232
THOR-RD（ロボット）　THOR-RD (robot)　90
UCP（汎用迷彩模様）　Universal Camouflage Pattern　16–18, 31

原註（文献の前の数字は対応する本文の頁を示す）

プロローグ

9. Benyus, Janine M. *Biomimicry: Innovation Inspired by Nature*. New York: Perennial, 2002. 印刷〔Janine M. Benyus『自然と生体に学ぶバイオミミクリー』（山本良一監訳、吉野美耶子訳、オーム社（2006)〕。

9. Fermanian Business & Economic Institute. "Global Biomimicry Efforts: An Economic Game Changer". *Economic Studies — San Diego Zoo*. San Diego Zoo Global, October 2010. ウェブ。2016 年 6 月 5 日。

第 1 章　心の眼を騙す

16. Russell, Cary et al. "Warfighter Support: DOD Should Improve Development of Camouflage Uniforms and Enhance Collaboration Among the Services". *GAO-12-707*. U.S. Government Accountability Office, September 28, 2010. ウェブ。2016 年 6 月 5 日。

16. Cox, Matthew. "UCP fares poorly in Army camo test". *Military Times*, March 27, 2013. ウェブ。2016 年 6 月 5 日。

17. Rock, Kathryn et al. "Photosimulation Camouflage Detection Test". June 2009. Technical report. U.S. Army Natick Soldier Research, Development and Engineering Center, Natick, Massachusetts, 2016. ウェブ。2016 年 6 月 6 日。

17. Hepfinger, Lisa et al. "Soldier camouflage for Operation Enduring Freedom (OEF): Pattern-in-picture (PIP) technique for expedient human-in-the-loop camouflage assessment". *27th Army Science Conference*, Orlando, Florida, November 29–December 2, 2010. Conference Paper. U.S. Army Natick Soldier Research, Development and Engineering Center, Natick, Massachusetts, 2016. ウェブ。2016 年 6 月 6 日。

17. Campbell-Dollaghan, Kelsey. "The Strange, Sad Story of the Army's New Billion-Dollar Camo Pattern". *Gizmodo*, August 7, 2014. ウェブ。2016 年 6 月 5 日。

18. Campbell-Dollaghan, Kelsey. "The Army Is Finally Releasing Its New, Old Camo Design". *Gizmodo*, June 4, 2015. ウェブ。2016 年 6 月 5 日。

18. Deravi, Leila F. et al. "The structure–function relationships of a natural nanoscale photonic device in cuttlefish chromatophores". *Journal of the Royal Society Interface* 11.93 (2014). ウェブ。2016 年 6 月 6 日。

20. Darwin, Charles. *The Voyage of the Beagle: Journal of Researches into the Natural History and Geology of the Countries Visited During the Voyage of H.M.S Beagle Round*

the World, Under the Command of Captain Fitz Roy, R.N. New York: P. F. Collier & Son, 1909. 印刷〔チャールズ・R・ダーウィン『新訳　ビーグル号航海記』荒俣宏訳、平凡社（上下、2013）など〕。

26. Barbosa, Alexandra et al. "Cuttlefish use visual cues to determine arm postures for camouflage". *Proceedings of the Royal Society B*, May 11, 2011. ウェブ。2016年6月6日。

32. Buresch, Kendra et al. "The use of background matching vs. masquerade for camouflage in cuttlefish Sepia officinalis". *Vision Research* 51 (2011): 2362–68. 印刷。

43. Mäthger, Lydia M. et al. "Color blindness and contrast perception in cuttlefish (Sepia officinalis) determined by a visual sensorimotor assay". *Vision Research* 46.11 (2006): 1746–53. 印刷。

48. Yu, Cunjiang et al. "Adaptive optoelectronic camouflage systems with designs inspired by cephalopod skins". *Proceedings of the National Academy of Sciences* 111.36 (2014): 12998–13003. 印刷。

第2章　軟らかいけど丈夫

54. Coxworth, Ben. "Sea cucumbers could clean up fish farms — and then be eaten by humans". *Gizmag*, February 3, 2011. ウェブ。2016年6月5日。

61. Capadona, Jeffrey R. et al. "Stimuli-responsive polymer nanocomposites inspired by the sea cucumber dermis". *Science* 319:5868 (2008): 1370–74. 印刷。

68. Miserez, Ali et al. "The transition from stiff to compliant materials in squid beaks". *Science* 319:5871 (2008): 1816–19. 印刷。

69. Fox, Justin et al. "Bioinspired water-enhanced mechanical gradient nanocomposite films that mimic the architecture and properties of the squid beak". *Journal of the American Chemical Society* 135.13 (2013): 5167–74. 印刷。

73. Prabhakar, Arati. Testimony to Subcommittee on Intelligence, Emerging Threats and Capabilities, U.S. House of Representatives. *Defense Advanced Research Projects Agency*. March 26, 2014. ウェブ。2016年6月5日。bit.ly/1PemqVA.

73. Rudolph, Alan. "Nature's Way: The Muse". *Office of the Vice President for Research at CSU*. Wordpress, February 24, 2014. ウェブ。2016年6月5日。

78. Khan, Amina. "For a 3-year-old boy, a risky operation may mean a chance to hear". *Los Angeles Times*, July 22, 2014. ウェブ。2016年6月5日。

第3章　脚の再発明

83. Calem, Robert E. "Mars Landing Is a Big Hit on the Web". *New York Times*, July 10, 1997. ウェブ。2016年6月6日。

84. Khan, Amina. "Mars orbiter rediscovers long-lost Beagle 2 lander". *Los Angeles Times*, January 16, 2015. ウェブ。2016年6月6日。

85. Khan, Amina. "Spirit's Mars mission comes to a close". *Los Angeles Times*, May 25, 2011. ウェブ。2016年6月6日。

96. Pratt, Gill A. "Low Impedance Walking Robots". *Integrative and Comparative Biology* 42.1 (2002): 174–81. 印刷。

97. Glimcher, Paul. "René Descartes and the Birth of Neuroscience". *Decisions, Uncertainty, and the Brain: The Science of Neuroeconomics*. Cambridge, MA: MIT Press, 2004. 印刷。〔ポール・W. グリムシャー『神経経済学入門——不確実な状況で脳はどう意思決定するのか』宮下英三訳、生産性出版（2008）〕

99. Robinson, David W. et al. "Series Elastic Actuator Development for a Biomimetic Walking Robot". *1999 IEEE/ASME International Conference on Advance Intelligent Mechatronics*, September 19–22, 1999. ウェブ。2016年6月6日。

104–105. Thakoor, Sarita. "Bio-Inspired Engineering of Exploration Systems". Jet Propulsion Laboratory. NASA Tech Briefs, May 2003. ウェブ。2016年6月6日。

115. Marvi, Hamidreza et al. "Sidewinding with minimal slip: snake and robot ascent of sandy slopes". *Science* 346:6206 (2014): 224–29. 印刷。

119. Jayaram, Kaushik and Robert J. Full. "Cockroaches traverse crevices, crawl rapidly in confined spaces, and inspire a soft, legged robot". *Proceedings of the National Academy of Sciences*. 113.8 (2016): 950–57. 印刷。

第4章 飛んだり泳いだり

128. Huyssen, Joachim and Geoffrey, Spedding. "Should planes look like birds?" *63rd Annual Meeting of the APS Division of Fluid Dynamics*. Long Beach, CA, 21–23. November 2010. ウェブ。2016年6月6日。

140. Fish, Frank and James Rohr. "Review of Dolphin Hydrodynamics and Swimming Performance". Technical Report 1801, SPAWAR Systems Center San Diego. August 1999. ウェブ。2016年6月6日。

142. Hamner, W. M. Book review of Nekton. *Limnology and Oceanography* 24.6 (1979): 1173–75. 印刷。

143. Fish, Frank. "A porpoise for power". *Journal of Experimental Biology* 208.6 (2005): 977–78. 印刷。

144. Fish, Frank et al. "The Tubercles on Humpback Whales' Flippers: Application of Bio-Inspired Technology". *Integrative and Comparative Biology*. 51.1 (2011): 203–13. 印刷。

149. Kaplan, Karen. "Turning Point: John Dabiri". *Nature* 473.245 (2011). ウェブ。2016年6月6日。

152. Gemmell, Brad J. et al. "Suction-based propulsion as a basis for efficient animal swimming," *Nature Communications* 6: 8790 (2015). ウェブ。2016年6月6日。

第5章　シロアリのように構築する

162. U.S. Department of Energy. *Buildings Energy Data Book: 1.1 Buildings Sector Energy Consumption*. March 2012. ウェブ。2016年6月6日。

163. Campbell, Iain and Koben Calhoun. "Old Buildings Are U.S. Cities' Biggest Sustainability Challenge". *Harvard Business Review*, January 21, 2016. ウェブ。2016年6月6日。

163. Goldstein, Eric A. "NRDC Survey: NYC Businesses Still Blasting Their Air Conditioners with Doors Open". *National Resources Defense Council*, August 26, 2015. ウェブ。2016年6月6日。

163. 無署名、"Could the era of glass skyscrapers be over?" *BBC News Magazine*, May 27, 2014. ウェブ。2016年6月6日。

169. McNeil, Donald G. Jr. "In Africa, Making Offices Out of an Anthill". *New York Times*, February 13, 1997. ウェブ。2016年6月6日。

172. Turner, J. Scott and Rupert Soar. "Beyond biomimicry: What termites can tell us about realizing the living building". *First International Conference on Industrialized, Intelligent Construction (I3CON)*. Loughborough University, May 14–16, 2008. ウェブ。2016年6月6日。

第6章　群れに宿る知

216. Tero, Atsushi et al. "Rules for Biologically Inspired Adaptive Network Design". *Science* 327.5964 (2010): 439–42. 印刷。

221. Gordon, Deborah. *Ants at Work: How an Insect Society Is Organized*. New York: Free Press, 1999. 印刷〔デボラ・ゴードン『アリはなぜ、ちゃんと働くのか――管理者なき行動パタンの不思議に迫る』池田清彦・池田正子訳、新潮OH!文庫(2001)〕。

231. Prabhakar, Balaji. "The Regulation of Ant Colony Foraging Activity without Spatial Information". *PLoS Computational Biology* 8.8 (2012). ウェブ。2016年6月6日。

237. U.S. Department of Agriculture. Cartographer. *Imported Fire Ant Quarantine*. Map. June 1, 2016. ウェブ。2016年9月14日。

239. Buhs, Joshua Blu. *The Fire Ant Wars: Nature, Science, and Public Policy in Twentieth-century America*. Chicago: U of Chicago, 2004. 印刷。

239. Binder, David. "Jamie Whitten, Who Served 53 Years in House, Dies at 85". *New York Times*. September 10, 1995. ウェブ。2016年9月14日。

239. Special to the New York Times. "Mississippi to Sell Ant Bait Despite Health Peril". *New York Times*. March 1, 1977. ウェブ。2016年9月14日。

239. Sinclair, Ward. "Battle Against Fire Ants Heats Up Over Pesticides". *Washington Post*. October 13, 1979. ウェブ。2016年9月13日。

239.　Shapley, Deborah. "Mirex and the Fire Ant: Decline in Fortunes of 'Perfect' Pesticide". *Science* 172.3981 (1971): 358–60. 印刷。

239.　Schoch, Deborah. "Aerial Spraying Won't Be Part of Fire Ant Fight". *Los Angeles Times*. March 12, 1999: B1 (Orange County edition). 印刷。

241.　Anderson, P. W. "More Is Different". *Science* 177.4047 (1972) 393–96. 印刷。

248.　Bonabeau, Eric et al. *Swarm Intelligence: From Natural to Artificial Systems*. New York: Oxford University Press, 1999. 印刷。

251.　Spiegel, Alix. "So You Think You're Smarter Than A CIA Agent". *National Public Radio*. April 2, 2014. ウェブ。2016年6月6日。

第7章　人工の葉

257.　Editorial. "One and only Earth". *Nature Geoscience* 5.81 (2012). ウェブ。2016年6月6日。

258.　"Climate Change Impacts: Wildlife at Risk". *The Nature Conservancy*. ウェブ。2016年6月6日。

260.　Ciamician, Giacomo. "The Photochemistry of the Future". *Science* 36.926 (2012): 385–94. 印刷。

262.　Fritts, Charles. "On a New Form of Selenium Photocell". *American Journal of Science* 26 (1883): 465–72. 印刷。

265, 269.　Heller, Adam. "Conversion of sunlight into electrical power and photoassisted electrolysis of water in photoelectrochemical cells". *Accounts of Chemical Research* 14 (1981): 154–62. 印刷。

270.　Fujishima, Akira and Kenichi Honda. "Electrochemical Photolysis of Water at a Semiconductor Electrode". *Nature* 238 (1972): 37–38. 印刷。

272.　Khaselev, Oscar and John A. Turner. "A monolithic photovoltaic-photoelectrochemical device for hydrogen production via water splitting". *Science* 280.5362 (1998): 425–27. 印刷。

273.　Turner, John A. "A Realizable Renewable Energy Future". *Science* 285.5428 (1999): 687–89. 印刷。

278.　Kanan, Matthew and Daniel Nocera. "In Situ Formation of an Oxygen-Evolving Catalyst in Neutral Water Containing Phosphate and Co2+". *Science* 321.5892 (2008) 1072–75. 印刷。

281.　Liu, Chong et al. "Water splitting-biosynthetic system with CO_2 reduction efficiencies exceeding photosynthesis". *Science* 352.6290 (2016) 1210–13. 印刷。

288.　Stoller-Conrad, Jessica. "Artificial Leaf Harnesses Sunlight for Efficient Fuel Production". Pasadena: Caltech, August 27, 2015. ウェブ。June 2, 2016.

288.　Verlage, Erik et al. "A monolithically integrated, intrinsically safe, 10% efficient, solar-driven water-splitting system based on active, stable earth-abundant

electrocatalysts in conjunction with tandem III–V light absorbers protected by amorphous TiO2 films". *Energy and Environmental Science* 8 (2015) 3166–72. 印刷。

294. Liu, Chong et al. "Nanowire-Bacteria Hybrids for Unassisted Solar Carbon Dioxide Fixation to Value-Added Chemicals". *Nano Letters* 15.5 (2015) 3634–39. 印刷。

295. Nichols, Eva et al. "Hybrid bioinorganic approach to solar-to-chemical conversion". *Proceedings of the National Academy of Sciences* 112.37 (2015) 11461–66. 印刷。

第８章　生態系としての都市

302. Kennard, Matt and Claire Provost. "Inside Lavasa, India's first entirely private city built from scratch". *Guardian*, November 19, 2015. ウェブ。2016 年 6 月 6 日。

305. Rossin, K. J. "Biomimicry: Nature's Design Process Versus the Designer's Process". *WIT Transactions on Ecology and the Environment* 138 (2010): 559–70. ウェブ。2016 年 6 月 6 日。

306. Press Trust of India. "Not involved in illegal land acquisitions in Lavasa: Sharad Pawar". *Economic Times*, October 8, 2012. ウェブ。2016 年 6 月 6 日。

310. Smith, Cas et al. "Tapping into Nature". *Terrapin Bright Green*, 2015. ウェブ。2016 年 6 月 6 日。

310. Lueckenhoff, Dominique. "Tapping into Nature: Bioinspired Innovation". *Faster … Cheaper … Greener Webcast Series: Connecting Natural and Built Systems for Economic Growth & Resiliency*. USEPA Region 3 Water Protection Division. November 18, 2015. ウェブ。2016 年 6 月 6 日。

316. McDougal, Dennis. *Privileged Son: Otis Chandler and the Rise and Fall of the L.A. Times Dynasty*. Cambridge, MA: Perseus Publishing, 2001. 印刷。

317. Lueckenhoff, Dominique. "Biophilic Design for Human Health". *Faster … Cheaper … Greener Webcast Series: Connecting Natural and Built Systems for Economic Growth & Resiliency*. USEPA Region 3 Water Protection Division. November 5, 2015. ウェブ。2016 年 6 月 6 日。

327. Kinkead, Gwen. "In the Future, People Like Me Will Go to Jail: Ray Anderson Is on a Mission to Clean Up American Businesses — Starting with His Own. Can a Georgia Carpet Mogul Save the Planet?" *Fortune Magazine*, May 24, 1999. ウェブ。2016 年 6 月 6 日。

338. Koon, Daniel. "Is Polar Bear Hair Fiber Optic?" *Applied Optics* 37.15 (1998) 3198–200. 印刷。

338. Koon, Daniel. "Power of the Polar Myth". *New Scientist*, April 25, 1998. ウェブ。2016 年 6 月 6 日。